第九艺术学院——游戏开发系列

游戏特效设计

朱　毅　刘若海　编　著

U0361740

清华大学出版社

北　京

内 容 简 介

　　本书全面讲述了游戏特效的定义、特点、分类和制作方法，并介绍了游戏特效的作用和意义，特别是重点介绍了各种类型游戏特效的制作方法和流程。书中列举了大量实例，分析了2D游戏、2.5D游戏、3D游戏特效制作过程中的区别和特点，详细讲述了3ds Max、particleIllusion、Photoshop各类特效制作软件结合使用的制作技巧，以及游戏特效制作的最终编辑阶段——引擎特效编辑器的介绍。

　　本书可作为大中专院校艺术类专业和相关专业培训班的教材，也可作为游戏美术工作者的入门参考书。

图书在版编目(CIP)数据

　　游戏特效设计/朱毅，刘若海编著. --北京：清华大学出版社，2012.4（2022.8 重印）

　　（第九艺术学院——游戏开发系列）

　　ISBN 978-7-302-27401-8

　　Ⅰ.①游⋯　Ⅱ.①朱⋯②刘　Ⅲ.①游戏—软件设计—高等学校—教材　Ⅳ.①TP311.5

　　中国版本图书馆CIP数据核字(2012)第239395号

责任编辑：张彦青　桑任松
装帧设计：杨玉兰
责任校对：李玉萍
责任印制：宋　林

出版发行：清华大学出版社
　　　　　网　　址：http://www.tup.com.cn, http://www.wqbook.com
　　　　　地　　址：北京清华大学学研大厦A座　　　　邮　编：100084
　　　　　社 总 机：010-83470000　　　　　　　　　邮　购：010-62786544
　　　　　投稿与读者服务：010-62776969, c-service@tup.tsinghua.edu.cn
　　　　　质量反馈：010-62772015, zhiliang@tup.tsinghua.edu.cn
　　　　　课件下载：http://www.tup.com.cn, 010-62791865

印 装 者：三河市龙大印装有限公司
经　　销：全国新华书店
开　　本：185mm×230mm　　　印　张：23.75　字　数：518千字
　　　　　（附光盘2张）
版　　次：2012年4月第1版　　　　印　次：2022年8月第8次印刷
定　　价：75.00元

产品编号：041509-01

前 言 Preface

　　游戏新文化的产生，源自新兴数字媒体的迅猛发展。这些新兴媒体的出现，为新兴流行艺术提供了新的工具和手段、材料和载体、形式和内容，带来了新的观念和思维。

　　进入21世纪，在不断创造经济增长点和广泛社会效益的同时，动漫游戏已经流传为一种新的理念，包含了新的美学价值，新的生活观念，表现在人们的思维方式，它的核心价值是给人们带来欢乐和放松，它的无穷魅力在于天马行空的想象力。动漫精神、动漫游戏产业、动漫游戏教育构成了富有中国特色的动漫创意文化。

　　然而与动漫游戏产业发达的欧美、日韩等地区和国家相比，我国的动漫游戏产业仍处于一个文化继承和不断尝试的过程。游戏动画作为动漫游戏产品的重要组成部分，其原创力是一切产品开发的基础。尽管中华民族深厚的文化底蕴为中国发展数字娱乐及动漫游戏等创意产业奠定了坚实的基础，并提供了丰富的艺术题材。但从整体看，中国动漫游戏及创意产业面临着诸如专业人才缺乏、原创开发能力欠缺等一系列问题。

　　一个产业从成型到成熟，人才是发展的根本。面对国家文化创意产业发展的需求，只有培养和选拔符合新时代的文化创意产业人才，才能不断提高在国际动漫游戏市场的影响力和占有率。针对这种情况，目前全国超过300所高等院校新开设了数字媒体、数字艺术设计、平面设计、工程环艺设计、影视动画、游戏程序开发、游戏美术设计、交互多媒体、新媒体艺术与设计和信息艺术设计等专业。本套教材就是针对动漫游戏产业人才需求和全国相关院校动漫游戏教学的课程教材基本要求，由清华大学出版社携手北京递归开元教育科技有限公司共同开发的一套动漫游戏技能教育的标准教材。

整套教材的特点如下。

(1) 本套教材邀请国内多所知名学校的骨干教师组成编审委员会，搜集整理全国近百家院校的课程设置，从中挑选动画、漫画、游戏范围内的公共课和骨干课程作为参照。

(2) 教材中部分实际制作的部分选用了行业中比较成功的实例，由学校教师和业内高手共同完成，以提高学生在实际工作中的能力。

(3) 为授课老师设计并开发了内容丰富的教学配套资源，包括配套教材、视频课件、电子教案、考试题库以及相关素材资料。

本书是这套教材之一，主要介绍游戏特效设计。特效是游戏美术制作中的一个重要环节，是游戏开发中后期出现的一种美术制作形式。游戏特效的作用和目的在于为游戏场景和角色添加绚丽的特殊效果，从而达到更加真实和震撼的视觉表现，如使用魔法或兵器攻击时所发出的火焰、烟雾、冲击波，天气变化中的风、雨、雷、电等效果。从制作技术上来说，游戏特效是涉及软件知识最多的一个工序。对于特效设计师来说，2D绘图软件、3D动画软件、特效粒子制作软件以及引擎粒子编辑器都要熟知且能灵活运用。对于大多数人来说，游戏特效一直是一个神秘的领域，想入其门而不得方法。游戏特效是依赖于计算机软硬件技术的制作手段，是用计算机算法来实现2D和3D技术的完美结合，游戏中的特效相对影视制作来说较为简单，但凭借强大的引擎编辑能力，一样可以实现绚烂夺目的场景和战斗的画面效果，让玩家能够在游戏中获得许多美好的体验和梦幻般的感受，这种实时发生和变化的美术表现，是其他动漫动画形式难以具备的特点。

本书全面讲述了游戏特效的定义、特点、分类和制作方法，介绍了游戏特效的作用和意义，特别是重点介绍了各种类型游戏特效的制作方法和流程。

前 言 Preface

书中通过大量实例分析了2D游戏、2.5D游戏、3D游戏的特效制作过程中的区别和特点，详细讲述了3ds Max、particleIllusion、Photoshop各类特效制作软件结合使用的制作技巧，以及游戏特效制作的最终编辑阶段——引擎特效编辑器的介绍。通过针对性的典型案例，能够引导读者加强对游戏特效设计和制作技术的了解和认知。学习完本书的内容，读者将掌握大量游戏特效设计的理论及大大提高个人的实践能力，并能够胜任游戏特效设计和制作的相关岗位的工作。

本书共分为8章，各章的主要内容说明如下。

第1章为游戏特效设计概述，介绍游戏特效制作的基本思路、一般流程以及游戏特效制作的特点与分类。

第2章介绍3ds Max中粒子系统及空间扭曲的应用，包括3ds Max粒子系统概述、PF Source(粒子流)的基本操作、非事件驱动的粒子系统以及3ds Max中空间扭曲的应用。

第3章介绍particleIllusion的应用，包括particleIllusion在特效设计中的应用、Emitter(发射器)的基本操作、particleIllusion相关功能的基本操作、Emitter(发射器)及Particle(粒子)的结合应用及参数设定以及particleIllusion特效制作应用实例。

第4章介绍2D及2.5D游戏特效制作，包括2D及2.5D游戏特效制作的基础知识和应用实例，如爆炸效果的制作、光晕效果的制作、物理攻击效果的制作、武器效果的制作、魔法效果的制作、人物效果的制作、道具效果的制作等。

第5章介绍3D游戏中场景特效的制作，包括3D游戏中特效制作的基础知识以及3D场景特效——自然现象的特效制作，如暴风的效果、骤雨的效果、暴风雪的效果、雷电的效果、光晕的效果、云雾的效果、喷发的效果、地震的效果、爆炸的效果等。

第6章介绍3D游戏中武器特效的制作，包括游戏中常见武器特效分类及设计、常见武器自身附着的属性、自然属性类特效制作、魔法属性类特效制作以及武器挥动、撞击的特效。

第7章介绍3D游戏中角色特效的制作，包括游戏中常见角色特效分类及设计、角色日常行为的特效、角色职业属性的特效、角色附加属性的特效、角色装备的特效、角色物理攻击的特效、攻击类魔法效果、治疗与守护类魔法效果、辅助类魔法效果以及召唤类魔法效果。

第8章介绍3D游戏开发制作中粒子编辑器的使用，包括游戏引擎概述、BigWorld游戏引擎粒子编辑器概述、BigWorld粒子编辑器的基础操作、BigWorld游戏编辑器的应用实例以及子系统组件。

本书由朱毅、刘若海编著。由于各方面的原因，书中疏漏之处在所难免，恳请广大读者批评指正。

编　者

目 录 Contents

Contents

Contents

第1章

游戏特效设计概述

章节描述

　　本章概况性地介绍了游戏特效的定义和作用，以及游戏特效制作的基本思路和流程，并简单介绍了游戏特效制作的特点和分类。

教学目标

- 了解游戏特效的定义和作用。
- 掌握游戏特效制作的思路和流程。
- 掌握游戏特效制作的特点和分类。

教学重点

- 游戏特效制作的思路和流程。
- 游戏特效制作的特点和分类。

教学难点

- 游戏特效制作的思路和流程。
- 游戏特效制作的特点和分类。

　　我们在玩一款电子游戏时，常常会被其游戏中那些精美炫目的特殊效果所深深吸引，如使用魔法或兵器攻击时所发出的火焰、烟雾、冲击波，天气变化中的风、雨、雪、闪电等效果，从而让我们投入其中。所谓游戏特效是指游戏中为游戏场景和角色添加的绚丽的特殊效果。通常游戏美术制作后期，整个游戏画面的风格也基本形成，最后都要加上各种炫目的游戏特效，以达到更加逼真的视觉效果来吸引和打动玩家们，进而提高整款游戏的市场口碑和投资收益。

1.1　游戏特效制作的基本思路

　　一名优秀的特效制作人员需要有着丰富的软件使用技巧，以及项目制作经验，更为重要的是，要有流畅和富有创意的制作思路。例如：一个简单的攻击技能，会涉及攻击者的具体结构和使用的具体道具，是地面攻击还是空中攻击，是近身攻击还是远程攻击等，制作者会根据这样的情况设计具体的特效，所以，经验和技巧需要不断地积累，但一个清晰的、理性的思维必须时刻具备。在学习特效制作之前，我们首先来了解一下游戏特效的基本制作思路。

1.1.1　分析设计需求

　　首先，特效设计师要根据游戏策划人员提供的特效制作需求，如图1-1所示，了解自身要参与制作的工作内容，其中包括：技能名称，技能性质(功能)，技能范围和数值等信息。

技能名	技能描述	攻击范围
泰山压顶	战士双斧攻击技能，以泰山压顶之势劈向对手，造成额外3%物理伤害。	单体攻击
飞沙走石	战士使用双斧持续攻击对手，气浪如同飞沙走石一般削减对手防御并造成伤害，攻击持续15秒，自身可移动。	群体攻击
天崩地裂	战士集毕身能量进行攻击的技能，有开天辟地的气势，可造成对手当前生命值30%的伤害，是进行团战的必杀技。	群体攻击

图1-1　特效制作说明文档

　　在通过策划文字了解了游戏特效的制作需求后，特效师就要对策划文档所提供的信息进行分析，然后构思如何使用软件来表现效果。

接下来,我们以"泰山压顶"这一攻击招式作为实例,来说明游戏特效从构思到实现制作是如何完成的。

(1) 首先从"泰山压顶"的效果表现重点来分析,这一招式应该具有压倒一切的气势,如"泰山压顶之势",给对手造成一种沉重的打击,甚至无力抗拒的感觉,因此在制作时要配合攻击动作进行恰如其分的特效处理,招式的动作效果如图1-2所示。

图1-2 攻击动作

(2) 从"泰山压顶"的字面含义来理解,这是重型兵器的攻击招式,包括"重"和"压"两个特点,因此在制作特效时要表现出这两个方面,如图1-3所示,达到技能名称与特效的融合。

(3) 既然是重型兵器的招式,那么在把动作和特效结合时应该合理地表现出战士力大无比的动作特点,如图1-4所示。

图1-3 配合特效的攻击效果

图1-4 配合特效的武器挥动效果

1.1.2 进行具体制作

接下来我们进行"泰山压顶"技能的设计过程。

(1) 特效元素的选择。尽管是单体攻击，但由技能名就能联想到重型兵器砸到地面时那种强烈的震荡，同时造成尘土飞扬并向四周形成冲击波的画面，因此可以把"冲击波"这个元素结合到招式中，制作"冲击波"效果的方法很简单，可以选择一张素材图片进行创作，如图1-5所示。

(2) 形式的定义。因为是强调攻击的力量，那么冲击波就应该在攻击点到达地面时开始出现，如图1-6所示，然后逐渐向四周快速地扩散，如图1-7所示，同时还要结合动作给角色的武器添加一些光晕的效果，如图1-8所示，表示战士在发出此招时，能量、气势等方面已经处于一种巅峰状态。

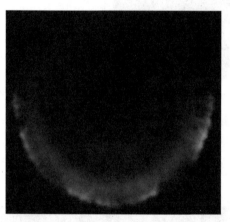

图1-5 制作冲击波的素材图片

图1-6 特效的开始画面

图1-7 向四周发散效果

图1-8 添加上武器的光晕轨迹

(3) 最后将整个动作和尘土飞扬的景象融入到画面中，从而形成招式"泰山压顶"的气势，设计完成的整体效果如图1-9所示。

图1-9　攻击整体效果

1.2　游戏特效制作的一般流程

　　游戏特效制作方法非常灵活，但大多数特效都要依靠游戏引擎的特效编辑器来完成制作。由于游戏公司采用的引擎不同，相应的特效编辑器也会提供不同的编辑功能，但不管多么复杂炫目的特效，基本都是采用在二维或三维软件中完成模型的制作，然后将相应的贴图赋予模型，再导入特效编辑器中实现特效贴图的颜色变化、形态转变或者运动，最终完成真实游戏效果的流程。

　　游戏特效的制作方法灵活，而且根据游戏类型的不同，2D、2.5D、3D游戏的特效所采用的方法和流程也不尽相同，如图1-10所示。我们会在后面的章节中向大家详细讲述。

特效分类	基本制作流程
2D 特效	Photoshop 绘图＞Flash 合成动画＞输出到特效编辑器
2.5D 特效	Photoshop 或 Illusion 制作特效图片＞3D 软件编辑动画＞输出到特效编辑器
3D 特效	Photoshop 或 Illusion 制作特效图片＞3D 软件编辑动画＞输出到特效编辑器

图1-10　游戏特效基本制作流程

1.3 游戏特效制作的特点与分类

按照制作方法的不同，我们通常将游戏特效划分为2D游戏特效、3D游戏特效、引擎粒子特效三种类型，游戏中所有的特效形式都是由这三种方法相互结合所产生的。

1.3.1　2D游戏特效

本小节主要介绍2D及2.5D游戏特效的技术特征及主要制作技术。这种方法相对来说比较原始，占用资源较少，技术也已经很成熟。其制作原理是利用了传统的2D动画制作原理，在2D绘图软件中制作好用来表现特效的序列图，然后再将这些序列图使用合成软件输出为游戏特效编辑器所能识别的2D动画格式文件，最后导入游戏引擎实现游戏中的特殊效果。与传统的2D图片包含的信息不同，用来制作特效的图片通常需要在 Photoshop软件中创建一张或多张黑白特效图片。白色部分为产生辉光的部分，灰色部分为半透明的部分，而黑色部分为全透明不产生辉光的部分，如图1-11所示。

黑白序列图片即为特效的通道信息，然后由程序将特效通道部分赋予相应的颜色并控制旋转缩放。这样一张图片就可以有各种颜色的外观，既节省了资源又使特效千变万化。美术就是制作符合要求的图片而已。

图1-11　黑白特效图片

1.3.2　3D游戏特效

本小节主要介绍3D游戏特效的技术特征及主要制作技术。

在3D软件中创建光线、水流等，简单的旋转、放缩，移动特效甚至比在2D游戏中还要简单。例如，在2D游戏中进行旋转放缩，这种操作原先要渲染成序列图，现在只要制作一张图片就可以了，剩下的旋转、放缩全部都可以由程序实现，大大节省了美术的时间，并且效果更好。三维软件可以很方便地实现游戏中常用的爆炸、冲击波、刀光拖尾、聚能、攻击、魔法、火、烟雾等特效序列图，本节主要讲解的是用3D软件来实现3D游戏中火的特效贴图制作。最终效果如图1-12所示。

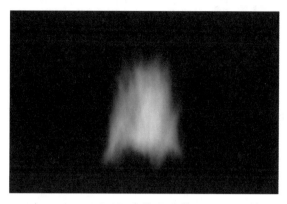

图1-12　火焰最终效果

1．创建火的模型

(1) 启动3ds Max 2010，进入Create(创建)命令面板，单击Helpers(虚拟体)按钮，然后在其下拉菜单中选择Atmospheric Apparatus(大气装置)物体，再单击SphereGizmo (球形线框)按钮，在视图中创建一个半球Gizmo，参数设置如图1-13所示。

(2) 使用Select and Uniform Scale(选择并缩放)工具缩放Gizmo线框的大小和造型，如图1-14所示。

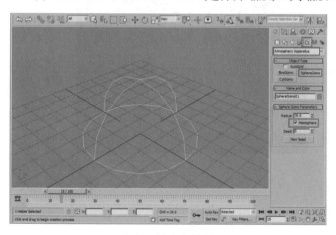

图1-13　创建火的模型

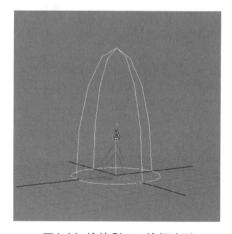

图1-14　缩放Gizmo线框造型

(3) 进入修改面板，打开Atmospheres & Effects(大气和特效)卷展栏，然后单击Add按钮，添加一个Fire Effect(火焰)特效，如图1-15所示。

(4) 单击Atmospheres & Effects(大气和特效)卷展栏下的Setup(设置)按钮，如图1-16所示。

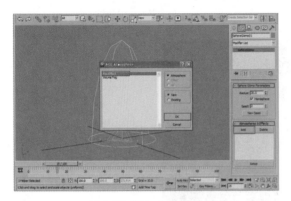

图1-15 添加火焰特效

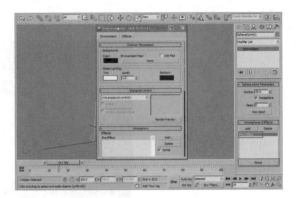

图1-16 单击Setup按钮

(5) 进入参数设置面板，修改火焰效果的选项和参数，如图1-17所示。

(6) 按F9键渲染场景，观察火焰的渲染效果，如图1-18所示。

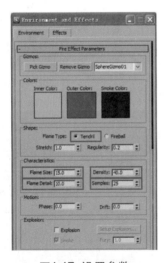

图1-17 设置参数

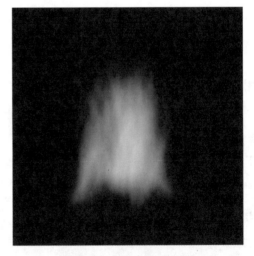

图1-18 火焰的渲染效果

2．设置火焰的动画

(1) 由于游戏中的贴图循环动画一般为8～16帧，所以先来调整动画的时间长度。方法是：首先右击3ds Max 2010界面的右下角，接着在弹出的Time Configuration(时间配置)对话框中的Animation(动画)选项组中的End Time(结束时间)微调框中输入15，最后单击OK按钮确定，如图1-19所示。

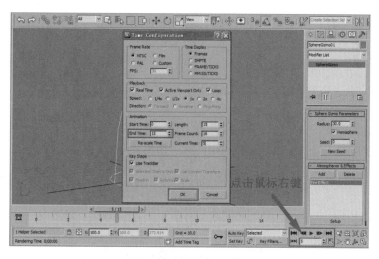

图1-19 设置动画时间

(2) 按F10键弹出渲染设置面板，在Common(共同的)选项卡下，设置Active Time Segment的值为0 To 15，设置Output Size(输出大小)选项组中Width和Height的值分别为128，如图1-20所示。

(3) 单击Render按钮，在弹出的Render Output File对话框中设置渲染文件的输出路径，并选择32位的tga文件格式(带Alpha通道)，文件名最好用字母或英文，因为有些引擎不支持中文，如图1-21所示。

图1-20 设置渲染参数

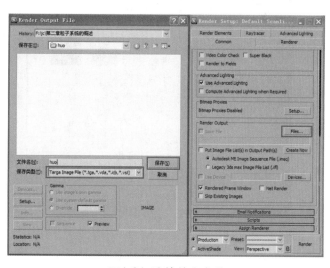

图1-21 渲染输出文件

(4) 单击Auto Key按钮进入动画创建模式并自动记录关键帧，再确定时间滑块为第0帧，然后将时间滑块拖到第15帧，如图1-22所示。接着修改火焰的Motion参数，如图1-23所示。

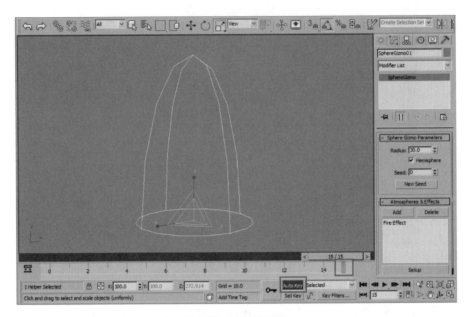

图1-22 记录关键帧

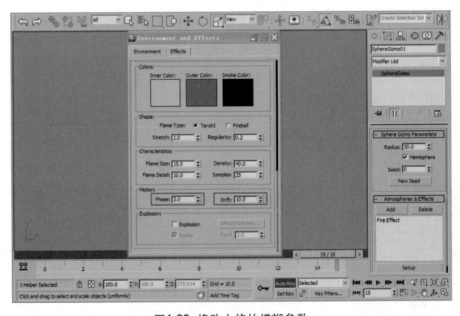

图1-23 修改火焰的模糊参数

(5) 打开曲线编辑器，将火焰动画曲线修改为直线形式，否则循环动画会发生抖动，如图1-24所示。

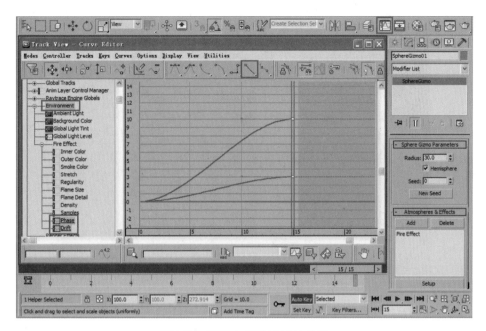

图1-24 调整火焰动画帧的曲线

(6) 按F9键渲染动画，得到16张火焰的动画序列图，如图1-25所示。这些图片可以在此前设置的渲染文件输出路径中找到，如图1-26所示。

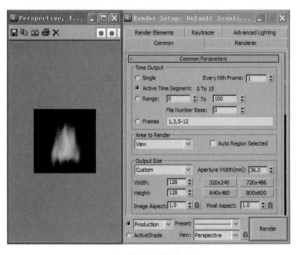

图1-25 渲染图片　　　　　　　　　　　　图1-26 输出的tga文件

(7) 快速搭建一个篝火模型(制作方法略)，其中十字交叉的平面就是我们要实现火焰特效的模型，如图1-27所示。

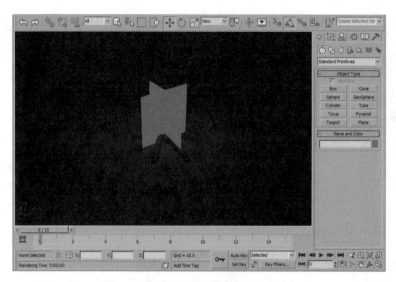

图1-27 创建火焰模型

(8) 指定材质。方法为选择火焰模型(平面)，按M键调出材质编辑器，然后在材质球面板中把一个材质球指定给平面物体，再进入Maps卷展栏，单击Diffuse color后面的空白按钮，在弹出的面板中选择Bitmap(位图)，接着找到保存好的材质图片，再单击【打开】按钮完成材质指定，如图1-28所示。同理，为Opacity指定同样的材质图片，如图1-29所示，最后单击Opacity后面的贴图文件，再选中Bitmap Parameters(位图参数)卷展栏下Mono Channel Output选项组中的Alpha单选按钮，如图1-30所示。

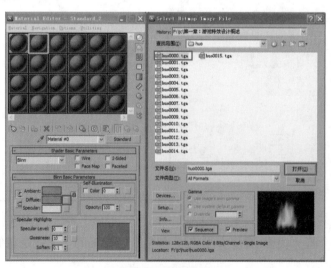

图1-28 指定材质

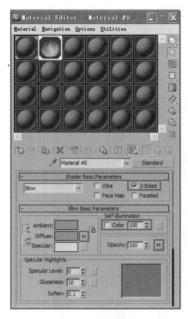

图1-29　指定透明贴图

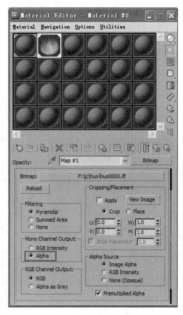

图1-30　设置透明通道

(9) 指定好材质后，单击材质编辑器中的Show Standard Map in Viewport按钮在视图中显示贴图，然后拖动时间滑块，发现视图中的火已经燃烧起来了，如图1-31所示。

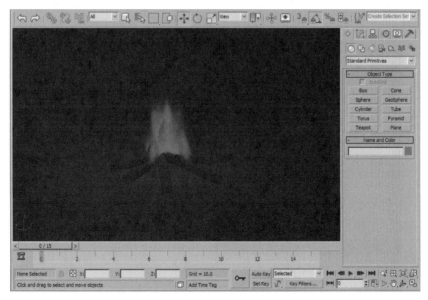

图1-31　完成火焰动画的材质指定

(10) 至此，火焰特效的制作基本完成了。但是有些游戏引擎不支持动画序列图，只支持单张的贴图，这时就需要使用Photoshop将16张序列图合并在一起，如图1-32所示。合并时需要注意保存Alpha通道的信息，如图1-33所示。

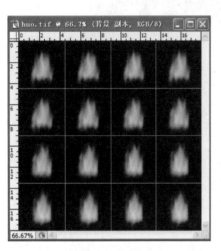

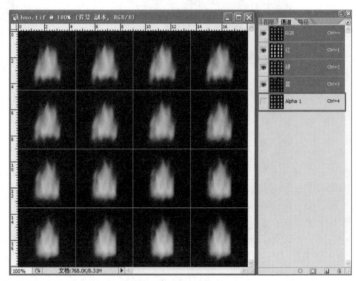

图1-32 合并序列图　　　　　　　　　　图1-33 保存通道信息

(11) 在材质编辑器中为火焰模型重新指定材质球，把漫反射贴图换成单张的序列图，并指定给火的模型，发现场景中的火焰出现显示错误，如图1-34所示。

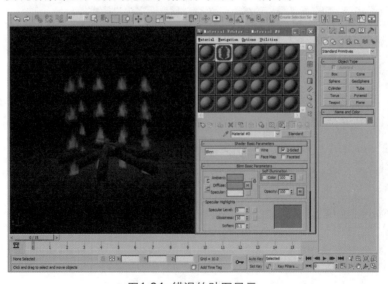

图1-34 错误的贴图显示

(12) 修改贴图显示的错误。方法为单击Autokey按钮打开动画记录，再把动画曲线设置为Set Tangents to Step(设置阶梯状切线类型)，如图1-35所示。

(13) 参照如图1-36所示修改不同关键帧的火焰贴图坐标。

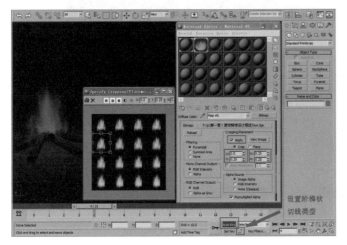

图1-35　设置动画曲线

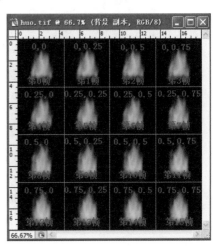

图1-36　不同关键帧的贴图坐标

1.3.3　引擎粒子特效

　　三维粒子特效的运用和制作是最为复杂的一种制作，也是比较古老的特效制作方法。几乎所有的大型3D软件包都提供了优秀的粒子系统，但在游戏制作中，庞大的粒子系统是不需要的，因为当前的计算机硬件不允许我们即时地使用这么复杂的粒子系统，只需要最基本的粒子系统就可以了。

　　在游戏制作的过程中，大多数特效都要依靠游戏引擎的粒子系统。粒子系统由游戏引擎编译执行，用于实现游戏中常见的粒子功能。由于游戏公司引擎的不定性，相应的特效编辑器也不同，这就决定了使用引擎粒子系统制作特效的方法也有很大区别，不过所有的粒子系统都具有发射器等概念，整个系统的参数并不会产生很大变化，如雨雪特效使用的都是真实的粒子系统。

　　使用引擎粒子制作特效的工作主要过程为：由美术人员制作三维模型和特效贴图，然后由粒子系统制作粒子，最后由引擎将美术和程序游戏特效相结合，形成雨、雪、爆炸、大型战斗画面等丰富绚丽的画面，如图1-37所示。

图1-37 特效绚丽的战斗场景

1.4 本章小结

本章概况性地介绍了游戏特效的定义和作用，以及游戏特效制作的基本思路和流程，并简单地介绍了游戏特效制作的特点和分类。通过本章的学习，读者应对以下问题有明确的认识。

(1) 游戏特效的定义和作用。

(2) 游戏特效制作的思路和流程。

(3) 游戏特效制作的特点和分类。

1.5 本章习题

一、填空题

1. 按照制作方法的不同，通常将游戏特效划分为_____、_____、_____三种类型，游戏中所有的特效形式都是由这三种方法相互结合所产生的。

2. 使用Photoshop制作的黑白特效图片，_____为产生辉光的部分，_____为半透明的部分，而_____为全透明不产生辉光的部分。

3. 在3D软件中创建特效，只需要制作一张特效贴图就可以了，剩下的_____、

_____等操作全部都可以由程序来实现，这样就大大地节省了美术的时间。

二、简答题

1. 简述游戏特效的定义和作用。

2. 简述引擎粒子的制作特点。

3. 简述游戏特效制作的流程。

三、操作题

利用本章学习的内容，创建一个场景中的火焰特效。

第2章

3ds Max 中粒子系统及空间扭曲的应用

章节描述

    本章主要讲解了3ds Max 2010的粒子系统概念、特性和应用，介绍空间扭曲和空间扭曲结合粒子系统的制作应用，以及几何物体产生变形动画的效果。粒子系统与空间扭曲的创建与编辑相对简单，但参数繁多，因此学习本章的关键在于把握粒子系统和空间扭曲的整体特性和运动方式。

教学目标

- 了解3ds Max粒子系统的基本概念及应用。
- 掌握粒子流的基本操作。
- 掌握非事件驱动的粒子系统的基本操作。
- 掌握3ds Max中空间扭曲的基本操作及应用。
- 掌握粒子系统与空间扭曲结合应用制作实例。

教学重点

- 粒子流的基本操作。
- 非事件驱动的粒子系统的基本操作。
- 3ds Max中空间扭曲的基本操作及应用。
- 粒子系统与空间扭曲结合应用制作实例。

教学难点

- 3ds Max中空间扭曲的基本操作及应用。
- 粒子系统与空间扭曲结合应用制作实例。

2.1 3ds Max 粒子系统概述

在游戏设计中，常常需要模拟雪、火、烟、烟尘、喷射、雨等大自然中的自然运动效果。这就需要借助与以往建模和动画技术完全不同的粒子系统来实现。本节主要介绍3ds Max 2010中的粒子系统。

2.1.1 粒子系统的概念

Particle(粒子)是指微小的、运动的固体或液体小颗粒。若将大量的颗粒组合到一个完整的系统中，该系统就称为Particle System(粒子系统)。粒子系统是Reeves 在1983 年提出的，是利用粒子模拟自然场景的一种技术，如雨、雪、水流、爆炸、烟雾等场景。由于这些场景都是根据物理模型计算出来的，也可以说，粒子系统是基于物理原理的一种建模方法。

目前自然场景的模拟方法主要可以分为基于粒子系统的模拟、基于物理模拟以及基于纹理合成的模拟3类，粒子系统由于具有运算简单、真实感好和环境交互性好等特点，被认为是迄今为止模拟不规则模糊物体最为成功的一种图形生成算法，在现在的自然场景模拟领域中占有主导地位。

粒子系统的组成元素就是粒子。一个粒子具有的主要特征包括质量、位置、速度、受力(能量)、生命周期，以及颜色、空间尺寸、形状等。每个粒子都代表了自然场景中的一个最小单元，通过很多个粒子相互组合和效果叠加，粒子系统才能够显示五彩斑斓的、美丽的自然场景。3ds Max 2010中的粒子系统功能强大、效果独特，主要用于表现动态的效果，一般在动画设计中若借助粒子系统，可以制作出非常自然、逼真的三维动态视觉效果。

粒子系统的运动是大量微小粒子的运动，它既不同于独立的个体运动，也不同于大量的随机运动，就如同广场上的人群，瀑布中的水滴一样。由于粒子的运动既具有个体差异，又具有整体共性，因此对粒子系统一般采用整体参数控制。学习粒子系统的关键在于把握整体特性和运动方式。

所有粒子都是由粒子发射器射出的。该发射器本身不能被渲染，主要用于设置粒子喷发的方向和范围。在粒子发射之前，需要对粒子的数量、形状、速度、状态、运动时间，以及粒子的产生、消失时间等参数进行设置。

2.1.2　游戏特效粒子系统的应用

一般而言，粒子系统主要是用来创建雨雪、爆炸、灰尘、泡沫、火花、气流等。它还可以将任何造型作为粒子，用来表现成群的蚂蚁、热带鱼、吹散的蒲公英等动画效果。随着游戏制作技术的不断发展，人们对游戏画面的品质要求越来越高。新技术的不断出现和发展使得游戏能够不断满足玩家们的高要求。游戏中常见的特效，比如场景中风暴、骤雨、火焰、云雾等自然景观，以及角色发出的攻击、魔法等各种炫目多彩的技能效果等，背后的制作大多都是由粒子系统的参与来完成的，如图2-1所示。

图2-1　游戏场景中的特效表现

粒子系统在游戏设计中具有非常广泛的应用，特别是在特效制作阶段，主要表现在以下几个方面。

(1) 表现游戏场景中的自然景观，如风、雨、雷电、狂风等。

(2) 表现游戏角色的行为状态，如角色奔跑时脚下扬起的尘土。

(3) 表现游戏角色的职业属性，如法师、战士等身体表面发出的光晕。

(4) 表现游戏角色的附加属性，如接受治疗、接受祝福等出现的效果。

(5) 表现游戏角色技能效果，如战士变身时的效果，发出魔法技能时的光晕效果。

(6) 表现游戏武器的效果，如高级武器散发的光晕效果。

上面的每个特效的制作都离不开粒子系统的制作，这些生成特效的粒子很多是由游戏引擎直接生成的。

2.2　PF Source(粒子流)的基本操作

　　PF Source(Particle Flow Source)粒子流系统是一种新兴的功能强大的事件驱动型粒子系统。该系统具有全新的界面和规则，可以对粒子在整个生命周期进行控制。粒子流系统更像是一种可视化编程工具，其中的事件/判断更加强化要求使用者的逻辑思维。其灵活而强大的功能可以让用户简洁地创造出令人眩目的特效。如今粒子流建模、动画已经广泛应用于影视、广告、游戏和视频包装等可视化项目中。

2.2.1　粒子流的工作方式

　　PF Source粒子流系统使用Particle View窗口，可对粒子流进行可视化编程。粒子流的工作方式可以理解为：该系统将某个周期内所描述的粒子属性(如形状、速度、方向及旋转)合并到一个组(事件)中，并为每个操作符都提供一组参数，其中多数参数可以设置动画，以便更改事件期间的粒子行动。随着事件的发生，PF Source粒子系统会不断地计算列表中的每个操作符，并相应地更新粒子系统。Particle Flow(粒子流)的工作方式可以理解为：首先选择一些Actions(动作)，这些动作用来定义某一粒子的特殊状态，可以把一组动作组合成Event(事件)，然后使用Tests(测试)将粒子从一个事件发送到下一个事件。这样连续的一连串事件便组成了Particle Flow。它们之间的关系可描述为：事件驱动型Particle Flow(粒子流)属于Particle System(粒子系统)中的一种，而Particle Flow(粒子流)由一连串Event(事件)组成，每一个Event(事件)又是由一个或多个Actions(动作)组成的。

2.2.2　粒子的工作特点

　　归纳来讲，粒子的工作特点有以下几个。

　　(1) 粒子基于特殊的设置来创建，但是它不得不由某些事件来引导和指挥。

　　(2) 动作被添加到粒子的某个位置，使粒子加速，向目标方向运动。这一系列动作是由力来控制的。

　　(3) 粒子将一直保持某一状态，直到一个事件产生。

　　(4) 事件测试能改变粒子的当前状态，它们像是一个触发器。当一个事件产生时，就不得不作出一个决定，粒子就可以进入一个新的状态。

(5) 一个新的状态可以改变粒子的某些属性，如速度、形状、尺寸、旋转，或者使旧粒子产生新的粒子。

(6) 粒子可以模拟产生各种力，如风力、重力。

(7) 一个粒子可以被测试与其他对象撞击，或者被约束在某个对象上运动。

(8) 粒子的生命周期是另一种属性，它可以被测试，也可以被用来改变粒子状态，或者在若干帧后使粒子消失。

(9) 粒子还可以被指定任何一种材质。

2.2.3　粒子流的基本操作

本节来介绍一下粒子流的基本操作方法。首先选择Create (创建)面板下的Geometry(几何体)面板，在下拉列表框中选择Particle System (粒子系统)选项，单击PF Source (粒子流)按钮，在视图中拖动鼠标创建一个PF Source粒子系统发射器图标，如图2-2所示。然后可以通过Modify (修改)面板对发射器的形状和大小进行设置。

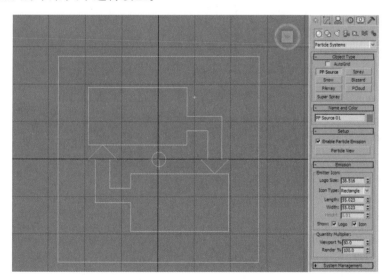

图2-2　创建一个粒子流

1．Particle View窗口

在Setup (设置)卷展栏中，选中Enable Particle Emission复选框可激活粒子发射。单击Particle View按钮或按6键，可打开Particle View(粒子视图)窗口，如图2-3所示。该窗口为创建和修改粒子流的工作界面。

Particle View窗口的菜单栏部分提供了编辑、选择、调整，以及分析等控制命令。

Particle View窗口分成4个不同的窗格。其中，事件显示窗格包含了所有事件节点，这些节点包含了每个动作，节点可以相互连线以定义粒子流。事件显示窗格右侧是参数面板窗格，其中包含多个卷展栏，用于查看和编辑所选定动作的参数，与命令面板上的卷展栏功能相同。事件显示窗格下方是动作仓库，包含了能够用于粒子的所有可能的动作。右下角是仓库说明窗格，用于对所选定的动作进行简要说明。

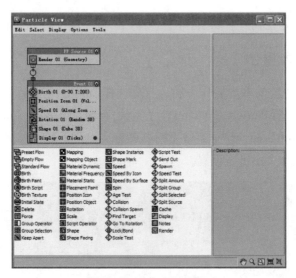

图2-3 Particle View窗口

窗口的右下角显示的工具按钮用于事件显示窗格的导航，包括Pan (移动)、Zoom (缩放)、Zoom Region (区域缩放)、Zoom Extents (最大显示节点)及No Zoom (返回正常缩放)。

2．标准粒子流

在创建PF Source粒子系统并打开Particle View窗口后，在事件显示窗格中会出现两个被称为Standard Flow(标准流)的节点，这些节点用于标识Standard Flow Source(标准流源)，并连接到包括Birth(出生)动作的一个事件节点。Birth动作定义了粒子的开始、结束、数量及速率等信息。这些节点中还包括其他默认动作，如Position Icon、Speed、Rotation、Shape及Display等。每个动作都有参数，当动作选定时可以更改出现在参数面板中的参数。事件和动作的表示方式是在名称的后面添加一个数字，如每个新事件和动作的数字都会递增。用鼠标右击事件，在弹出的快捷菜单中选择Rename命令，可以给事件重新命名。

在Particle View窗口中，执行Edit (编辑)→New (新建)→Particle System (粒子系统)→Standard Flow (标准流)菜单命令，可创建一个新的标准粒子流。当创建了一个新粒子流后，就会在视图中添加一个PF Source图标。如果在视图中删除了PF Source图标，在Particle View窗口中的相关事件节点也将被删除。

3．动作与连线事件

在Particle View窗口的动作窗格中包含了能够影响粒子的所有不同动作。这些动作可分为Birth(出生，绿色图标)、Operator(操作，蓝色图标)、Test(测试，黄色图标)及Miscellaneous(混合，蓝色图标)。

粒子在节点中的影响顺序是以出现的次序从顶到底排列的。若将新事件从动作仓库窗格拖到事件显示窗格，并放到现有的节点内，在放置时会显示一条蓝线；若将新动作从动作仓库窗格拖到事件显示窗格，并放到现有的动作上，在放置时会显示一条红线，并会替换现有的动作。

所创建的每个新事件节点都有一个输入，添加的每个测试事件都有一个输出。一旦实现了连线，测试的所有粒子都会成立，并被传送到新的事件节点，且从事属于连线的事件节点中的动作。

4．Emission(发射)

Emission(发射)卷展栏主要用于设定发射器的形状和大小。在Emitter Icon(发射器图标)参数栏中，Logo Size(图标尺寸)用于设置发射器的大小。Icon Type(图标类型)下拉列表可选择4种发射器类型：Rectangle(矩形)、Box(方体)、Circle(圆形)和Sphere(球体)，如图2-4所示。

在Quantity Multiplier(增量器)选项组中，Viewport(视图)值用于设置粒子流在视图中显示的百分比。Render(渲染)值用于设置粒子流在渲染中的百分比。

PF Source粒子系统包含了大量的控制参数和控制命令，其中主要存在于Particle View窗口中，而Modify(修改)面板参数仅是其中的一部分。在Modify面板中，PF Source粒子系统参数还包括Selection(选择)、System Management(系统管理)以及Script(脚本)等卷展栏，如图2-5所示。

图2-4　粒子流的发射器类型

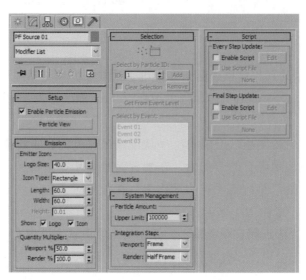

图2-5 粒子流的参数及控制面板

● 在Selection卷展栏上面的Particle和Event两个图标按钮，用于选择粒子和事件。ID(材质通道)值用于设置粒子的ID数值。单击Add按钮可以在选择的粒子中添加选定的ID的粒子。当选中Clear Selection复选框时可随时更新选择集。Remove (移除)按钮用于从选择集移除选定ID的粒子。单击Get From Event Level (从事件中选择)按钮，可在下面的Select by Event列表中对事件粒子进行选择。

● 在System Management卷展栏中，Upper Limit(上限)值用于设置发射粒子的最大数目，最大值可设定为10000000。Viewport(视图)下拉列表框用于设置视图显示的计算步长，默认值为帧。Render(渲染)下拉列表框用于设置渲染的计算间隔帧，默认为1/2帧。

● 在Script卷展栏的Every Step Update(事件步骤更新)选项组中，可选择Enable Script(能用脚本)和Use Script File(使用脚本文件)两个选项。单击Edit按钮可打开脚本编辑窗口，单击None按钮可打开查找脚本文件。Final Step Update(最后步骤更新)选项组与Every Step Update选项组中的选项相同。

2.2.4 粒子流效果制作实例

下面通过一个黑洞的动画制作实例来了解粒子系统的基本应用。在该实例中，先创建一个PF Source粒子系统阵列，并让所有粒子一起流动，从而形成一个天体黑洞的动画效果。黑洞动画效果如图2-6所示。

具体操作步骤如下。

(1) 选择Create(创建)面板下的Geometry(几何体)子面板，在下拉列表框中选择Particle System(粒子系统)选项，单击PF Source (粒子流)按钮，在Left视图中的坐标原点处创建一个Length为50，Width为50的PF Source粒子系统，并在Top视图中使其箭头方向向右。

(2) 在Create(创建)面板下的Geometry(几何体)子面板下拉列表框中选择Standard Primitives(标准几何体)选项，单击Sphere (球体)按钮，在Top视图的坐标原点处创建一个Radius为3的小球。

图2-6　粒子流制作的黑洞效果

(3) 单击Auto Key(自动记录关键帧)按钮进入动画创建模式。拖动事件滑块到100帧，在Left视图中将小球向下移动一小段距离，在Top视图中将PF Source粒子系统图标沿Z轴顺时针旋转-60°，如图2-7所示。再次单击Auto Key(自动记录关键帧)按钮退出动画创建模式。

(4) 选择PF Source(粒子流)粒子系统，单击Modify(修改)面板中的Particle View(粒子视图)按钮，打开Particle View(粒子视图)窗口。在事件显示窗格的Event节点中，单击Birth事件，在右侧参数面板中设置Emit Stop为100，Amount为300。单击Shape事件，在右侧参数面板中设置Shape为Sphere，Size为3。再单击Display事件，在右侧参数面板中设置Visible为10%。

(5) 在动作仓库窗格中，选择Speed by Surface(按表面设置粒子)事件，并拖到事件显示窗格Event节点的Speed事件上。选中该事件，在右侧参数面板的下拉列表框中选择Control Speed Continuously(连续控制速度)选项，启用Speed选项，设置Speed为100、Variation为200。单击Add按钮，在视图中选择小球。

(6) 选择PF Source粒子系统图标，按住Shift键，将图标旋转51.5°，在对话框中将Number of Copies设置为6，如图2-8所示。

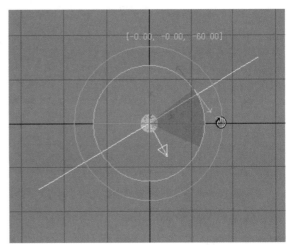

图2-7　旋转粒子系统

(7) 单击Play Animation (播放动画)按钮，观察其黑洞四周粒子流的动态效果。按F9键进行渲染，效果如图2-9所示。

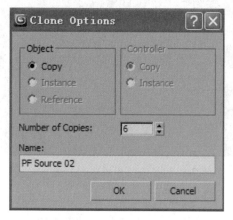

图2-8 复制粒子系统

图2-9 渲染粒子流动画效果

在该结构的基础上稍加修改，就可以生成粒子流或飓风效果。

2.3 非事件驱动的粒子系统

3ds Max 2010提供了两种不同类型的粒子系统：非事件驱动和事件驱动。其中，非事件驱动系统有6种：Spray(喷射)、Snow(雪)、Super Spray(超级喷射)、Blizzard(暴风雪)、PCloud(粒子云)及PArray(粒子阵列)。

2.3.1 非事件驱动的粒子系统简介

非事件驱动粒子系统比较适用于制作相对来说比较简单的场景特效，比如降雪的场景，雪花的数量虽然非常多，但是所有雪花的运动规律是相同的。本节就来简单介绍非事件驱动粒子系统。

选择Create(创建)面板下的Geometry(几何体)子面板，在下拉列表框中选择Particle System(粒子系统),就进入了粒子系统界面,如图2-10所示。各种粒子系统在视察中所显示的图标如图2-11所示。

图2-10　创建粒子系统界面图

图2-11　创建出各种粒子效果

在视图中创建了一个粒子系统后,其所对应的参卷展栏将呈现在命令面板中,粒子系统的所有参数是通过参数卷展栏设置的。

这几种粒子系统的基本功能如下。

● Spray(喷射):可用于模拟水滴。这些水滴可以设置为Drop(水滴状)、Dots(圆点状)或Ticks(十字叉状)。粒子创建后从粒子发射器的表面沿直线运动。

● Snow(雪):可用于模拟雪景。与Spray(喷射)类似,可应用一些附加域使粒子下落时进行翻滚。

● Super Spray(超级喷射):Spray系统的升级版。可用于模拟雨水和喷泉效果,并且可以使用不同的网格对象。

● Blizzard(暴风雪):Snow系统的升级版。可用于模拟暴雨效果,与Super Spray(超级喷射)类似,并且可以使用不同的网格对象。

● PCloud(粒子云):可用于模拟云喷射、玻璃瓶中的泡沫,以及公路上的汽车等效果。

● PArray(粒子阵列):可用于模拟气泡、碎片及爆炸等效果,并可使用单个的分布(Distribution)对象作为粒子源。

● PF Source(粒子流):可用于模拟粒子流、流星雨等。可将一定时期内的粒子属性(如形状、速度、方向、旋转)组合到事件中,从而得到非常丰富的动画效果。

2.3.2 使用粒子系统

粒子系统的参数虽然复杂，但其创建方法却十分简单。只要在Create(创建)面板的Object Type(对象类型)卷展栏中单击任何一个粒子系统的名称按钮，然后在视图中单击并拖动鼠标即可创建该粒子系统对象。创建粒子系统时可通过Create(创建)面板设置参数，而以后的参数设置和修改都是通过Modify(修改)面板进行的。与其他对象一样，在视图中可使用主工具栏上的变换工具对粒子系统对象进行移动、旋转和缩放等操作。

下面通过创建Spray(喷射)粒子系统的简单实例，来熟悉粒子系统的创建方法。

下面的应用实例创建了Spray粒子系统。

(1) 选择Create(创建)面板下的Geometry(几何体)子面板，在下拉列表框中选择Particle System(粒子系统)，单击Spray (喷射)按钮。

(2) 在Top视图中，单击并拖动鼠标产生一个矩形形状的粒子发射器对象。

(3) 单击Play Animation(播放动画)按钮，可以看到Particle系统在默认参数下的动画效果，如图2-12所示。

图2-12 Spray(喷射)粒子

这时，可在Modify(修改)面板卷展栏中设置参数，如数量、形状、大小及运动等，其运动状态也会随之发生改变。

2.3.3 Spray(喷射)粒子系统

Spray(喷射)虽然属于基本粒子系统，但可创建出许多动画特效。除了可模拟传统的雨景和水花之外，还可模拟爆炸、火花、礼花以及星空等动态效果。

Spray(喷射)粒子系统参数面板如图2-13所示。在Parameters卷展栏中包括Particles(粒子)、Render(渲染)、Timing(时间)和Emitter(发射器) 4个选项组。

● Particles(粒子)选项组用于设定粒子本身的属性。其中，Viewport Count(视图粒子数)值用于设置在视图中所显示的粒子数量。为加快显示速度可将该值设置得低一些。Render Count(渲染粒子数)值用于设置在渲染输出时的粒子数量，该值只影响渲染，对视图显示无影响，为了提高渲染质量可将该值设备得高一些。Drop Size(粒子尺寸)值用于设置单个粒子的尺寸大小。Speed(速度)值用于设置单个粒子发射的初始速度。系统默认值为10，若设置为1，则可使粒子在25帧内移动10个单位。Variation(变化)值用于控制粒子运动的方式。系统默认值为0，表示均匀的粒子流沿发射方向做规律性运动。当变化量增加时，粒子速度增加并偏离发射源泉的方向。Drops(水滴)、Dots(圆点)和Ticks(十字叉)等几个选项用于选定粒子的不同形状。

● Render(渲染)选项组的两个选项用于设定粒子渲染时的显示状态。其中，Tetrahedron(四面体)渲染时粒子呈四面体形状，而Facing(面)渲染时粒子呈正方形形状。

图2-13 Spray(喷射)
粒子系统参数面板

● Timing(时间)选项组主要用于设定粒子的动画时间。其中，Start(起始)值用于设置表示粒子系统动画开始产生的时间。Life(生命)值用于设置粒子系统动画产生后的生命周期，其默认值为30。Birth Rate(再生速率)值用于设置粒子产生的速率。Constant(常数)选项启用后，粒子产生的速率为恒定值。

● Emitter(发射器)选项组用于设定粒子发射器。其中，Width(宽度)值用于设置粒子发射器的宽度，Length(长度)值用于设置粒子发射器的长度。Hide(隐藏)选项启用后，发射器将不在视图中显示。

下面是运用Spray(喷射)粒子系统模拟水花飞溅的一个实例。在该实例中，先创建一个Spray(喷射)粒子系统，使其发射方向朝上，再设置其相关参数，然后将浅蓝色材质赋予系统。生成的水花飞溅效果如图2-14所示。

下面的应用实例运用Spray粒子系统模拟水花飞溅的动画效果。

(1) 选择Create(创建)面板下的Geometry(几何体)子面板，在下拉列表框中选择particle System(粒子系统)选项，单击Spray (喷射)按钮。在Top视图中创建一个Spray(喷射)粒子系统。

(2) 在Front视图中，使用旋转工具将粒子沿X轴旋转180°，使其向上发射，如图2-15所示。

图2-14 水花飞溅的效果

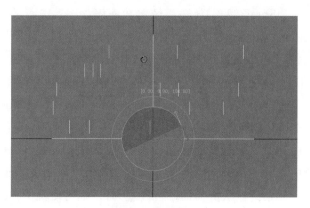

图2-15 旋转粒子

(3) 在Parameters 卷展栏的Emitter(发射器)选项组中设置Width(宽度)和Length(长度)值分别为3，减小发射器尺寸使粒子从一个点发出。

(4) 在Particles(粒子)选项组中设置Viewport Count(视图粒子数)为50，Render Count (渲染粒子数)为100，其余参数如图2-16所示。

图2-16 设置粒子的参数

(5) 按M键打开材质编辑器，选择明暗器类型为Phone，设置Diffuse颜色样本为淡蓝色，Opacity为50，Specular Level为90，Glossiness为80，并将材质赋予Spray(喷射)粒子系统。

(6) 单击Play Animation (播放动画)按钮，观察水花的动画效果。按F9键进行快速渲染，其第50帧的动画效果如图2-17所示。

(7) 将Particles(粒子)选项组中的Render Count(渲染粒子数)设置为2000。单击Play Animation (播放动画)按钮，发现视图中的粒子数量并没有增加。按F9键进行快速渲染，发现渲染时粒子数量大大增加了。第50帧的动画效果如图2-18所示。

图2-17　第50帧的水花效果

图2-18　调整后的动画渲染效果

2.3.4　Snow(雪)粒子系统

Snow(雪)粒子系统与Spray(喷射)粒子系统的不同之处在于其自身的运动。Snow(雪)粒子系统适合创建柔软的小片物体，如雪花、纸花、花瓣、落叶等，这一类物体在下落的过程中自身不断地反转。该系统还有一个特点就是其大小与发射器的距离有关，利用Snow(雪)粒子系统的这个特点可以创建水中的气泡效果。

Snow(雪)的参数面板与Spray(喷射)相似，只是多了几个参数而已，如图2-19所示。Parameters(参数)卷展栏包括Particles(粒子)、Render(渲染)、Timing(时间)和Emitter(发射器)4个选项组。

● Particles(粒子)选项组用于设定粒子本身的属性。其中，Viewport Count(视图粒子数)值用于设置在视图中所显示的粒子数量。为加快显示速度可将该值设置得低一些。Render

图2-19　Snow(雪)粒子的参数面板

Count(渲染粒子数)值用于设置在渲染输出时的粒子数量。该值只影响渲染，对视图显示无影响，因此要想提高渲染质量可将该值设置得高一些。Flake Size(雪片尺寸)值用于设置单个雪片的尺寸大小。Speed(速度)值用于设置单个雪片发射的初速度，系统默认值为10。若速度为1，则可使雪片在25帧内移动10个单位。Variation(变化)值用于控制粒子运动的方式。系统默认值为0，则表示均匀的粒子流沿发射方向做规律性运动，当变化量增加时，粒子速度增加，并偏离发射源的方向。Tumble(翻滚)值用于设置粒子随机翻滚变化的程度。Tumble Rate(翻滚速率)值用于设置翻滚的频率。Flakes(雪片)、Dots(圆点)和Ticks(十字叉)等几个选项用于选定不同的粒子形状。

● Render(渲染)选项组的三个选项用于设定粒子渲染时的显示状态。其中，Six Point(六点)渲染时雪片呈六角星形。Triangle(三角)渲染时雪片呈三角形。Facing(面)渲染时雪片呈正方形。

● Timing(时间)选项组主要用于设定粒子动画产生的时间。其中，Start(起始)值用于设置粒子系统动画产生的时间。Life(生命)值用于设置粒子系统动画产生后的生命周期，系统默认值为30。Birth Rate(再生速率)值用于设置粒子产生的速率。Constant(常数)选项启用后，粒子产生的速率为恒定值。

● Emitter(发射器)选项组用于设定粒子发射器。Width(宽度)值用于设置粒子发射器的宽度，Length(长度)值用于设置粒子发射器的长度。Hide(隐藏)选项启用后，发射器将不在视图中显示。

下面是Snow(雪)粒子系统模拟纸花飘落的一个实例。

在该实例中，分别创建了5个Snow(雪)粒子系统，并设置其各自系统的参数，然后将各种颜色的材质分别赋予这些粒子系统。为了使色彩更鲜艳，设置了灯光效果。最后生成的模拟纸花飘落的动画渲染效果如图2-20所示。

下面的应用实例运用Snow粒子系统模拟纸花飘落动画效果。

(1) 选择Create(创建)面板下的Geomerty(几何体)子面板，在下拉列表框中选择Particle System(粒子系统)选项，单击Snow (雪)按钮，在Top视图中创建一个Snow(雪)粒子系统。

(2) 在Parameters卷展栏的Emitter(发射器)选项组中设置Width(宽度)为130、Length(长度)为80，使粒子发射的面积增大一些。

(3) 在Particles(粒子)选项组中设置Viewport

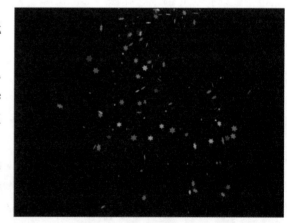

图2-20 纸花飘落的渲染效果

Count(视图粒子数)为20、Render Count(渲染粒子数)为200，其余参数如图2-21所示。

(4) 在Timing(时间)选项组中设置Life(寿命)为200。然后按M键打开材质编辑器，将蓝色赋予该粒子系统。

(5) 同上，在相同位置上另外创建4个相同的Snow(雪)粒子系统，并将颜色分别设置为红色、紫色、黄色和绿色。为了使纸花变化多样，在设置参数时，各系统的粒子尺寸、速度、翻滚数量和翻滚速率都应有所变化。

(6) 为了使色彩更鲜艳，在Front 视图中创建3个泛光灯。这时灯光视图设置和纸花的动画效果如图2-22所示。

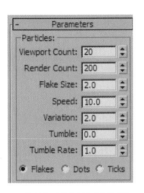

图2-21　设置粒子参数

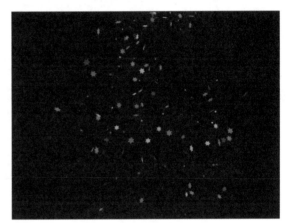

图2-22　纸花的渲染效果

2.3.5　Super Spray(超级喷射)粒子系统

Super Spray(超级喷射)粒子系统是Spray(喷射)粒子系统的升级版，可模拟的自然现象比Spray 粒子系统多，参数也比Spray 粒子系统复杂得多。该系统是3ds Max 中功能较为强大的特效创建工具之一。

Super Spray(超级喷射)粒子系统包括8个参数卷展栏，分别为：Basic Parameters(基本参数)、Particle Generation(粒子生成)、Particle Type(粒子类型)、Rotation and Collision(旋转与碰撞)、Object Motion Inheritance(对象运动继承)、Rubble Motion(气泡运动)、Particle Spawn(粒子增生)及Load/Save Preset(装入/存储预设)。

1．几个参数卷展栏中的选项及其含义

下面分别介绍以上这些参数卷展栏中的选项及其含义。

1) 基本参数

Basic Parameters(基本参数)卷展栏，用于设定粒子发射器和视图显示有关的属性，如图2-23所示。Super Spray(超级喷射)系统发射器的图标由柱体和一个指向粒子运动方向的箭头组成。

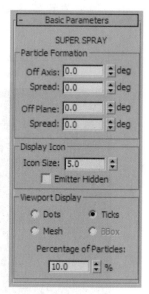

图2-23 Basic Parameters (基本参数)卷展栏

● Particle Formation(粒子形成)选项组用于设定粒子发射器的轴和平面角。其中，Off Axis(轴偏移)值用于设置粒子流偏离图标箭头的角度。Spread(扩散)值用于设置粒子流以中心轴对称、均匀、扇形分布的角度(取值为0～180°)。Off Plane(面偏移)值用于设置粒子流偏离平面轴的角度，呈现螺旋分布。Spread(扩散)值用于设置偏离中心轴的角度能够创建粒子。若上述参数的值均为0，则粒子流发射呈一条直线。

● Display Icon(显示图标)选项组用于设定图标的大小或图标隐藏。其中，Icon Size(图标大小)值用于设定粒子发射器图标的大小。Emitter Hidden(隐藏)选项启用后，发射器将不在视图中显示。

● Viewport Display(视图显示)选项组用于设定粒子物体在视图中的形状。其中4个选项代表4种形状：Dots(圆点)使粒子呈圆点状，Ticks(十字叉)使粒子呈十字叉状，Mesh(网格)使粒子呈三角网格面状，BBox(长方体)使粒子呈长方体状。

● Percentage of Particles(粒子百分比)值用于设定在视图中显示粒子数的百分比。较低的数值可确保快速更新视图。

2) 粒子生成参数

Particle Generation(粒子生成)卷展栏用于设定粒子的数量，如图2-24所示。

Particle Quantity(粒子数量)选项组用于设定粒子产生的数量，有两个可选项。Use Rate(速率)单选按钮选中后可在下面的微调框中输入每帧的粒子总数。使用该值可使整个动画具有稳定的粒子流。Use Total(总量)单选按钮选中后可在下面的文本框中输入在整个帧的范围期间内出现的粒子总数。

● Particle Motion(粒子运动)选项组用于设定粒子的运动速度、方向和变化。其中，Speed(速度)值用于设置发射时粒子的初始速度和方向。Variation(变化)值用于设置粒子在运动中以百分比变化量改变初始速度。

● Particle Timing(粒子定时器)选项组用于设定粒子发射的开始和结束时间。其中，Emit Start(发射开始)值用于设置开始发射粒子的时间。Emit Stop(发射停止)值用于设置停止发射粒子的时间。Display Until(显示时限)值用于设置显示粒子的终止时间。Life(生命)值用于设定粒子的存活时间。Variation(变化)值用于设置粒子随机变化的程度。Subframe Sampling(子帧采样)包括3个用于确定粒子在输出采样过程的相关选项。其中，Creation Time(创建时间)表示从粒子创建时可避免喷射的影响。Emitter Translation(发射位移)表示在发射器产生位移时可避免受喷射的影响。Emitter Rotation(发射旋转)表示在发射器产生旋转时可避免受喷射的影响。

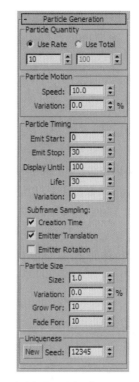

图2-24 Particle Generation (粒子生成)卷展栏

● Particle Size(粒子尺寸)选项组用于设定系统生成粒子的大小。其中，Size(尺寸)值用于设定粒子物体的大小。Variation(变化)值用于设定粒子之间大小不同的差异程度。Grow For(成长)值用于设定粒子物体从开始发射到指定尺寸的时间。Fade For(衰减)值用于设置粒子物体从衰减到消失的时间。

● Uniqueness(独特性)选项组用于设定粒子产生时的外观布局。其中，New (新)按钮用于自动生成新的随机数。Seed(种数)值用于确定粒子的随机数。

3) 粒子类型参数

Particle Type(粒子类型)卷展栏用于设定粒子的外观，如图2-25所示。

● Particle Types(粒子类型)选项组用于选择粒子类型，有3种可供选择的类型。Standard

Particles(标准粒子)为默认的粒子形式。MetaParticles(超密粒子)为密集球体的粒子形式。Instanced Geometry(关联几何体)为用户自行创建的粒子形式。

● Standard Particles(标准粒子)选项组用于选择标准形式的粒子种类，有8种可供选择的类型：Triangle(三角形)、Cube(立方体)、Special(特殊形式)、Facing(交叉面)、Constant(恒定面)、Tetra(四面体)、SixPoint(六角形面)和Sphere(球体)。

● MetaParticle Parameters(超密粒子)选项组用于设定当前选定的粒子的相关参数。其中，Tension(张力)值用于设置超密粒子之间的紧密程度。Variation(变化)值用于设置张力的变化程度。Evaluation Coarseness(估算细节)值用来计算粒子的细节程度。Render(渲染)值是渲染输出的Evaluation Coarseness 的参数值。ViewPort(视图)值是视图中的Evaluation Coarseness的参数值。Automatic Coarseness(自动细节)选项启用后，系统自动计算Evaluation Coarseness的参数值。One Connected Blob(连接点)选项启用后，系统仅计算相邻的有连接机会的粒子。

● Instancing Parameters(关联粒子参数)选项组用于设置关联参数。其中，单击Pick Object (拾取对象)按钮可将场景中的对象作为粒子。Use Subtree Also(使用子对象)选项可将有关联的物体全部选中。

● Animation Offset Keying(动画偏移关键点)选项是指关联对象本身具有动画关键点时可设定的三种动画方式。None(无)单选按钮表示关联对象的运动采用原来本身的关键点，Birth(出生)单选按钮用于设定关联粒子产生的粒子与以第一个产生的粒子形态相同，Random(随机)单选按钮表示以随机的形式决定关联粒子的形态。

● Mat' I Mapping and Source(材质贴图来源)选项组用于设定关联粒子物体的材质来源。其中，Time(时间)单选按钮用于设定粒子从发射到材质完全出现的时间。Distance(距离)单选按钮用于设定粒子从发射到材质完全出现的距离。Get Material From (获取材质)按钮用于在场景中选择以某对象作为材质来源。Icon(图标)单选按钮用于设定材质来源为场景中现有的对象的材质。Instanced Geometry(关联几何体)单选按钮用于设定材质来源为关联几何体的材质。

图2-25 Particle Type(粒子类型)卷展栏

4) 旋转与碰撞参数

Rotation and Collision(旋转与碰撞)卷展栏用于设定粒子之间旋转与碰撞的相关参数，如图2-26所示，从而使粒子在交叠时相互弹开。

图2-26　Rotation and Collision(旋转与碰撞)卷展栏

● Spin Speed Controls(旋转速度控制)选项组用于设定粒子与旋转速度相关的参数。其中，Spin Time(自转时间)值表示粒子自身旋转一周所需要的帧数。第1个Variation(变化程度)值表示粒子旋转发生变化的百分比。Phase(相位)值表示粒子旋转的初始角度。第2个Variation(变化程度)值表示粒子相位发生变化的百分比。

● Spin Axis Controls(旋转轴向控制)选项组用于设定粒子产生旋转时的轴向控制。其中，Random(随机)单选按钮表示以随机的方式设定旋转的轴向。Direction of Travel/Mblur单选按钮下面的Stretch(拉伸)值是沿对象的运动方向拉伸的数值。User Defined(用户自定义)选项用于指定粒子绕X、Y、Z轴方向的旋转角度。Variation User Defined(变化程度)值表示粒子旋转角度发生变化的百分比。

● Interparticle Collisions(相互粒子碰撞)选项组用于设定粒子在运动过程中相互碰撞的相关参数。其中，Enable(有效)复选框可设置碰撞是否有效。若有效，可设定以下值。Calc Intervals Per Frame(每帧碰撞次数)值是每帧动画中粒子碰撞的次数。Bounce(反弹力)值是碰撞后粒子的速度占碰撞速度的百分比。Variation(变化程度)值是粒子碰撞后速度变化的百分比。

5) 运动继承与气泡运动参数

Object Motion Inheritance(对象运动继承)卷展栏用于设定粒子发射器使粒子移动的方式，如图2-27所示。其中，Influence(影响)值用于设定粒子跟随发射器移动的紧密程度。Multiplier(繁殖)值是粒子受到发射器影响产生的数量。Variation(变化程度)值用于设定Multiplier变化的百分比。

Bubble Motion(气泡运动)卷展栏用于模拟气泡在液体中上升时的运动方式，如图2-27所示。其中，Amplitude(幅度)值用于设定粒子从一边移动到另一边的距离。Variation(变化)值是Amplitude发生变化的百分比。Period(周期)值用于设定粒子完成一次晃动所需的时间。第1个Variation(变化)值是Period发生变化的百分比。Phase(相位)值用于设定粒子在曲线中的初始。第2个Variation(变化)值是Phase发生变化的百分比。

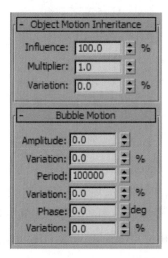

图2-27 Object Motion Inheritance(对象运动继承)卷展栏

6) 粒子增生参数

Particle Spawn(粒子增生)卷展栏用于设置粒子发生碰撞时生成新粒子的相关参数，如图2-28所示。

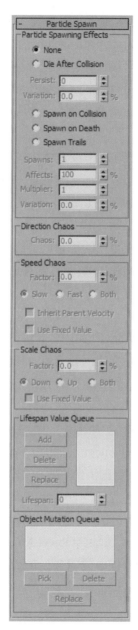

图2-28 Particle Spawn(粒子增生)卷展栏

● Particle Spawning Effects(粒子增生效果)选项组用于设定粒子发生碰撞后产生效果的相关参数。其中，选中None(无)单选按钮后，粒子在碰撞后不产生任何效果。Die After Collision(碰撞后消亡)单选按钮启用后，粒子在碰撞后消亡。Persist(存留)值表示碰撞后存留的时间。

Variation(变化)值表示碰撞后Persist发生变化的百分比。Spawn on Collision(碰撞后增生)单选按钮用于设置粒子碰撞后产生增生。Spawn on Death(消亡后增生)单选按钮用于设置粒子消亡后产生增生。Spawn Trails(沿轨迹增生)单选按钮用于设置粒子沿轨迹方向的增生。Spawns(增生)值用于设置粒子一次产生新粒子的数量。Affects(影响)值是可产生新粒子的百分比。Multiplier(繁殖)值用于设定粒子在碰撞后产生新粒子的倍率。Variation(变化)值是Multiplier发生变化的百分比。

● Direction Chaos(方向随机)选项组用于设定增生粒子在运动方向上的随机程度。其中，Chaos(随机)值用于设定增生粒子在运动方向上的随机百分比。该值为100时，产生的粒子可在任何方向上自由运动；该值为0时，产生粒子的运动方向与源粒子同向。

● Speed Chaos(速度随机)选项组用于设定增生粒子在运动速度上的随机程度。其中，Factor(要素)值是碰撞后粒子会产生速度变化的要素值，该值为0时，不产生任何变化，其下面可选择三种变化趋势：Slow(慢)、Fast(快)和Both(两者皆有)。选择Inherit Parent Velocity(继承父体速度)复选框后，增生粒子将以父体速度变化。选择Use Fixed Value(使用固定值)复选框后，增生粒子将以固定速度变化。

● Scale Chaos(绽放随机)选项组用于设定增生粒子在尺寸大小上的随机程度。其中，Factor(要素)值是碰撞后粒子会产生尺寸变化的要素值。该值为0时，不产生任何变化，其下面可选择三种变化趋势：Down(小)、Up(大)和Both(两者皆有)。若选中Use Fixed Value(使用固定值)复选框，则增生粒子将以固定尺寸变化。

● Lifespan Value Queue(生命值列表)选项组用于设定粒子的生命周期。其中，Add(添加)按钮用于将设定的参数加到Lifespan Value Queue列表框中。Delete(删除)按钮用于删除Lifespan Value Queue列表框中的参数。Replace(替换)按钮用于以选中的参数取代Lifespan Value Queue列表框中的参数。Lifespan (生命)值用于设定增生粒子之间的生命周期。

● Object Mutation Queue(对象变形列表)选项组用于设定粒子之间进行切换的能力。其中，Pick(拾取)按钮用于将场景中拾取的对象添加到Object Mutation Queue列表框中。Delete(删除)按钮用于删除Object Mutation Queue列表框中的对象。Replace(替换)按钮用于以选中的对象取代Object Mutation Queue列表框中的对象。

2. 超级喷射粒子系统的应用实例

下面通过两个实例来了解Super Spray(超级喷射)粒子系统的基本应用。

1) 模拟喷射动画效果

在该实例中，先创建一个Super Spray粒子系统，再设置系统的相关参数，然后将白色材质赋予该粒子系统。生成的喷射动画效果如图2-29所示。

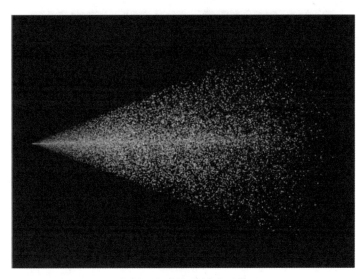

图2-29　生成的喷射动画效果

下面的应用实例是运用Super Spray粒子系统模拟喷射动画效果。

(1) 选择Create(创建)面板下的Geometry(几何体)子面板，在下拉列表框中选择Particle System(粒子系统)选项，单击Super Spray (超级喷射)按钮。在Left视图中创建一个Icon Size (图标尺寸)为15的Super Spray粒子系统，箭头方向向右。

(2) 在Modify(修改)面板的Basic Parameters(基本参数)卷展栏中，设置Off Axis(轴偏移)的Spread(扩散)值为25，Off Plane(面偏移)的Spread(扩散)值为90。

(3) 在Particle Generation(粒子生成)卷展栏中，设置参数Emit Rate(发射速率)为1800，Speed(速度)为20，Variation(变化)为30。设置Emit Start(发射开始)为0，Emit Stop(发射停止)为30，Life(生命)为30，粒子Size(尺寸)为2。

(4) 在Particle Type(粒子类型)卷展栏的Standard Particles(标准粒子)选项组中，设置粒子类型为Sphere(球体)。

(5) 按M键打开材质编辑器，选择Phone阴暗器，设置Diffuse颜色为白色，Opacity为90，Specular Level为90，Glossiness为0，加载Smoke(烟喷射)材质，在Smoke Parameters卷展栏中单击Swap(交换)按钮，将该材质赋予Super Spray粒子系统。

(6) 单击Play Animation (播放动画)按钮，观察喷射动画效果。按F9键进行快速渲染，效果如图2-30所示。

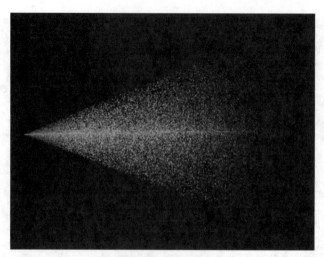

图2-30 喷射动画的渲染效果

2) 模拟烟花动画效果

在该实例中，先创建一个Super Spray粒子系统作为烟花，使其向上喷射。再创建一个圆柱体作为烟花筒。设置粒子系统相关参数，再复制一个同样的粒子系统。然后分别为两个粒子系统赋予红色和黄色材质。生成烟花动画效果，如图2-31所示。

图2-31 烟花动画效果

下面的应用实例是运用Super Spray粒子系统模拟烟花的动画效果。

(1) 选择Create(创建)面板下的Geometry(几何体)子面板，在下拉列表框中选择Particle System(粒子系统)选项，单击Super Spray (超级喷射)按钮，在Top视图中创建一个Icon Size(图标尺寸)为15的Super Spray粒子系统作为烟花，箭头方向向上。

(2) 选择Create(创建)面板下的Geometry(几何体)子面板，在下拉列表框中选择Standard Primitives(标准几何体)选项，单击Cylinder (圆柱体)按钮，在Top视图中创建一个Radius为15，Height为100的圆柱体作为烟花筒，并与粒子系统对齐。

(3) 在Modify(修改)面板的Basic Parameters(基本参数)卷展栏中，设置Off Axis(轴偏移)的Spread(扩散)值为10，Off Plane(面偏移)的Spread(扩散)值为90。

(4) 在Particle Generation(粒子生成)卷展栏中设置Emit Rate(发射速率)为2000，Speed(速度)为20，Variation(变化)为100，Emit Rate(发射开始)为0，Emit Stop(发射停止)为100，Life(寿命)为25，Variation(变化)为30，粒子Size(尺寸)为5。

(5) 在Particle Type(粒子类型)卷展栏的Standard Particles(标准粒子)选项组中设置粒子类型为Six Point(六角形)。

(6) 利用移动工具再复制一个Super Spray粒子系统，仅将Particle Generation(粒子生成)卷展栏中的Emit Stop(发射停止)参数修改为85。

(7) 按M键打开材质编辑器。设置红色材质，赋予圆柱体和第1个Super Spray粒子系统；设置黄色材质，赋予第2个Super Spray粒子系统。

(8) 单击Play Animation (播放动画)按钮，观察烟花的动画效果。按F9键进行快速渲染，效果如图2-32所示。

图2-32 烟花动画的渲染效果

2.3.6　Blizzard(暴风雪)粒子系统

Blizzard(暴风雪)粒子系统是Snow(雪)粒子系统的升级版，功能较Snow(雪)粒子系统强，但参数要复杂得多。该系统也是3ds Max中功能较为强大的特效创建工具之一。

Blizzard(暴风雪)粒子系统与Super Spray(超级喷射)粒子系统的参数基本相似，但没有Bubble Motion(气泡运动)卷展栏。

Blizzard(暴风雪)系统包括7个卷展栏：Basic Parameters(基本参数)、Particle Generation(粒子生成)、Particle Type(类型)、Rotation and Collision(旋转与碰撞)、Object Motion Inheritance(对象运动继承)、Particle Spawn(粒子增生)及Load/Save Preset(装入/存储预设)。

下面分别介绍这些参数的基本含义。

1．Blizzard基本参数

Basic Parameters(基本参数)卷展栏用于设定粒子发射器和视图显示的相关属性。它与Super Spray粒子系统参数不同的是：没有Particle Formation(粒子形成)选项组，如图2-33所示。

图2-33　Blizzard基本参数界面

● Display Icon(显示图标)选项组用于设定图标的大小或图标隐藏。其中，Width和Length微调框分别设定了图标的宽度和长度。选中Emitter Hidden(隐藏)复选框后，发射器不在视图中显示。

● Viewport Display(视图显示)选项组用于设定粒子物体在视图中的形状。其中可选择四种形状：Dots(圆点)使粒子呈圆点状，Ticks(十字叉)使粒子呈十字叉状，Mesh(网格)使粒子呈三角网格面状，BBox(长方体)使粒子呈长方体状，Percentage of Particles (粒子的百分比)用于设定在视图中显示粒子数量的百分比，设定时应保持较低的数值，以确保快速更新视图。

2．粒子生成参数

Particle Generation(粒子生成)卷展栏与Super Spray(超级喷射)粒子系统相同，用于设定粒子的数量，如图2-34所示。

● Particle Quantity(粒子数量)选项组用于设定粒子产生的数量。有两个选项可供选择：Use Rate(速率)单选按钮选中后可在下面的文本框中输入每帧的粒子总数；Use Total(总量)单选按钮选中后，可在下面的文本框中输入整个帧范围期间出现的粒子总数。

● Particle Motion(粒子运动)选项组用于设定粒子的运动速度、方向和变化。其中，Speed(速度)值为粒子发射时的初始速度和方向。Variation(变化)值为粒子运动中以百分比的变化量改变初始速度。

● Particle Timing(粒子定时器)选项组用于设定发射的开始和结束时间。其中，Emit Start(发射开始)值为开始发射粒子的时间。Emit Stop(发射停止)值为停止发射粒子的时间。Display Until(显示时限)值为显示粒子的终止时间。Life(生命)值用于设定粒子的存活时间。Variation(变化)值用于设置粒子随机变化的程度。

● Subframe Sampling(子帧采样)包括3个用于确定粒子在输出采样过程的相关选项。其中，Creation Time(创建时间)表示从粒子创建时可避免喷射的影响。Emitter Translation(发射位移)表示在发射器产生位移时可避免受喷射的影响。Emitter Rotation(发射旋转)表示在发射器产生旋转时可避免受喷射的影响。

图2-34 粒子生成参数卷展栏

● Particle Size(粒子尺寸)选项组用于设定系统生成粒子的大小。其中，Size(尺寸)值用于设定粒子物体的大小。Variation(变化)值用于设定粒子之间大小不同的差异程度。Grow For(成长)值用于设定粒子物体从开始发射到指定尺寸的时间。Fade For(衰减)值用于设置粒子物体从衰减到消失的时间。

● Uniqueness(独特性)选项组用于设置粒子产生时的外观布局。其中，New (新)按钮用于自动生成新的随机数。Seed(种数)值用于确定粒子的随机数。

3．粒子类型参数

Particle Type(粒子类型)卷展栏与Super Spray(超级喷射)粒子系统相同，用于设定粒子的外观，如图2-35所示。

● Particle Type(粒子类型)选项组用于选择粒子的类型，有三种类型可供选择。Standard Particles(标准粒子)为默认的粒子形式，MetaParticles(超密粒子)为密集球体的粒子形式，Instanced Geometry(关联几何体)为用户自行创建的粒子形式。

● Standard Particles(标准粒子)选项组用于选择标准形式的粒子种类。有八种类型可供选择：Triangle(三角形)、Cube(立方体)、Special(特殊形式)、Facing(交叉面)、Constant(恒定面)、Tetra(四面体)、Six Point(六角形面)和Sphere(球体)。

● MetaParticle Parameters(超密粒子参数)选项组用于设定当前选定粒子的相关参数。其中，Tension(张力)值用于设置超密粒子之间的紧密程度。Variation(变化)值用于设置张力的变化程度。Evaluation Coarseness(估算细节)选项组用来计算粒子的细节程度。Render(渲染)值是渲染输出的Evaluation Coarseness的参数值。其中，Viewport(视图)值是视图中的Evaluation Coarseness 的参数值，Automatic Coarseness(自动细节)复选框选中后，系统自动计算Evaluation Coarseness的参数值，One Connected Blob(连接点)复选框选中后，系统仅计算相邻的有连接机会的粒子。

● Instancing Parameters(关联粒子参数)选项组用于设置关联参数。其中，单击Pick Object (拾取对象)按钮可将场景中的对象作为粒子。Use Subtree (使用子对象)复选框选中可将有关联的物体全部选中。

● Animation Offset Keying(动画偏移关键点)是指关联对象本身具有动画关键点，即可设定的三种动画方式。None(无)表示关联对象的运动采用原来本身的关键点；Birth(出生)用于设定关联粒子产生的粒子，与以第一个产生的粒子形态相同；Random(随机)表示以随机的形式决定关联粒子的形态。

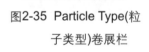

图2-35 Particle Type(粒子类型)卷展栏

● Mat' I Mapping and Source(材质贴图来源)选项组用于设定关联粒子物体的材质来源。其中，Time(时间)单选按钮用于设定粒子从发射到材质完全出现的时间。Distance(距离)单选按钮用于设定粒子从发射到材质完全出现的距离。Get Material From (获取材质)按钮用于在场景中选择某对象作为材质来源。Icon(图标)单选按钮用于设定材质来源为场景中现有的对象的材质。Instanced Geometry(关联几何体)单选按钮用于设定材质来源为关联几何体的材质。

4．旋转与碰撞参数

Rotation and Collision(旋转与碰撞)卷展栏与Super Spray(超级喷射)粒子系统相同，用于设定粒子间的旋转与碰撞，如图2-36所示。

● Spin Speed Controls(旋转速度控制)选项组用于设定粒子与旋转速度相关的参数。其中，Spin Time(自转时间)值表示粒子自身旋转一周所需要的帧数。Variation(变化程度)值表示粒子旋转发生变化的百分比。Phase(相位)值表示粒子旋转的初始角度。Variation(变化程度)值表示粒子相位发生变化的百分比。

● Spin Axis Controls(旋转轴向控制)选项组用于设定粒子产生旋转时的轴向控制。其中，Random(随机)单选按钮表示以随机的方式设定旋转的轴向。Direction of Travel/Mblur选项下面的Stretch(拉伸)值是沿对象的运动方向拉伸的数值。User Defined(用户自定义)单选按钮用于指定绕X、Y、Z轴方向的旋转角度。Variation(变化程度)值表示粒子旋转角度发生变化的百分比。

● Interparticle Collisions(相互粒子碰撞)选项组用于设定粒子在运动过程中相互碰撞的相关参数。其中，Enable(有效)复选框可设置碰撞是否有效。若有效，可设定以下的参数。Calc Intervals Per Frame(每帧碰撞次数)值是每帧动画中粒子碰撞的次数。Bounce(反弹力)值是碰撞后粒子的速度占碰撞速度的百分比。Variation(变化程度)值是粒子碰撞后速度变化的百分比。

图2-36　旋转与碰撞
参数卷展栏

5．运动继承参数

Object Motion Inheritance(对象运动继承)卷展栏(见图2-37)用于设定粒子发射器移动时粒子的移动方式。Influence(影响)值用于设定粒子跟随发射器移动的紧密程度。Multiplier(繁殖)值是粒子受到发射器影响时产生繁殖的数量。Variation(变化程度)值用于设定Multiplier(繁殖)变化的百分比。

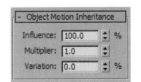

图2-37　运动继承参数卷展栏

6．粒子增生参数

Particle Spawn(粒子增生)卷展栏与Super Spray(超级喷射)粒子系统相同，用于设定粒子发生碰撞时生成新粒子的相关参数，如图2-38所示。

● Particle Spawning Effects(粒子增生效果)选项组用于设定粒子发生碰撞后产生效果的相关参数。其中，若选中None(无)单选按钮，则粒子在碰撞后不产生任何效果。若选中Die After Collision(碰撞后消亡)单选按钮，则粒子在碰撞后消亡。下面的Persist(存留)值表示碰撞后存留的时间。Variation(变化)值表示碰撞后Persist发生变化的百分比。Spawn on Death(消亡后增生)单选按钮用于选定粒子消亡后产生增生。Spawn Trails(沿轨迹增生)单选按钮用于选定粒子沿轨迹方向增生。

● Spawns(增生)值用于设定粒子一次产生新粒子的数量。Affects(影响)值是可产生新粒子的百分比。Multiplier(繁殖)值用于设定粒子在碰撞后产生新粒子的倍率。Variation(变化)值是Multiplier发生变化的百分比。

● Direction Chaos(方向随机)选项组用于设定增生粒子在运动方向上的随机程度。其中，Chaos(随机)值用于设定增生粒子在运动方向上的随机百分比。该值为100时，产生的粒子可在任何方向上自由运动；该值为0时，运动方向与源泉粒子同向。

● Speed Chaos(速度随机)选项组用于设定增生粒子在运动速度上的随机程度。其中，Factor(要素)值是碰撞后粒子会产生速度变化的要素值，该值为0时，不产生任何变化。下面有三种变化趋势可供选择：Slow(慢)、Fast(快)和Both(两者皆有)。选中Inherit Parent Velocity(继承父体速度)复选框后，增生粒子将以父体速度变化。选中Use Fixed Value(使用固定值)复选框后，增生粒子将以固定速度变化。

● Scale Chaos(缩放随机)选项组用于设定增生粒子在尺寸大小上的随机程度。其中，Factor(要素)值是碰撞后粒子会产生尺寸变化的要素值，该值为0时，不产生任何变化。下面有三种变化趋势可供选择：Down(小)、Up(大)和Both(两者皆有)。选中Use Fixed Value(使用固定值)复选框后，增生粒子将以固定尺寸变化。

图2-38 粒子增生参数卷展栏

● Lifespan Value Queue(生命值列表)选项组用于设定粒子的生命周期。其中，Add(添加)按钮用于将设定的参数添加到Lifespan Value Queue列表框中。Delete(删除)按钮用于删除Lifespan Value Queue列表框中的参数。Replace(替换)按钮用于以选中的参数取代Lifespan Value Queue列表框中的参数。Lifespan(生命)微调框用于设定增生粒子的生命周期。

● Object Mutation Queue(对象变形列表)选项组用于设定粒子之间进行切换的能力。其中，Pick(拾取)按钮用于将场景中拾取的对象添加到Object Mutation Queue列表框中。Delete(删除)按钮用于删除Object Mutation Queue列表框中的对象。Replace(替换)按钮用于以选中的对象取代Object Mutation Queue列表框中的对象。

下面的一个实例是运用Blizzard(暴风雪)粒子系统模拟雪花动画效果。在该例子中，先创建一个Blizzard粒子系统，再创建一个星体模型作为例子物体的外形。然后通过拾取操作将场景中的星体对象作为粒子系统的外形。最后生成的雪花动画效果如图2-39所示。

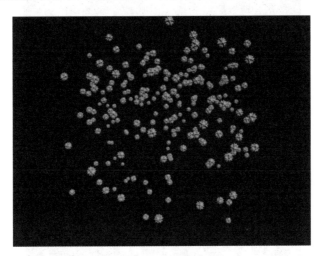

图2-39 雪花动画效果

下面的应用实例是运用Blizzard粒子系统模拟雪花动画效果。

(1) 选择Create(创建)面板下的Geometry(几何体)子面板，在下拉列表框中选择Particle System(粒子系统)，单击Blizzard(暴风雪)按钮，在Top视图中创建一个Width为200和Height为200的Blizzard粒子系统，箭头方向向下。

(2) 在Particle Generation(粒子生成)卷展栏中设置Emit Rate(发射速率)为20，Speed(速度)为10，Variation(变化)为30，Emit Start(发射开始)为0，Emit Stop(发射停止)为5，Life(生命)为70，Size(尺寸)为2，Variation(变化)为30。

(3) 按F9键进行快速渲染，效果如图2-40所示。

(4) 选择Create(创建)面板下的Geometry(几何体)子面板，在下拉列表框中选择Extended Primitives(扩展几何体)选项，单击Hedra(多面体)按钮，选择Starl，在Top视图中创建一个Radius为2的星体。

(5) 按M键打开材质编辑器，选择天蓝色作为粒子的基本外形。

(6) 在视图中选中粒子，并在Particle Type(粒子类型)卷展栏中选择Instanced Geometry(关联几何体)选项，自定义粒子的形状。在Instanced Parameters(关联粒子参数)选项组中单击Pick Object(拾取对象)按钮，在视图中选中星体。

图2-40 雪花的快速渲染效果

(7) 按F9键进行快速渲染，效果如图2-41所示。

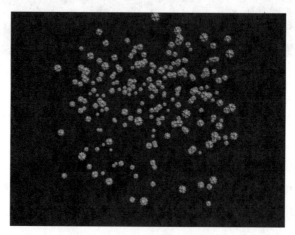

图2-41 雪花动画的最终渲染效果

2.3.7 PCloud(粒子云)粒子系统

PCloud(粒子云)系统与Super Spray(超级喷射)粒子系统参数相似，界面基本相同，只是粒子的种类有些变化。该系统适合模拟云喷射、玻璃瓶中的泡沫，以及路上行驶的汽车等。

PCloud(粒子云)系统与Super Spray(超级喷射)粒子系统的区别在于：PCloud粒子系统的Basic Parameters(基本参数)卷展栏为其所特有的，在Particle Generation(粒子生成)卷展栏中，有几个 Particle Motion(粒子运动)选项组中的选项也是该系统所特有的。这里，仅介绍该系统的Basic Parameters(基本参数)卷展栏，其界面如图2-42所示。

● Object-Based Emitter(基于对象的发射器)选项组中的Pick Object(拾取对象)按钮用于选择分离的网格对象作为发射器。

● Particle Formation(粒子分布位置)选项组用于选择粒子在对象上的分布位置。其中包括Box Emitter(长方体发射器)、Sphere Emitter(球体发射器)、Cylinder Emitter(圆柱体发射器)和Object-based Emitter(基于对象的发射器)4个单选按钮。

● Display Icon(显示图标)选项组用于设定这些发射器在视图中的尺寸。其中，Rad/Len(半径/长度)值表示发射器的半径或长度。Width(宽)值表示发射器的宽度。Height(高)值表示发射器的高度。Emitter Hidden(发射器隐藏)复选框用于在视图中显示或隐藏发射器图标。

● Viewport Display(视图显示)选项组用于设定粒子物体在视图中的形状。其中有4个单选按钮可供选择：Dots(圆点)使粒子呈圆点状，Ticks(十字叉)使粒子呈十字叉状，Mesh(网格)使粒子呈三角网格面状，BBox(长方体)使粒子呈长方体状。Percentage

图2-42　粒子云的基本参数界面

of Particles(粒子的百分比)值用于设定在视图中显示粒子数量的百分比。设定时应保持较低的数值，以确保快速更新视图。

在系统默认情况下，PCloud粒子系统为静态，但可通过参数的调整使云喷射活动起来。下面通过一个简单的实例来熟悉PCloud粒子系统的基本应用。

下面的应用实例是运用PCloud粒子系统模拟粒子云的动画效果。

(1) 选择Create(创建)面板下的Geometry(几何体)子面板，在下拉列表框中选择Particle System(粒子系统)选项，单击PCloud (粒子云)按钮，在Top视图中创建一个PCloud粒子系统，再使用缩放工具将其压扁，如图2-43所示。

(2) 在Modify(修改)面板的Particle Generation(粒子生成)卷展栏中选择Use Total选项，输入数值3000，设置Speed(速度)为2，Variation(变化)为100，Size(尺寸)为6，Variation(变化)为100。

(3) 在Particle Type(粒子类型)卷展栏中选择Standard(标准)选项，在Standard Particle(标准粒子)选项组中选择Sphere(球体)选项。

(4) 按F9键进行快速渲染，效果如图2-44所示。

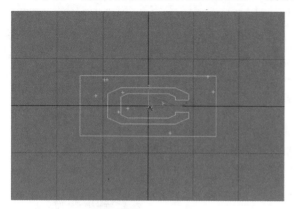

图2-43 缩放粒子云

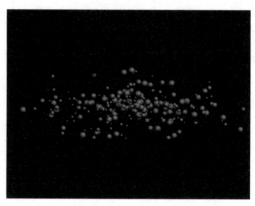

图2-44 粒子云的动画效果

2.3.8 PArray(粒子阵列)粒子系统

PArray(粒子阵列)系统与PCloud(粒子云)系统的参数和界面相似，操作方法也相似，只是有些细微差别。PArray(粒子阵列)系统与Blizzard(暴风雪)粒子系统的参数界面也相似，可以选择其他物体作为粒子物体外形。该系统适合创建气泡、碎片及爆炸等效果。

PArray粒子系统的Basic Parameters(基本参数)卷展栏的界面如图2-45所示。这里仅将PArray粒子系统与PCloud粒子系统作一个简单的比较。

两个系统相同的部分如下：两个系统都可使用Object-Basic Emitter(基于对象的发射器)选项组中的Pick Object(拾取对象)按钮来选择单独的对象作为发射器。

● View port Display(视图显示)选项组中的参数都可通过选择4种形状来设定粒子物体在视图中的形状。

两个系统的区别如下。

● Particle Formation(粒子分布位置)选项组中的参数所包括的内容(对象分布位置)不同，分别为Over Entire Surface(分布在整个表面)、Along Visible Edges(沿可见边)、At All Vertices(在所有顶点上)、At Distinct Points(在特殊点

图2-45 粒子阵列的Basic Parameters
卷展栏界面

上)和At Face Centers(在面中心)。

● Display Icon(显示图标)选项组的参数更简单，只有Icon Size(图标尺寸)一项。

● PArray(粒子阵列)系统的Particle Type(粒子类型)卷展栏包括一种新的粒子类型Object Fragments(对象表面碎片)，该类型是将选定的对象分裂为几个碎片。其中，在Object Fragment Controls(对象碎片控制)选项组中的Thickness(厚度)值是设置每个碎片厚度的，若设置为0，则碎片就成为单面的多边形。

● 在Particle Type卷展栏的Fragment Materials(碎片材料)区域中，可给碎片的内表面、外表面和背面选择材质ID。

下面举一个简单的实例来说明PArray(粒子阵列)粒子系统的应用。

(1) 选择Create(创建)面板下的Geometry(几何体)子面板，在下拉列表框中选择Particle System(粒子系统)选项，单击PArray(粒子阵列)按钮，在Top视图中创建一个PArray粒子系统。

(2) 选择Create(创建)面板下的Geometry(几何体)子面板，在下拉列表框中选择Extended Primitives(扩展几何体)选项，单击Hedra(多面体)按钮，选择Dodec/Icos(十二面体)，在Top视图中创建一个十二面体。

(3) 在Object-Based Emitter(基于对象的发射器)选项组中单击Pick Object(拾取对象)按钮，在视图中选中十二面体作为粒子发射器。然后在Particle Generation(粒子生成)卷展栏中设置Speed(速度)为5，Size(尺寸)为10。按F9键进行渲染，效果如图2-46所示。

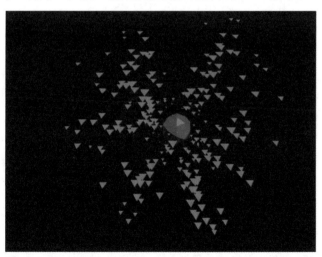

图2-46　粒子初始设定渲染效果

(4) 在Particle Type(粒子类型)卷展栏中选择Standard(标准)选项，在Standard Particle(标准粒子)选项组中选择Sphere(球体)选项，将粒子变为球体。按F9键进行渲染，效果如图2-47所示。

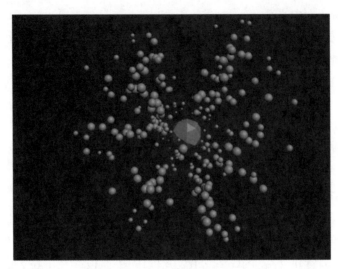

图2-47 粒子变为球体的渲染效果

(5) 在Particle Type(粒子类型)卷展栏中选择Object Fragments(对象表面碎片)选项，在Object Fragments controls(对象碎片控制)选项组中设置Thickness(厚度)值为4。

(6) 在Rotation and Collision(旋转与碰撞)卷展栏中设置Spin Time(碰撞时间)为30，Variation(变化)为50，使碰撞后的碎片产生旋转。

(7) 按F9键进行渲染，其爆炸动态渲染效果如图2-48所示。

图2-48 爆炸动态渲染效果

2.4　3ds Max 中空间扭曲的应用

在动画设计中，往往需要场景中的粒子系统产生一些沿重力下垂、随风飘动、爆炸，以及漩涡运动等特殊效果，这就需要借助于空间扭曲。

Space Warp(空间扭曲)是一种功能强大的变形工具，其应用非常广泛，不仅可以使粒子系统变形，也可以使几何物体变形，还可以使动力学模拟变形。

2.4.1　空间扭曲简介

在3ds Max中，空间扭曲是一种特殊的辅助对象，和其他对象一样可以被创建、修改、移动和旋转，但不能被渲染和着色。一些空间扭曲适用于粒子系统，一些空间扭曲可使几何物体表面产生变形，而另一些空间扭曲则适合处理动力学系统。

空间可以看作是作用于场景对象并控制场景对象运动的一种外力。当它与其他物体相结合时，会影响该物体与空间扭曲的相对位置。在实际应用中，常常利用空间扭曲的许多独特方法来影响其他物体，以创建一些特殊效果。特别是在粒子特效模拟及变形动画设计方面，空间扭曲都起着不可或缺的重要作用。

Space Warp(空间扭曲)与Modifier(修改器)的功能和用法相似。但修改器仅适用于单独对象，而空间扭曲既适用于单个对象，也适用于多个对象。若使场景对象受到空间扭曲，则应通过主工具栏上的Bind to Space Warp(捆绑到空间扭曲)工具将其捆绑到空间扭曲上。几个对象可以捆绑到单个空间扭曲对象上，单个对象也可以捆绑到多个不同的空间扭曲对象上。此外，所有的空间扭曲捆绑层级结构都位于修改器堆栈的顶层。

如果需要创建空间扭曲，可以选择Create(创建)面板下的Space Warp(空间扭曲)子面板，如图2-49所示。在该面板的下拉列表框中可选择6种不同类型的空间扭曲。这些类型的空间扭曲的主要功能如下。

图2-49 Space Warp(空间扭曲)的不同类型

● Forces(力)：用于模拟各种力作用下的效果，如风力、重力、推力、拉力等，可对粒子系统和动力学系统产生影响。

- Deflectors(导向器)：用于改变粒子系统的方向，且只作用于粒子系统。
- Geometric/Deformable(几何/变形)：用于创建几何体变形效果，包括FFD(Box)(自由变形盒)、FFD(Cyl)(自由变形柱)、Wave(波浪)、Ripple(涟漪)、Displace(置换)、Conform(一致)及Bomb(爆炸)七种空间扭曲类型。
- Modifier-Based(基于修改器)：用于基于修改器的空间扭曲，包括六种空间扭曲类型。
- reactor(反应器)：用于快速制作动力学效果，包括软件、刚体、绳索、链子、衣物，以及流体表面等。
- Particles&Dynamics(粒子与动力)：用于描述物体的方向、速度等属性。可对粒子系统和动力系统产生影响。

2.4.2　空间扭曲——力的扭曲

在空间扭曲的6种类型中，Forces(力)空间扭曲特别适用于粒子系统的变形。

选择Create(创建)面板下的Space Warps(空间扭曲)子面板，在下拉列表框中选择Forces(力)选项，面板上将呈现出9种不同类型的空间扭曲创建按钮，包括Vortex(漩涡)、Drag(拉力)、Path Follow(路径跟随)、PBomb(爆炸)、Motor(马达)、Push(推力)、Displace(贴图置换)、Gravity(重力)及Wind(风力)。这些空间扭曲在视图中的图标如图2-50所示。当粒子物体被捆绑到这些空间扭曲上时，受其外力的影响将会产生复杂、奇妙的变化。

下面仅介绍其中的Gravity(重力)、Wind(风力)、PBomb(爆炸)及Vortex(漩涡)空间扭曲。

1．Gravity(重力)空间扭曲

Gravity(重力)空间扭曲可以使粒子系统产生沿重力方向变化的效果。其参数面板如图2-51所示。Gravity(重力)参数包括Supports Objects of Type(类型支持对象)和Parameters(参数)两个卷展栏。

图2-51 空间扭曲创建按钮

- Supports Objects of Type(类型支持对象)卷展栏指明该空间扭曲所适用的对象类型为Particle Systems(粒子系统)和Dynamic Effects(动力作用)。
- 在Parameters(参数)卷展栏的Force(力)选项组中，Strength(强度)值表示重力对链接对象的影响程度。Decay(衰减)值表示重力随距离减少的程度。Planar(平面化)单选按钮表示将重力场设置为平面；Spherical(圆球化)单选按钮则表示将重力场设置为圆球面。在Display(显示)选项组中，Range Indicators(范围指示)复选框表示可指定重力的影响范围。Icon Size(图标尺寸)值用于设置图标的大小。

2．Wind(风力)变形

　　Wind(风力)空间扭曲可以使粒子系统产生风吹效果，其参数面板如图2-52所示。Wind(风力)参数包括Supports Objects of Type(类型支持对象)和Parameters(参数)两个卷展栏。

图2-51 Gravity(重力)参数面板　　　　　图2-52 Wind(风力)空间扭曲参数面板

　　● Supports Objects of Type(类型支持对象)卷展栏指明该空间扭曲所适用对象的类型Particle Systems(粒子系统)和Dynamic Effects(动力作用)。

　　● 在Parameters(参数)卷展栏的Force(风力)选项组中，Strength(强度)值表示风力对链接对象的影响程度。Decay(衰减)值表示风力随距离减少的程度。Planar(平面化)单选按钮表示将风力场设置为平面；Spherical(圆球化)单选按钮表示将风力场设置为圆球面。在Wind(风)选项组中，Turbulence(扰动)值用于设定风的扰动量。Frequency(频率)值用于设定扰动的频率。Scale(缩放)值用于改变风作用对象的强弱程度。在Display(显示)选项组中，Range Indicators(范围指示)复选框表示可指定风力的影响范围。Icon Size(图标尺寸)值用于设置图标的大小。Wind(风力)空间扭曲的用法与Gravity(重力)空间扭曲的用法基本相同。

3．PBomb(爆炸)变形

　　PBomb(爆炸)空间扭曲可使粒子系统产生爆炸冲击波的效果。该类型特别适合PArray(粒子阵列)系统。应用时需要创建一个PArray(粒子阵列)发射器对象，然后将PArray捆绑在PBomb空间扭曲上。PBomb(爆炸)空间扭曲的参数面板如图2-53所示。

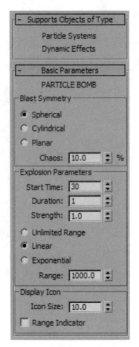

图2-53 PBomb(爆炸)空间扭曲的参数面板

该参数包括Supports Objects of Type(类型支持对象)和Basic Parameters(基本参数)两个卷展栏。

● Supports Objects of Type(类型支持对象)卷展栏指出该空间扭曲所适用的对象类型为Particle Systems(粒子系统)和Dynamic Effects(动力作用)。

● Basic Parameters(基本参数)卷展栏中的Blast Symmetry(爆炸对称)选项组用于设定粒子爆炸图标的外形。其中，Spherical(球体化)单选按钮用于设定爆炸图标的外形为球体。Cylindrical(圆柱体)单选按钮用于设定爆炸图标的外形为圆柱体。Planar(平面化)单选按钮用于设定爆炸图标的外形为平面。Chaos(无序)值表示爆炸产生结果的随机性程度，该值越大，随机性越强。Explosion Parameters(爆炸参数)选项组用于设置爆炸的相关参数。其中，Start Time(起始时间)值用于设定粒子爆炸的起始时间。Duration(持续时间)值用于设定粒子爆炸的持续时间。Strength(强度)值用于设定粒子爆炸的强度大小。Unlimited Range(范围不受限制)单选按钮表示粒子爆炸的作用范围没有限制，即作用于整个时间。Linear(线性)单选按钮表示粒子爆炸作用于一个线性范围。Exponential(指数)单选按钮表示粒子爆炸作用于一个指数范围。Range(范围)值表示粒子爆炸作用范围的大小。在Display Icon(显示)选项组中，Range Indicator(范围指示)复选框表示可指定重力的影响范围，Icon Size(图标尺寸)值用于设置图标的大小。

4．Vortex(漩涡)变形

Vortex(漩涡)空间扭曲可以使粒子系统产生沿螺旋轨迹的旋转效果。其参数面板如图2-54所示。该参数包括Supports Objects of Type(类型支持对象)和Parameters(参数)两个卷展栏。

● Supports Objects of Type(类型支持对象)卷展栏指明该空间扭曲所适用的对象类型为Particle Systems(粒子系统)。

● Parameters(参数)卷展栏用于设置漩涡空间扭曲的相关参数。在Timing(时间)选项组中，Time On(起始时间)值和Time Off(结束时间)值用于设置漩涡的发生时间和结束时间。在Vortex Shape(漩涡形状)选项组中，Taper Length(锥度长)值和Taper Curve(锥度曲线)值用于设置漩涡的形状。其中，Taper Length(锥度长)值越小，漩涡绕得越紧。Taper Curve(锥度曲线)值用于控制漩涡顶部和底部的旋转直径，一般在0.1~0.4之间。在Capture and Motion(获取与运动)选项组中，Axial Drop(下落轴向)值表示每一圈相邻螺纹之间的距离。Damping(阻尼)值用于设定Axial Drop发挥作用的速度的快慢。Orbital Speed(轨道速度)值表示粒子转离漩涡中心的速度。Radial Pull(径向拉力)值表示到粒子旋转的每个螺纹路径中心的距离。CW和CCW单选按钮用于设定漩涡螺纹的顺时针和逆时针的旋转方向。若选择了Unlimited Range(无限范围)复选框，则表示下面的每个设置都包含了Range(界限)和Falloff(衰减)值。在Display(显示)选项组中，Icon Size(图标尺寸)值用于设置图标的大小。

图2-54　Vortex(漩涡)空间扭曲
参数面板

2.4.3　空间扭曲——导向器的扭曲

"导向器(导向板)"空间扭曲起着平面防护板的作用，它能排斥由粒子系统生成的粒子。例如，使用导向器可以模拟被雨水敲击的公路。将"导向器"空间扭曲和"重力"空间扭曲结合在一起可以产生瀑布和喷泉效果。

导向器的效果主要由其大小及其在场景中相对于和它绑定在一起的粒子系统的方向控制。用户也可以调整导向器使粒子偏转的程度。

导向器的参数面板如图2-55所示。

1．【计时】选项组

【计时】选项组中的【开始时间】微调框用来指定导向开始的帧，【结束时间】微调框用来指定导向结束的帧。

2. 【粒子反弹】选项组

【粒子反弹】选项组中的参数设置会影响粒子从空间扭曲的反射。

● 【反射】微调框用于指定被动力学导向器反射的粒子百分比。

图2-55 导向器的参数面板

这会同时影响粒子和被粒子撞击的对象的动力学反应。撞击受影响对象的粒子越多，应用到该对象的力越多。如果将其设置为0.0，粒子对对象没有影响。

● 【反弹】微调框是一个倍增器，用来指定粒子的初始速度中有多少会在碰撞动力学导向器之后得以保持。

使用默认设置1.0会使粒子在碰撞时以相同的速度反弹。产生真实效果的值通常小于1.0。对于夸大的效果，则应设置为大于1.0。

● 【变化】微调框用于指定应用到【粒子反弹】上的【反弹】值的变化量。

例如，将【变化】值设置为50%应用到设置为1.0的【反弹】值上，其结果是随机应用从0.5到1.5不等的【反弹】值。

● 【混乱度】微调框用于让反弹角度随机变化。

当把【混乱度】设置为0.0(无混乱)时，所有粒子会从动力学导向器完全反弹(像桌边反弹球那样)。非零设置会使导向后的粒子散开。

● 【摩擦力】微调框用于指定粒子沿导向器表面移动时减慢的量。数值0%表示粒子根本不会减慢。数值50%表示它们会减慢至原速度的一半。数值100%表示它们在撞击表面时会停止。

> 提示：要让粒子沿导向器表面滑动，应将"反弹"设定为0。同样，除非受到风力或重力的影响，否则打算滑动的粒子都应该以非90度的角撞击表面。

● 【继承速度】微调框用于决定运动的动力学导向器的速度中有多少会应用到反射或折射的粒子上。

例如，如果【继承速度】值设置为1.0，则运动的动力学导向器击中的静止粒子会在碰撞点上继承动力学导向器的速度。

3. 【物理属性】选项组

【物理属性】选项组中的参数选项用来设置各个粒子的质量。

● 【质量】微调框指定基于选定单位的质量。

- 【克】单选按钮表示重力为1.0时，1克等于1/1000千克或22/1000Lbm。
- 【千克】单选按钮表示重力为1.0时，1千克等于1000克或2.2Lbm。
- Lbm单选按钮表示重力为1.0时，1Lbm(磅质量)等于5/11千克或4545/11克。说明：磅质量是指重量为1磅时的质量，取决于重力。对于重力大于1.0时的磅质量值，应将磅质量值和重力因子相乘。

4. 【显示图标】选项组

【宽度】和【高度】微调框用于指定动力学导向器图标的宽度和高度。该设置仅用于显示，而不会影响导向器的效果。

2.4.4　空间扭曲——几何/可变形的扭曲

空间扭曲使几何物体变形，与粒子系统相似，都是将一种外力作用于场景中的对象，只不过作用的对象不是粒子系统而是几何体。通过对几何体施加空间扭曲，可以创建许多普通建模方式难以达到的(诸如水波、涟漪及爆炸等)特殊效果。

在空间扭曲的6种类型中，Geometric/Deformable(几何/变形)空间扭曲特别适用于几何体。

在Create(创建)面板下的Space Warps(空间扭曲)子令面板的下拉列表中选择Geometric/Deformable(几何/变形)选项，面板上呈现7种不同类型的空间扭曲创建按钮，如图2-56所示。这些类型包括：FFD(Box)(自由变形盒)、FFD(Cyl)(自由变形柱)、Wave(波浪)、Ripple(涟漪)、Displace(置换)、Conform(一致)及Bomb(爆炸)，其空间扭曲的图标如图2-57所示。

下面仅介绍Wave(波浪)、Ripple(涟漪)和Bomb(炸弹)空间扭曲变形。

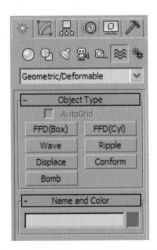

图2-56 (几何/变形)空间扭曲的类型

图2-57 (几何/变形)空间扭曲的图标形态

1．Wave(波浪)与Ripple(涟漪)变形

Wave(波浪)空间扭曲可创建线性波浪，Ripple(涟漪)空间扭曲可创建径向波浪，两者的参数基本相同。此外，Wave空间扭曲功能与Wave修改器功能基本相同，不同之处在于：Wave空间扭曲是一个独立对象，并不依附某一个几何对象，同时其作用的对象可以有多个，即可以对多个几何体进行调整。

单击Object Type卷展栏中的Wave (波浪)或Ripple (涟漪)按钮，可以在视图中创建Wave或Ripple空间扭曲。其参数面板如图2-58所示。

该参数包括Supports Objects of Type(类型支持对象)和Parameters(参数)两个卷展栏。下面以Wave空间扭曲为例。

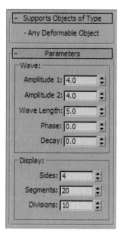

图2-58 Wave(波浪)或Ripple(涟漪)空间扭曲参数面板

● Supports Objects of Type(类型支持对象)卷展栏指明该空间扭曲所适用的对象类型仅为Any Deformable Object(变形对象)。

● Parameters(参数)卷展栏用于设置波浪的形状。在Wave(波浪)选项组中，Amplitude1(振幅1)值用于设置空间扭曲对象沿X轴方向的起伏高度。Amplitude2(振幅2)值用于设置空间扭曲对象沿Y轴、Z轴方向的起伏高度。Wave Length(波长)值用于设置扭曲对象两个起伏之间的距离。Phase(相位)值用于设置空间扭曲对象波动的起始位置。Decay(衰减)值表示对象所在位置开始随距离增加而减弱。在Display(显示)选项组中，Sides(边数)值和Segments(段数)值表示X轴和Y轴的片段数。Divisions(尺寸)值用于在不改变波浪效果的情况下改变图标的大小。

2．Bomb(爆炸)变形

Bomb(爆炸)空间扭曲可将几何体爆炸成许多单独的表面，常用来模拟物体的爆炸和破碎效果。

单击Object Type卷展栏中的Bomb (爆炸)按钮，可以在视图中创建Bomb空间扭曲。其参数面板如图2-59所示。该参数包括：Supports Objects of Type(类型支持对象)和Bomb Parameters(爆炸参数)两个卷展栏。

● Supports Objects of Type(类型支持对象)卷展栏指明该空间扭曲所适用的对象类型仅为Any Geometric Object(任何几何体对象)。

图2-59 Bomb(爆炸)空间扭曲参数面板

● 在Parameters(爆炸参数)卷展栏中包含3个选项组：Explosion(爆炸)、Fragment Size(碎片尺寸)和General(常规)。

在Explosion选项组中，Strength(强度)值用于设置爆炸力度，并决定了爆炸时对象飞出的距离。Spin(自旋)值用于设置碎片旋转的速度。Falloff(衰减)值用于设置爆炸影响表面的范围，超出该范围，几何对象表面不受影响。Falloff On(启用衰减)复选框在应用Falloff之前应该被选定。

在Fragment Size(碎片尺寸)选项组中，Min(最小)和Max(尺寸)值分别用于设置爆炸时产生碎片的最大和最小面数。

在General选项组中，Gravity(重力)值为重力强度，其方向始终指向Z轴。Chaos(混乱度)值为随机变化的程度。Detonation(起爆时间)值为爆炸发生时的帧数。Seed(种子数)值用于改变爆炸的随机度。

2.4.5　粒子系统与空间扭曲结合应用制作实例

本节主要通过4个实例，来熟悉和掌握粒子系统与空间扭曲结合应用的方法。

1．Gravity(重力)空间扭曲应用于粒子系统

(1) 选择Create(创建)面板下的Geometry(几何体)子面板，在下拉列表框中选择Particle Systems(粒子系统)选项，单击Super Spray(超级喷射)按钮，在Top视图中创建一个Super Spray粒子系统。

(2) 在Basic Parameters(基本参数)卷展栏的Particle Formation(粒子形成)选项组中设置两个Spread值均为20，Percentage of Particles(粒子的百分比)为100。这时粒子系统的视图效果如图2-60所示。

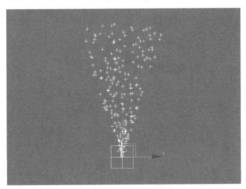

图2-60　设置喷射粒子的基本参数

(3) 选择Create(创建)面板下的Space Warps(空间扭曲)子命令面板，单击Gravity按钮并在Parameters(参数)卷展栏中设置Strength(强度)为0.5。

(4) 单击主工具栏中的Bind to Space Warp(捆绑到空间弯曲)按钮，在Front视图中拖动鼠标将粒子系统的Super Spray对象绑定到Gravity空间扭曲对象上。这时粒子系统受重力作用而产生的

变化效果如图2-61所示。

图2-61 粒子受到重力的影响效果

比较施加重力前、后粒子系统的运动效果，施加重力前粒子系统按自己原定的方向和角度运动；而施加重力后粒子系统被强制按重力所设置的方向和规律运动。

2．Vortex(漩涡)空间扭曲应用于粒子系统

(1) 选择Create(创建)面板下的Geometry(几何体)子面板，在下拉列表框中选择Particle Systems(粒子系统)，单击Super Spray(超级喷射)按钮，在Top视图中创建一个Super Spray粒子系统。

(2) 在Basic Parameters(基本参数)卷展栏的Particle Formation(粒子系统形成)选项组中设置两个Spread(扩散)值均为30。在Display Icon(显示图标)选项组中设置Icon Size(图标尺寸)为20，Percentage of Particles(粒子的百分比)为100。在Parameters Timing(粒子系统时间)选项组中设置Emit Stop(发射结束时间)和Life(生命)分别为100。这时粒子系统的视图效果如图2-62所示。

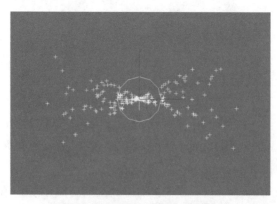

图2-62 设置超级喷射粒子的参数

(3) 选择Create(创建)面板下的Space Warp(空间扭曲)子面板，单击Vortex(漩涡)按钮，在Top视图中创建一个Vortex空间扭曲对象。

(4) 在Parameters(参数)卷展栏中设置Taper Length(锥度长)为500，Tapger Curve(锥度曲线)为4。

(5) 单击主工具栏中的Bind to Space Warp(捆绑到空间弯曲)按钮，在Top视图中拖动鼠标，将粒子系统Super Spray对象绑定到Vortex空间扭曲对象上。这时粒子系统受到漩涡的作用而产生变化，效果如图2-63所示。

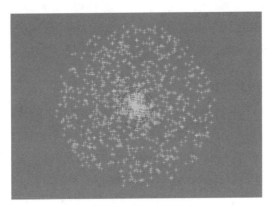

图2-63　将粒子绑定到漩涡空间扭曲的效果

3．Wave(波浪)和Ripple(涟漪)空间扭曲应用于几何平面

(1) 在Create(创建)面板下的Space Warps(空间扭曲)子面板的下拉列表框中选择Geometric/Deformable(几何/变形)选项，单击Wave(波浪)按钮，在Top视图中创建一个Wave空间扭曲。在Modify(修改)面板中设置Wave参数：Amplitude1(振幅1)为3，Amplitude2(振幅2)为3，Wave Length(波长)为50。

(2) 单击Ripple(涟漪)按钮，在Top视图中创建一个Ripple空间扭曲。在Modify(修改)面板中设置Ripple参数：Amplitude1(振幅1)为2，Amplitude2(振幅2)为2，Wave Length(波长)为15。

(3) 选择Create(创建)面板下的Geometry(几何体)子面板，并在下拉列表框中选择Standard Primitives(标准几何体)选项，单击Plane(平面)按钮，在Top视图中创建一个Length为150，Width为200，Length Segs为50，Width Segs为50的平面。按住Shift键再移动复制一个平面。

(4) 单击主工具栏中的Bind to Space Warp(捆绑到空间弯曲)按钮，在Top视图中拖动鼠标将平面对象绑定到Wave空间扭曲对象上，再将另一个平面对象绑定到Ripple空间扭曲对象上。这时空间扭曲作用于平面的效果如图2-64所示。

(5) 在Top视图中，使用移动工具分别将Wave空间扭曲对象和Ripple空间扭曲对象移到两个平面对象的中间。这时，空间扭曲位置的移动对平面产生的变化效果如图2-65所示。

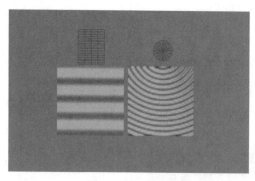
图2-64 空间扭曲作用于平面的效果

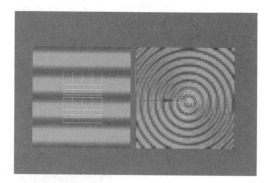
图2-65 移动空间扭曲到平面中间的变化

4. Bomb空间扭曲应用于几何球体

(1) 在Create(创建)面板下的Space Warps(空间扭曲)子面板的下拉列表框中选择Geometric/ Deformable(几何/变形)选项，单击Bomb(爆炸)按钮，在Top视图中创建一个Bomb空间扭曲。在Modify(修改)面板中设置Bomb参数：Strength(强度)为1，Spin(自旋)为30，Gravity(重力)为2，Chaos(混乱度)为10，Detonation(起爆时间)为5，Seed(种子数)为30。

(2) 选择Create(创建)面板下的Geometry(几何体)子面板，并在下拉列表框中选择Standard Primitives(标准几何体)选项，单击Sphere(球体)按钮，在Top视图中创建一个Radius为40，Segments为32的球体。

(3) 单击主工具栏中的Bind to Space Warp(捆绑到空间弯曲)按钮，在Top视图中拖动鼠标将球体对象绑定到Bomb空间扭曲对象上。

(4) 这时Bomb空间扭曲作用于球体的动画效果如图2-66所示。

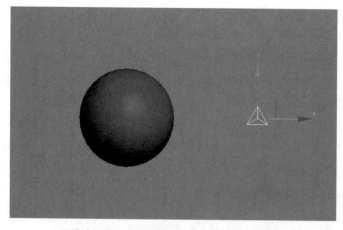
图2-66 Bomb空间扭曲作用于球体的效果

(5) 选中Bomb空间扭曲对象，在Modify(修改)面板中设置Falloff(衰减)为80，并选中Falloff On(启用衰减)复选框，然后单击【播放动画】按钮。这时，在球体衰减区域之外的部分没有破碎，而区域范围以内的几何对象产生了爆炸碎片的效果，如图2-67所示。

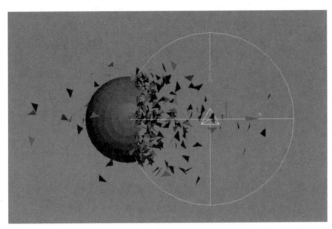

图2-67　球体爆炸产生的衰减变化

2.5　本章小结

本章主要讲解了3ds Max 2010的粒子系统概念、特性和应用，介绍空间扭曲和空间扭曲结合粒子系统的制作应用，以及几何物体产生变形动画的效果。

粒子系统与空间扭曲的创建与编辑相对简单，但参数繁多，因此学习本章的关键在于把握粒子系统和空间扭曲的整体特性和运动方式。通过本章的学习，读者应达到以下要求。

(1) 了解3ds Max粒子系统的基本概念及应用。

(2) 掌握粒子流的基本操作。

(3) 掌握非事件驱动的粒子系统的基本操作。

(4) 掌握3ds Max中空间扭曲的基本操作及应用。

(5) 掌握粒子系统与空间扭曲结合应用制作实例。

2.6 本章习题

一、填空题

1. 粒子系统是利用粒子模拟自然场景的一种技术，目前自然场景的模拟方法主要可以分为_____的模拟，_____的模拟以及_____的模拟三类。

2. 一个粒子具有的特征主要包括_____、_____、_____、受力(能量)、_____，以及颜色、空间尺寸、形状等。

3. 3ds Max 2010提供了两种不同类型的粒子系统：_____和_____。

二、简答题

1. 简述粒子系统在游戏设计中的应用？

2. 简述粒子流的工作方式？

3. 简述粒子系统与空间扭曲结合应用的方法思路？

三、操作题

利用本章学习的内容，使用Spray(喷射)粒子系统制作一个礼花的动态效果。

第**3**章

particleIllusion的应用

章节描述

　　本章运用通俗易懂的语言和丰富的实例，主要介绍了particleIllusion 3.0(幻影粒子)这款专业粒子特效制作工具的使用方法，以及在游戏特效制作中与3ds Max 2010相结合的应用。

教学目标

- 了解particleIllusion在游戏特效设计中的应用。
- 掌握Emitter(发射器)的基本操作。
- 了解particleIllusion相关功能的基本操作。
- 掌握Emitter与Particle的结合应用及参数设定。
- 掌握particleIllusion与3ds Max的结合应用。

教学重点

- Emitter(发射器)的基本操作。
- Emitter与Particle的结合应用及参数设定。
- particleIllusion与3ds Max的结合应用。

教学难点

- Emitter与Particle的结合应用及参数设定。
- particleIllusion与3ds Max的结合应用。

3.1 particleIllusion在特效设计中的应用

particleIllusion是一套专业的粒子特效工具，文字、爆炸、火焰、烟尘、云雾、水波、瀑布等特效表现，都可以使用particleIllusion来完成。本章主要介绍particleIllusion 3.0的基本使用方法和在游戏特效设计中的运用。

3.1.1 particleIllusion简介

particleIllusion是一套2D软件，其所创造出的效果，比3D特效或真实的画面还逼真。所有粒子喷射可以通过调整参数来表现出各种形态；同时还有丰富的粒子库可供选择，所以可以创造出多种特效。

particleIllusion的2D工作界面非常容易操作，其完善的工作区可以直观地显示正在进行的操作。其中新增的效果，可以直接从发射器(Emitter)的数据库中选择，并放入工作区中。而且大多数的发射器(Emitter)的属性都可以通过改变工作区中的参数获得，并立即显示其结果。(注：Emitter可译为发射器或发射体，本书统一为发射器)

particleIllusion 支持多阶层及其相关的功能，可整合其效果至3D环境或影片中。除此之外，particleIllusion还可以建立Alpha通道影像，还可以跟其他的软件进行影像合成。particleIllusion并不像一般的3D软件在产生火焰、云雾或烟等效果时，需要大量的运算时间。particleIllusion在产生相同的效果时，可节省许多的时间。主要原因是particleIllusion 是利用一个分子影像来仿真大量的分子，以此来节省计算及着色的时间。

particleIllusion可支持OpenGL。particleIllusion 的强大功能并不需要特别的3D绘图加速卡，但若是显示卡支持OpenGL，那么更可将particleIllusion 发挥得淋漓尽致。

3.1.2 particleIllusion 3.0的界面及主要功能

particleIllusion 3.0的操作界面主要分为7个区域，如图3-1所示。

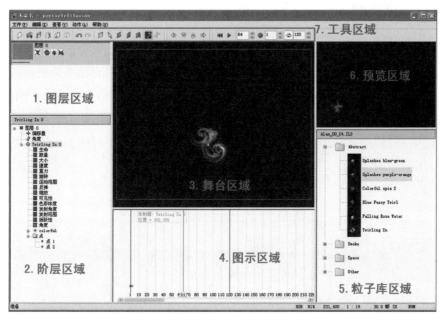

图3-1　particleIllusion 3.0操作界面

(1) 图层区域：用来作图片与Emitter(发射器)的结合(输入的图片格式为BMP、JPG、TGA、AVI等)，particleIllusion 3.0本身提供一个图层(Layer)的概念。

(2) 阶层区域：用来显示所有选用的Emitter(发射器)的堆叠，有点类似资源管理器的操作。按下前方的‘＋’号可展开Emitter(发射器)的参数。

(3) 舞台区域：用来显示、编辑、新增、制作所需要的特效；而中间有一灰框，作为输出的格式大小，若是超出那灰框则在输出时超出部分将不会出现。

(4) 图示区域：这里是Emitter(发射器)视窗参数与动画的数值调整。用来调整Emitter(发射器)视窗所选取的Emitter(发射器)参数，其中包含喷射分子的样式、外形、大小、角度、速度、重量等动画设定。

(5) 粒子库区域(Emitter Library)：particleIllusion 3.0 中提供了数百种的Emitter(发射器)形态，您可在该区域选择、存储、新增、载入Emitter(发射器)特效的粒子库。

(6) 预览区域：用来预览所选择的Emitter(发射器)种类特效，以便工作。

(7) 工具区域：particleIllusion 3.0并没有复杂的工具操作，工具栏分为Main(主工具栏)、Playback (播放)及Nudge (微调)等三组。

3.1.3 particleIllusion在游戏中的应用

particleIllusion使用简单、快速、功能强大、特效丰富，现在已成为影视、广告、动画、游戏公司制作特效的必备制作工具。尽管是2D的软件，但其丰富多端的粒子效果和高效直观的制作手段令很多3D软件自叹不如，正因为如此，particleIllusion在游戏制作中的应用也越来越广泛，特别是其庞大的粒子库，可以帮助设计师快速地制作出各种变化复杂地效果，并方便地导出序列图片作为特效模型的贴图。在轩辕剑、仙剑、黑暗圣剑传说以及IGS各款街机游戏均使用这款软件进行了特效制作工作。

3.2 Emitter的基本操作

Emitter(发射器)是发射粒子(Particles)的物体，一个Emitter(发射器)可以由许多组粒子(Particles)所构成，比如一个爆炸有黑色或灰色的烟尘、红色及黄色的火焰等效果，就可以通过Emitter 来组合两个不同的粒子效果。

3.2.1 Emitter的基本操作与文档输出

(1) 在了解了particleIllusion的基本界面之后我们开始来实际地制作一个既简单又绚丽的特效。首先，我们从Emitter(发射器)数据库中，如图3-2中A所示，选择一种 Emitter(发射器)特效，而我们可由 Emitter(发射器)预览视窗看到选择的Emitter(发射器)喷射出的粒子效果，如图3-2中B所示。此处我们所选择的是一组烟花的效果。

(2) 移动鼠标到工作舞台上单击，就会出现一个小白圆点，如图3-2中C所示。

(3) 单击PLAY按钮，如图3-2中D所示。看一下它播放出来的效果(particleIllusion 3.0比较特别的是，我们在工作舞台上所看到的样式在存档后和在工作舞台上所见的一样)。这时三角形PLAY按钮变成正方形，若要停止播放，只需要单击正方形PLAY按钮即可。

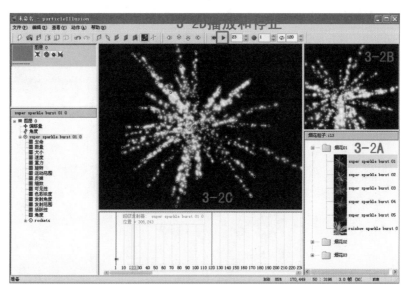

图3-2 烟花特效制作过程

(4) 特别要注意一点，此时如果播放视窗里的格数停留在36格，再到工作舞台上去移动刚刚那小白圆点的话，那particleIllusion 3.0就会记录这Emitter(发射器)在36格后具有移动的动画效果。

(5) 如果我们已做好了一段特效动画，此时单击播放视窗里的红圆，如图3-3中A所示，会出现【另存为】对话框，输入名称并选择存储类型，如图3-3中B所示。

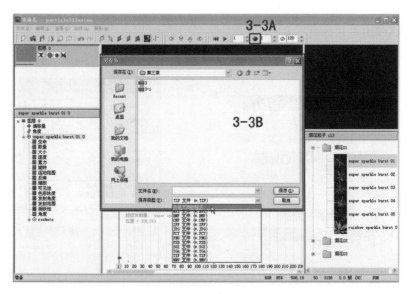

图3-3 保存文件

(6) 单击【保存】按钮，就会弹出一个【输出选项】对话框，如图3-4所示。

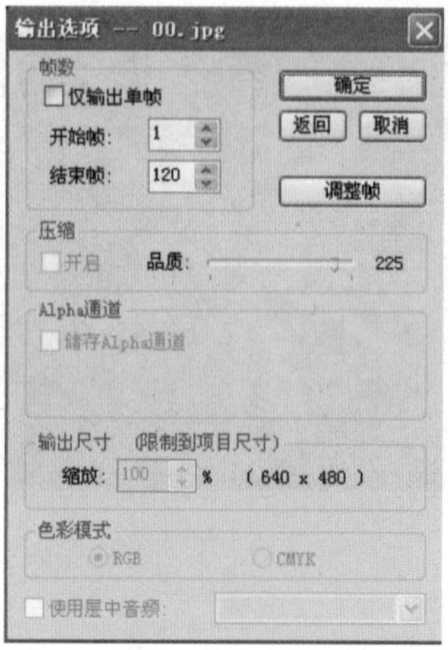

图3-4 输出选项

在【帧数】选项组中，可以决定要输出几张图片或者仅输出单帧，范围为从开始帧到结束帧；【压缩】选项组可以开启和关闭压缩的品质；【Alpha通道】选项组是确定是否存储Alpha通道的；【输出尺寸(限制到项目尺寸)】选项组则是决定输出格式大小的百分比；【色彩模式】选项组可以选择RGB模式或是CMYK模式；【调整帧】按钮则是调整输出后工作舞台区域里的灰色框的位置，如图3-5所示。

(7) 如果所选择的存储格式是PNG、SGI、TGA或TIF格式，在输出选项对话框就可对【Alpha通道】选项组进行设置，如图3-6所示，在一切输出选项都设定好时就单击【确定】按钮，直接输出。

图3-5 调节输出灰色框

图3-6 Alpha通道

(8) 如果选择输出的为动画也就是AVI格式，在【另存为】对话框中单击【保存】按钮后会弹出【AVI选项】对话框，从而对压缩品质进行调整，如图3-7所示。

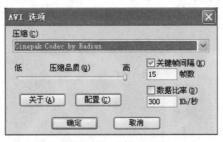

图3-7　输出动画的设置

particleIllusion 3.0输出具有透明的 Alpha 通道的格式为 PNG、SGI、TGA或TIF格式，其中TGA格式一般软件都可以打开编辑。但是particleIllusion所输出具有Alpha通道的SGI格式，只有particleIllusion本身可以再打开编辑，一般的影像软件无法打开，而不具有Alpha通道的SGI格式则无限制。

3.2.2　Emitter形态的编辑

本小节我们将会介绍Emitter(发射器)的参数调整，Emitter(发射器)总共有五种基本形态。

(1) 点：这是最初的基本Emitter(发射器)形态。

(2) 直线：加入一个Emitter(发射器)，在Emitter(发射器)上右击，可以弹出快捷菜单，如图3-8中A所示，选择【生成线】命令，会出现一个线段，如图3-8中B所示。播放动画，如图3-8中C所示。我们也可以持续地增加圆点来组合成所需要的造型，如图3-9所示。

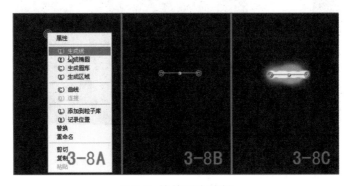

图3-8　线的形态编辑

图3-9　在线上增加点

(3) 椭圆形：从Emitter(发射器)的右键快捷菜单中选择【生成椭圆】命令，如图3-10中A所示；然后在 Emitter(发射器)之外，会出现一个椭圆，如图3-10中B所示；可以在阶层区域选取X、Y半径选项，并在图示区域调整X、Y半径的大小，播放动画如图3-10中C所示。其Emitter(发射器)所喷射的分子并不是由中心点喷射的，而是由外圈。

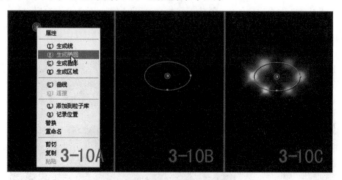

图3-10　椭圆形的形态编辑

(4) 圆形：从Emitter(发射器)的右键快捷菜单中选择【生成圆形】命令，如图3-11中A所示；然后在Emitter(发射器)之外，会出现一个圆形，如图3-11中B所示；可以在阶层区域分别选取角度和半径选项，在图示区域调整半径的大小，播放动画如图3-11中C所示。

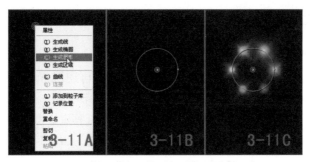

图3-11　圆形的形态编辑

(5) 四边形：从Emitter(发射器)的右键快捷菜单中选择【生成区域】命令，如图3-12中A所示；然后在Emitter(发射器)之外，会出现一个四边形，如图3-12中B所示；可以在阶层区域分别选取角度、宽度、高度选项，在图示区域调整四边形的角度和宽、高度，播放动画如图3-12中C所示。

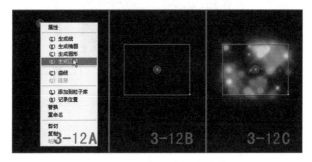

图3-12　四边形的形态编辑

以上5种形态(点、线、椭圆、圆、四边形)的编辑效果，如图3-13所示。

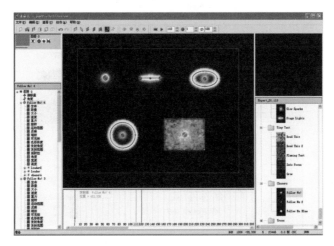

图3-13　5种形态的编辑效果

3.2.3　Emitter的移动与路径

本小节主要介绍Emitter(发射器)的移动与路径。

(1) 首先在工作舞台区域中加入一个Emitter(发射器)，再用鼠标单击【选择工具】按钮，如图3-14中A所示。然后单击【移动工具】按钮，如图3-14中B所示，在工作物体区域，移动鼠标即可；想要停止就单击鼠标左键，单击鼠标右键则可以恢复移动，如图3-14中C所示。而在工具区域右边有四个不同方向的圆点箭头则具有移动微调的功能，如图3-14中D所示。

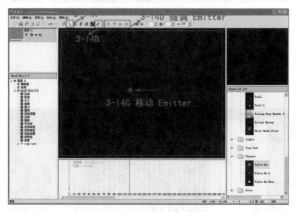

图3-14　移动Emitter操作

(2) 在particleIllusion中，可用Emitter的移动搭配关键帧来制作动画。跟一般动画制作的方式一样，先设定第30帧是(使用NTSC规格每秒30帧)关键帧，如图3-15中A所示。然后在工作舞台区域中加入一个Emitter(发射器)，如图3-15中B所示。再单击播放按钮。可以看到第1帧到第30帧之间，并没有任何的粒子效果产生，但是从第30帧后，你就可以看到粒子的效果了。利用这种方式，你可以控制Emitter(发射器)的产生时间及出场顺序。

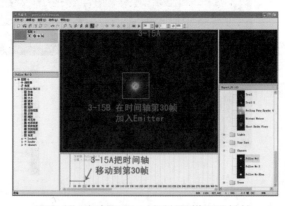

图3-15　移动Emitter(发射器)搭配关键帧

(3) 第二种粒子运动的方式是，在时间轴第1帧时加入一个Emitter(发射器)，如图3-16中A所示；然后设定关键帧时间为30帧，如图3-16中B所示；按照前面步骤1的动作移动Emitter(发射器)，此时Emitter(发射器)跟第1帧的位置之间拉出了一条路径，如图3-16中C所示。

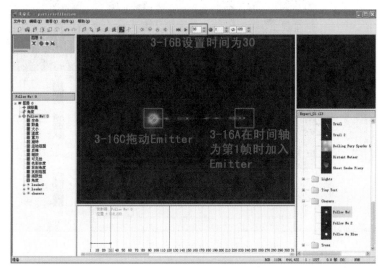

图3-16 加入路径

(4) 播放动画，如图3-17所示，我们可以很明显地看出加入动画路径与没有加入动画路径的区别。

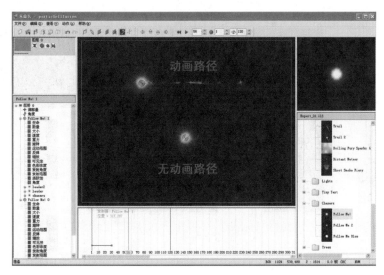

图3-17 有动画路径与无动画路径的区别

(5) 接上步操作，设置时间滑块到第60帧并且移动Emitter(发射器)，如图3-18中A和B所示。

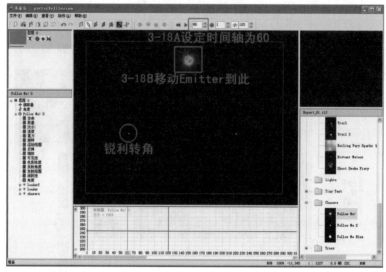

图3-18 继续添加路径

此时所拉出的路径为锐利的转角方式。再回到时间滑块第30帧(可以拖动图示区域的时间滑块或是直接在播放区上输入30)，在Emitter(发射器)上右击，在弹出的快捷菜单中，选择【曲线】命令，可以把时间轴第30帧设定为曲线模式，如图3-19中A和B所示。

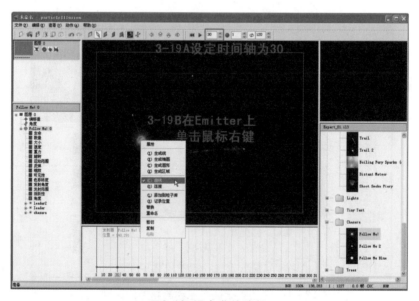

图3-19 设定曲线路径

3.3 particleIllusion相关功能的基本操作

前面两个小节主要是初步介绍particleIllusion，本节是particleIllusion里最为精彩，也最为重要的粒子操作。

3.3.1 Emitter资料库

particleIllusion 3.0提供了非常多的Emitter(发射器)粒子库文件(*.iel *.il3)，如果我们安装后Emitter粒子库很少，也可以到网络上下载一些Emitter(发射器)粒子库文件。而一个Emitter(发射器)粒子库又包括1~20个不等的Emitter(发射器)。由于particleIllusion一次只能载入一个Emitter(发射器)粒子库，所以如果要使用其他的Emitter(发射器)粒子库，你必须在粒子库区域中单击鼠标右键，在弹出的快捷菜单中，选择【载入粒子库】命令，如图3-20所示。熟悉后也可以选择【快速载入粒子库】命令。然后就会出现载入Emitter(发射器)粒子库的对话框，如图3-21所示。

图3-20 打开粒子库

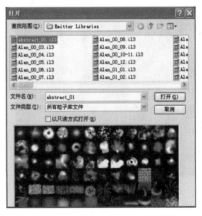

图3-21 选择Emitter(发射器)粒子库的粒子

再选择所需要使用的粒子库，它会取代原来的Emitter(发射器)粒子库的内容，可以选择火焰、瀑布、烟花、爆炸、爆竹、闪电等粒子库，如图3-22至图3-27所示。

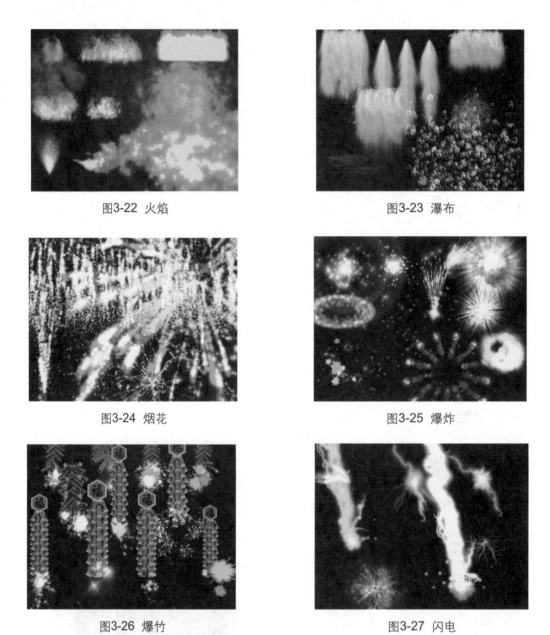

图3-22 火焰　　　　　　　　　　　　　　图3-23 瀑布

图3-24 烟花　　　　　　　　　　　　　　图3-25 爆炸

图3-26 爆竹　　　　　　　　　　　　　　图3-27 闪电

也可以自己订制Emitter(发射器)名称，并把自己制作好的 Emitter(发射器)添加到粒子库。

3.3.2　偏向板(Deflector)

在介绍偏向板(Deflector)之前先来说明这项功能的用处。然后，想象一下当一块陨石掉落到地面时，爆炸的同时会有碎片弹出，而偏向板功能就是让你制作出弹出的效果。接下来介绍这项功能的操作步骤。

首先，单击particleIllusion的工具栏中的红色按钮(偏向板)，如图3-28所示。然后，再到工作舞台区域拉出要碰撞的位置，这与增加点的方式相同，如图3-29所示。完成之后加入Emitter(发射器)粒子，单击Play(播放)按钮观察效果，如图3-30和图3-31所示，左图为加入偏向板的效果，右图为没有加入偏向板的效果。

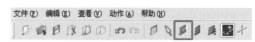

图3-28　偏向板工具按钮

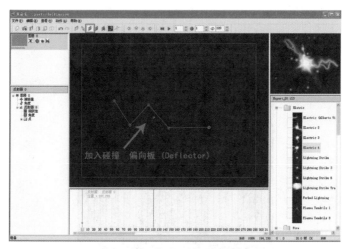

图3-29　拉出碰撞的位置

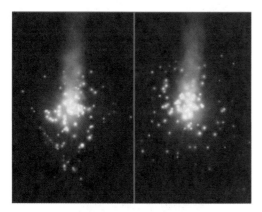

图3-30　偏向板效果对比(1)

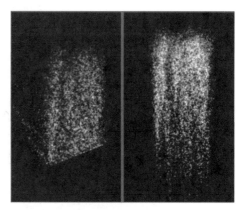

图3-31　偏向板效果对比(2)

3.3.3 隐藏板(Blocker)

在介绍隐藏板(Blocker)之前先来说明这隐藏板功能的用处。我们想象液体从上往下倒入到水桶内，在水桶内的液体需要被隐藏起来，隐藏板可以起到一种遮蔽作用。接下来介绍隐藏板功能的操作步骤。

【隐藏板】按钮在偏向板的右侧，图标为蓝色的板子，如图3-32所示，隐藏板的运用方法和偏向板的运用方法是一样的，都是用增加点的方式。如图3-33所示就是用隐藏板制作出来的效果，其中左边的粒子加入了隐藏板，而右边的粒子没有。图3-34所示为水杯没有加隐藏板的效果，图3-35所示为水杯加隐藏板的效果。

图3-32 隐藏板按钮

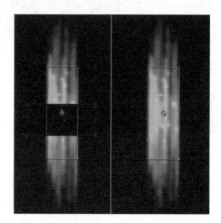

图3-33 隐藏板效果对比

图3-34 没有隐藏板的效果

图3-35 添加了隐藏板的效果

3.3.4　图示窗口的基本操作

在右下的资料库区域选择一个Emitter(发射器)加入到工作舞台上，会发现当 Emitter(发射器)加到工作舞台后，在左下的阶层区域会立即显示该Emitter(发射器)的种类组合与各项的参数设定，如图3-36所示。

图3-36　粒子种类与参数

(1) 我们都是通过这些参数来调整Emitter(发射器)的生命 (Life)、数量 (Number)、大小(Size)、发射角度 (Angle)、可见性(Visibility)等，不过这些都必须与图示区域配合使用才行。当在阶层区域中选取某个参数选项，图示区域就会立即显示所选取参数的信息，如图3-37所示。

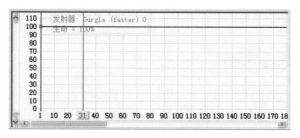

图3-37　图示区域的参数显示

(2) 先来解释一下图示区域中参数的意义，在视窗中一个灰色字体表示目前所选取的参数；最左侧一行数值为参数设定值，目前大小的值为100；视图区域最下方的一排数值为画面格数。在说明粒子参数前，我们必须知道如何在图示区域变更参数数量。首先，选取Gurgle (faster)Emitter(较快的Gurgle发射器)到工作舞台区域，在阶层区域选取【数量】选项，选择后可以从视图区域中看到数量值为100，那是指粒子的数量。如果要增加或减少数量如何做呢？在视图区域有一红色小方格，可以将鼠标移到方格上，上下移动即可改变整个粒子的数量，如图3-38所示。

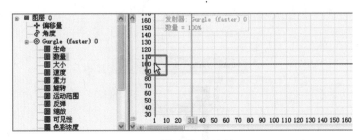

图3-38 修改粒子的数量

(3) 如果希望当执行到画面第60帧时不再喷射出粒子，可以先将画面帧数移动到第60帧的位置，然后在两条线交叉的地方单击一下，产生一个定位点，如图3-39所示；接着把这个定位点往下拉到底，如图3-40所示。从图中可以看出，当画面在第1帧时，粒子的数量为100(最多)，粒子数量会随着画面的变化而越来越少，当画面停止到第60帧时，就不再产生粒子。

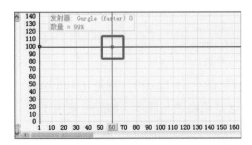

图3-39 产生定位点

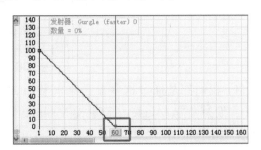

图3-40 移动定位点改变粒子数量

3.3.5 粒子的参数设定与编辑

由于粒子参数众多，无法详细地一一介绍，在此挑选了几项较为常用的参数进行说明。

(1) 调整生命的参数。生命值与画面和帧数相关，它是控制每个粒子显示的时间。以生命值参数100为例，其粒子显示的时间长度到了100帧前后时会消失，然后再重新从Emitter(发射器)喷出，以此类推。如图3-41所示，左侧粒子的生命值为100，右侧粒子的生命值为200，其他的参数都相同。很明显的右侧粒子活动的范围较大，左侧的粒子的运动时间达到100帧就消失了；右侧的时间为200帧，相比较生命值为100帧的粒子，右侧的Emitter(发射器)有较长的运动距离。

(2) 调整粒子的大小。大小指的是Emitter(发射器)喷出粒子颗粒的尺寸。如图3-42所示，是选用了Super Colorful Emitter(超级炫彩发射器)，第一个Emitter(发射器)的大小属性设预设值为100(左)，第二个Emitter(发射器)修改为50 (中)，第三个则修改为150(右)。

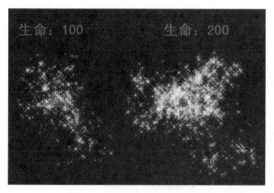

图3-41　生命值参数比较效果

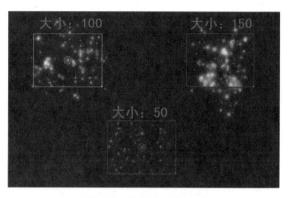

图3-42　调整粒子的大小

(3) 调整粒子的数量。数量指的是Emitter(发射器)喷出粒子颗粒的数量，如图3-43所示。同样选用Super Colorful Emitter(超级炫彩发射器)，第一个数量属性调为50(上)，第二个Emitter(发射器)的数量属性调整为100(中)，第三个Emitter(发射器)的数量属性调整为200(下)。从图中可以看出Emitter(发射器)所喷出的粒子数量较稀疏，数量越高就越密。

(4) 调整粒子的缩放。缩放指的是粒子放大缩小整个Emitter(发射器)，如图3-44所示。选用Into Flames Emitter(燃烧中的发射器)，第一个缩放值调整为50(左)，第二个缩放值调整为100(中)，第三个缩放值调整为200(右)。因为particleIllusion本身是2D的，并没有远近的深度区别，所以Emitter(发射器)可以用缩放值来表现远近的层次。

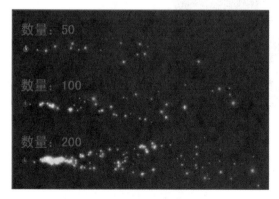

图3-43　调整粒子的数量参数

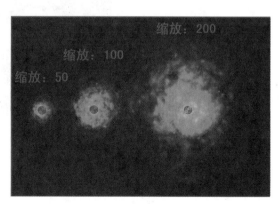

图3-44　调整粒子的缩放参数

(5) 调整发射范围。顾名思义就是用来设定Emitter(发射器)喷射范围，首先我们加入New spark weld Emitter(新火花焊发射器)到工作舞台区域，然后把发射范围值预设为360°(向四周发射)，再将它向下移动到90°的地方，注意查看舞台区域Emitter(发射器)的变化，从左到右分别为360°、180°及45°，如图3-45所示。最后我们再来执行观看其最终结果，如图3-46所示。

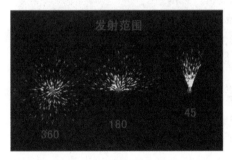

图3-45 调整发射范围　　　　　　　　　图3-46 不同发射范围的粒子效果

(6) 调整发射角度。发射角度主要是控制Emitter(发射器)喷射的方向。也可以将发射角度与发射范围配合使用，在此首先把三个Emitter(发射器)的发射范围都设为90°，然后再去调整发射角度的参数值，第一个(左)Emitter(发射器)使用原来默认的参数值为0，第二个(中)Emitter(发射器)把参数值调整为90°，第三个(右)Emitter(发射器)把参数值调整为-90°，最后观察粒子效果，可以很明显看出发射角度与设定前不相同，如图3-47所示。

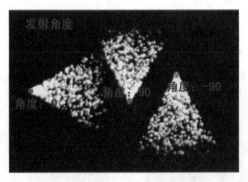

图3-47 不同发射角度的粒子效果

发射范围及发射角度一样可以控制Emitter(发射器)的发射范围及方向的动画。你可以把发射角度调整为如图3-48所示，也就是画面到第30帧时调整发射角度为360°，画面到第31帧时调整发射角度为0°，画面到第60帧时调整发射角度为360°。调整完成后你会看到粒子360°旋转，如图3-49所示。

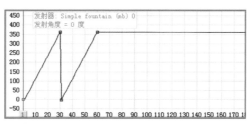

图3-48 调整发射角度

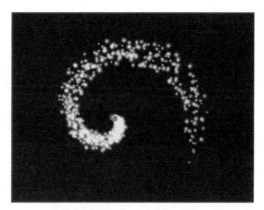

图3-49 调整角度的粒子旋转效果

3.4 Emitter与Particle的结合应用及参数设定

本节主要讲解particleIllusion的Emitter(发射器)与Particle(粒子)的结合应用及参数设定。

3.4.1 Emitter与Particles的关系

在particleIllusion 3.0中我们会选择Emitter(发射器)来制造效果，ParticleIllusion为方便使用者，每个Emitter(发射器)都由一个或者多个Particle(粒子)所组成。

因此，Emitter(发射器)的定义是：Emitter(发射器)是由一个或者多个Particle(粒子)所组合而成的。

Emitter(发射器)有参数可调整，每一个Particle(粒子)也有参数可调整，两者的差异在于

Particle(粒子)参数是"调整粒子的特征"。而Emitter(发射器)参数是"调整 Particle(粒子)参数的设定"。

读者可能会对二者的区别有些不理解，接下来我们会以实例进行说明。

3.4.2　Weight(重力)参数

(1) 首先在【工作舞台区域】加入Emitter(发射器)Falling Sparkles(下落的火花)，如图3-50所示，然后单击Play(播放)按钮观察粒子效果。

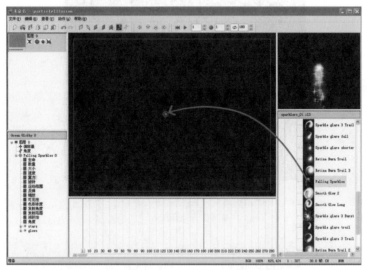

图3-50　创建Emitter(发射器)〝Falling Sparkles〞

(2) 在第50帧时可以看到如图3-51所示的效果，Emitter(发射器)是从四面八方喷射而出的。

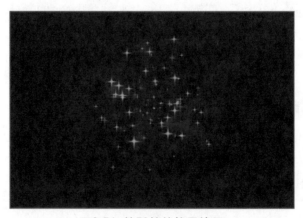

图3-51　第50帧的粒子效果

(3) 将现在帧数设为第1帧，然后调整Emitter(发射器)的 Weight(重力)参数，如图3-52所示，我们会发现不管怎么调整都没有效果。

(4) 这时再回顾Emitter(发射器)参数定义，"调整Particle(粒子)参数的设定"，所以真正的控制权还是在Particle(粒子)的参数。

(5) 展开Emitter(发射器)下的Particle(粒子)"sparkle"层级，如果把【粒子/重力】参数设成"0"，在【发射器/重力】参数项如何调整都没有用。当把粒子/重力参数往负值调整，如图3-53向下箭头所示，代表粒子变"轻"，则Emitter(发射器)喷出该粒子后，粒子就会往上运动；如果把Emitter(发射器)/Weight(重力)向上调整代表粒子更加"轻"，向上运动速度加快，如图3-54所示(注意：Emitter(发射器)/Weight(重力)不能调整为"0"，否则效果就会没有)。这种效果可以用来制作火山爆发，向上猛烈喷发；或者制作熊熊烈火，向上窜。

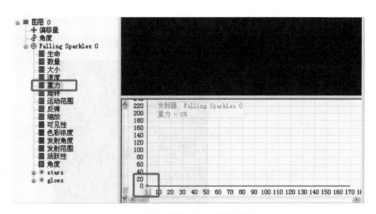

图3-52 调整重力参数为0

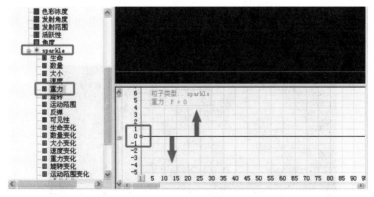

图3-53 设置粒子/重力参数

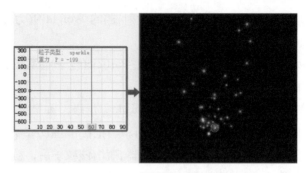

图3-54 向下调整发射器/重力参数

(6) 如果把粒子/重力参数往正值调整，代表粒子变"重"，则Emitter(发射器)喷出该粒子后，粒子就会向下运动；此时Emitter(发射器)的Weight(重力)参数向下调整代表粒子更加"重"，向下运动速度加快，如图3-55所示(注意：Emitter(发射器)的Weight(重力)参数不能调整为"0"，否则效果就会没有)。这种效果可以制作火箭或者导弹往上发射而喷射出的气体。

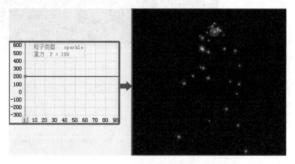

图3-55 向上调整发射器/重量参数

(7) 需要注意的是，当 Emitter(发射器)的Weight(重力)参数调整为"0"时，Particle(粒子)的Weight(重力)参数如何调整都没有用。当Particle(粒子)的Weight(重力)调整为"0"时，Emitter(发射器)的Weight(重力)如何调整都没有用，如图3-56所示。

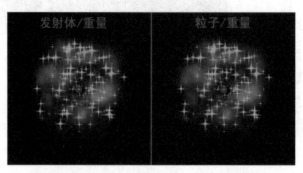

图3-56 发射器和粒子的重力为0的效果对比

(8) 综上所述，当 Emitter(发射器)的Weight(重力)值调大时，你会不知道是变"重"或者变"轻"又或者"没有任何改变"，因为这主要是根据Particle(粒子)的Weight(重力)来决定的。

3.4.3　Spin(旋转)参数

本小节我们来探讨Spin(旋转)参数，与Spin有关的参数有4个，其中 Emitter(发射器)有Spin(旋转)一个参数，Particle(粒子)部分有三个参数。

● Emitter(发射器)的Spin(旋转)参数：只控制旋转速度(注意：不能调整到"0"，否则看不到效果)，如果一个Emitter(发射器)有多个Particle(粒子)时，调整该参数会影响所有Particle(粒子)；而单独调整Particle(粒子)的Spin(旋转) 参数，影响范围只限于该 Particle(粒子)，其他粒子则不受影响。

● Particle(粒子)的Spin(旋转)参数：除控制旋转速度外，还控制旋转方向(逆时针、顺时针)。

● Particle(粒子)的Spin Variation(旋转变化度)参数：控制每一个喷出的粒子旋转速度都不同；原则上由Particle(粒子)/Spin(旋转)掌握旋转方向，一旦该参数放弃控制时(也就是调整到"0")，就由Particle(粒子)/Spin Variation(旋转变化度)来控制方向，此时粒子喷出时会以乱数计算，忽而逆时针，忽而顺时针。

● Particle(粒子)的Spin Over Life(周期内旋转)参数：控制粒子在生命周期内的旋转方向。这四者彼此会有影响，如果Particle(粒子)是用"圆形"，尺寸太小，有没有Spin(旋转)，都不容易看出，为此我们提供一个ParticleIllusion_02.il3，并把我们提供的ParticleIllusion_02.il3载入资料库区域中，如图3-57所示。

下面对这些参数作进一步说明。

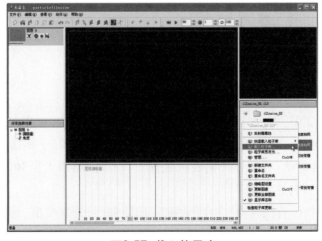

图3-57　载入粒子库

1．Emitter(发射器)的Spin(旋转)参数

Emitter(发射器)中的Spin(旋转)只是单纯控制旋转速度而已，至于是"逆时针"还是"顺时针"旋转，就要配合Particle(粒子)的Spin(旋转)参数使用。注意不可以调整旋转参数为"0"，否则所有喷出的粒子都不会旋转。

当Emitter(发射器)的Spin(旋转)调整为"0"，则Particle(粒子)的Spin(旋转)、Spin variation(旋转变化)、Spin Over Life(周期内旋转)等参数，如何调整都没有作用，不会旋转。

当Particle(粒子)的Spin(旋转)参数调整为"0"，则Emitter(发射器)的Spin(旋转)参数一般情况如何调整都没有作用，不会旋转。

2．Particle(粒子)的Spin(基本旋转)参数

往正值方向(也就是向上)调整为顺时针旋转，如图3-58所示。只要比"0"略大，就表示顺时针旋转；如果继续往上拉(最大值为3000)代表还是顺时针旋转，只是加强旋转速度而已。往负值方向(也就是向下)调整为逆时针旋转(最小值为-3000)，如图3-58所示。调整为"0"则表示不旋转。

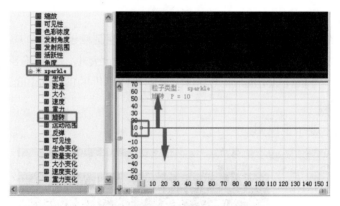

图3-58 调整粒子的顺时针旋转

3．Particle(粒子)的Spin Variation(旋转变化度)参数

从particleIllusion 2.0后Particle(粒子)部分就新增了8个参数，如图3-59所示，即后面带有Variation(变化)字样的参数，这使得在一定范围内，每一次喷出的粒子其属性都不同。

该参数的调整非常简单：0不作任何随机处理。越往上拉(最大值3000)，会增加随机的强度，让每一个粒子喷出旋转速度都不同。

在范例"Spin_逆时针_有快有慢"中可见到粒子以逆时针旋转喷出，但每一个逆时针旋转速度不同。设定 Particle(粒子)的Spin(旋转)参数为"-30"，如图3-60所示。

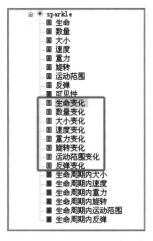

图3-59 粒子的新增参数

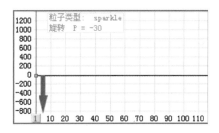

图3-60 设定粒子旋转参数

设定Particle(粒子)的Spin Variation(旋转变化度)参数为60，如图3-61所示。在图3-60中是旋转速度的范围，逆时针旋转速度就在该范围内变动，因为是从"0～-3000"范围内仔细观察，偶尔会有不旋转的粒子喷出(注意：当粒子喷出后，一经决定旋转方向及速度后，在其生命周期中就不再改变。)

如果要制作出"一会儿喷出逆时针、一会儿又喷出顺时针"并且"速度都不同"的粒子效果，只要把Particle(粒子)的Spin(旋转)参数调整到"0"，如图3-62所示，不控制旋转方向，然后由 Particle(粒子)的Spin Variation(旋转变化度)参数来随机产生旋转方向，再把Particle(粒子)的Spin Variation(旋转变化度)参数设置为正值。(注意：当粒子喷出后，一经决定旋转方向及速度后，在其生命周期中就不再改变。)

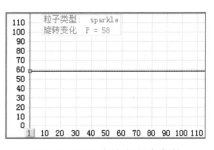

图3-61 设置旋转变化度参数

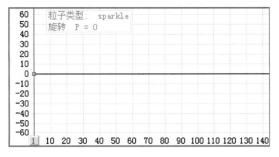

图3-62 设置粒子旋转参数为0

4．Particle(粒子)的Spin Over Life(生命周期内旋转变化)参数

假设粒子喷出后，在其生命周期内，要不停变换旋转方向及旋转速度，也可以利用Particle(粒子)的Spin over Life (生命周期内旋转变化)参数轻易完成。

如图3-63所示，X轴坐标是生命周期，范围从"0.0"～"1.0"；Y轴坐标是旋转方向及旋转速度，变化从"-100"～"100"，默认值是"100"。

总结一下前面的学习内容。

Emitter(发射器)的Spin(旋转)参数：调整范围为"0"～"3000"，全为正值参数。

Particle(粒子)的Spin Variation(旋转变化度)参数：调整范围为"0"～"3000"，也全为正值参数。

Particle(粒子)的Spin(旋转)参数：调整范围为"-3000"～"3000"，有负值也有正值，在一定框架内，控制旋转方向及旋转速度。

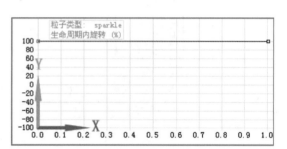

图3-63 粒子的生命周期内旋转参数

Particle(粒子)的Spin Over Life(生命周期内旋转变化)参数：调整范围为"-100"～"+100"，有负值也有正值，在生命周期内，控制旋转方向及旋转速度。负数是逆时针，正数是顺时针。

当Particle(粒子)的Spin(旋转)参数调整到正数，即顺时针旋转并且Particle(粒子)的Spin Over Life(生命周期内旋转变化)参数调整到负数，即逆时针旋转，结果会什么样？这是一个逻辑问题，当两个都为正数或负数是顺时针旋转，正负或负正为逆时针旋转。(particleIllusion中只有Weight(重力)、Spin(旋转)这两个参数有逻辑判断问题)。所以Particle(粒子)的Spin Over Life(生命周期内旋转变化)参数的Reset(默认)值为"+100"，只要调整Particle(粒子)的Spin(旋转)参数就可以了。

利用范例中任意一个Emitter(发射器)进行一个简单的逻辑测试。

(1)创建一个发射器，然后调整Particle(粒子)的Spin(旋转)参数为正数，Spin Over Life(生命周期内旋转变化)参数为负数，这一定会与某个Particle(粒子)的Spin(旋转)参数为负数，Spin Over Life(生命周期内旋转变化)参数为正数的效果相符。

(2) 调整Particle(粒子)的Spin(旋转)参数、Spin Over Life(生命周期内旋转变化)参数均为负数，一定会等于某个Particle(粒子)的Spin(旋转)参数、Spin Over Life(生命周期内旋转变化)参数均为正数的效果的相符。

前一小节最后提到，如何制作"在其生命周期内，要不停变换旋转方向及旋转速度"，请参考范例"Spin_左右摇摆"，主要变化在于Spin Over Life(生命周期内旋转变化)参数，作折线设置，使其在生命周期内，不停作旋转方向变化，曲线样式如图3-64所示。

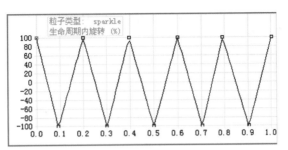

图3-64 曲线样式

使用particleIllusion我们可以把一个平淡无奇的图片，透过参数设置作出无穷的变化，particleIllusion中Spin(旋转)和Weight(重量)这两个参数比较复杂，参数间也相互影响，比较难理解，需要通过不断练习使用才能熟练掌握。

3.4.4　Emission Angle(发射角度)、Emission Range(发射范围) 及Angle(发射角度)参数

本小节我们介绍的这3个参数都是属于Emitter(发射器)下的，这3个参数与Emitter(发射器)的形状(Shape)有关系。Particle(粒子)是particleIllusion 的最小单位，每个粒子都有自己的形状，多个粒子组合成Emitter(发射器)，Emitter(发射器)也有5种形状可供选择，点(Point)、线(Line)、椭圆(Ellipse)、圆(Circle)、区域(Area)，如图3-65所示。

图3-65 发射器形状

1．Emission Angle(发射角度)与Emission Range(发射范围)

前面提到Emitter(发射器)有5种形状，Emission Angle(发射角度)参数、Emission Range(发射范围)参数只能用于Emitter(发射器)形状是"点"(Point)的情况。

当Emitter(发射器)以"点"(Point)形状发射，并默认是以360度范围喷出，调整 Emission Angle(发射角度)参数，会使整个画面变换角度，配合Show Particles(表演粒子)比较容易看出。Emission Range(发射范围)参数是默认整体发射范围，范例中以60°范围发射，如图3-66所示，再通过选择Emission Angle(发射角度)参数来控制角度，如图3-67所示。

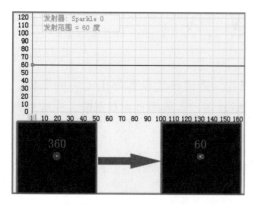

图3-66 发射范围调整

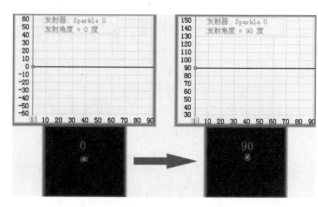

图3-67 发射角度调整

控制发射范围和角度，可以很容易制作出"水管喷水"、"抽烟"、"火山爆发"、"飞机、导弹发射"的效果。如图3-68所示为Emission Angle(发射角度)参数搭配 Emission Range(发射范围)参数形成的画面效果。

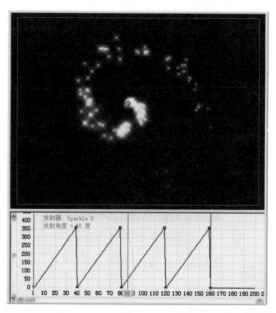

图3-68 发射范围参数搭配发射角度参数形成的画面

2．Angle(发射角度)

Angle(发射角度)参数适用于Emitter(发射器)形状是"线"、"椭圆形"(包含圆形)、"区域"的情况，很容易看出效果，为了前后对照我们会用到工具栏上Show Particles(实时显示粒子)的功能，如图3-69所示。

图3-69　实时显示粒子按钮

请把我们准备的范例Emitter(发射器)Sparkle_Ellipse加入工作舞台区域中，这个Emitter(发射器)设置以圆形发射，所以阶层区域中多了一个Radius(半径)参数，如图3-70所示，如果改变成椭圆则会多两个参数X Radius(X半径)和Y Radius(Y半径)。

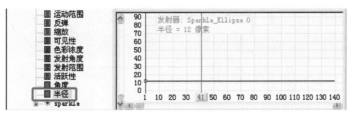

图3-70　设置半径参数

单击Play按钮播放到第20帧，再调整Angle(角度)参数观察变化，效果如图3-71所示。Angle(角度)参数只是把整个画面换个角度，与Spin(旋转)参数是完全不同的，当然两者可以混合使用。

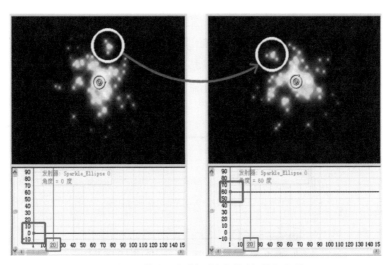

图3-71　调整Angle(角度)参数并观察变化

通过Angle(角度)参数可制作"银河系旋转"、"风吹动效果"。

至于Emitter(发射器)形状是线形及区域的情况时，与Angle(角度)参数搭配的效果，请参考范例ParticleIllusion_03.il3中的Sparkle Line、Sparkle_Area。

3.4.5 Active(动画控制)参数

Active(动画控制)参数的作用，主要是用来控制 Emitter(发射器)从第几个关键帧出现，然后从第几帧消失。接下来通过一个小例子来简单了解。

步骤1：先把关键帧调整到第50帧，如图3-72所示。

图3-72 设置关键帧位置

步骤2：在【工作舞台区域】中加入一个Emitter(发射器)，在Active的图示区域可以看到，如图3-73所示。

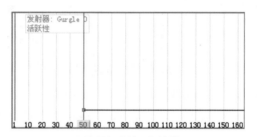

图3-73 添加发射器

步骤3：单击工具栏上Rewind(返回)工具按钮，再单击Play(播放)按钮，发现0～49帧范围内Emitter(发射器)没有发射粒子，到第50帧 Emitter(发射器)才会出现。

Active(动画控制)参数没有Y轴的调整，只是单纯的"有"或者"没有"，比如接上一个实例，假设我们希望把Emitter(发射器)提前到第1帧，可以将第50帧的交点拖曳到第1帧，如图3-74所示。

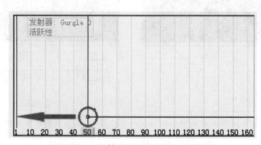

图3-74 调整发射器的动画位置

在particleIllusion 3.0中要达到不同的效果表现，可以利用多种方法，今天我们来对"如何停止Emitter(发射器)"的方法进行比较。

例如爆炸效果，不可能在同一点不停地一次又一次爆炸，如果只要爆炸一次，该如何处理呢？

方法有很多种，我们不从Particles(粒子)参数考虑，以Emitter(发射器)参数来调整，比较Active(动画控制)、Visibility(可见性)、Number(数量)、Size(大小)、Life(生命)这5个参数。

请大家载入已经准备好的particleIllusion_04.il3文件，这些Emitter(发射器)是瀑布，很消耗CPU及内存，但很容易看出不同。

使用Active(动画控制)参数制作动画感觉并不是很理想，当结束动画时画面突然消失了，没有慢慢消失的感觉。

为了解决这个问题，可以把Gurgle_Active加入到【工作舞台区域】中，如图3-75中所示，A、B、C这3点都是Emitter(发射器)重新开始。

同样的，使用Visibility(可见度)参数制作动画，虽然说是可以慢慢消失，但不是完全消失而是暂时隐藏，显示器上看不到，但仍然消耗CPU及内存，Emitter(发射器)还是正常运行。请大家参考Gurgle_Visibility的具体参数。

使用Size(大小)参数制作动画也具有慢慢消失的效果，但只是把Size(大小)完全变小，如图3-76中A点之后，新喷出部分显示器上看不到，但之前喷射仍然存在，感觉很不协调，此时仍然消耗CPU及内存，Emitter(发射器)还是正常运行。请大家参考Gurgle_Size的具体参数。

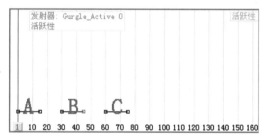

图3-75　添加Gurgle_Active参数控制

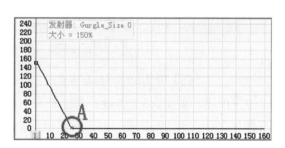

图3-76　使用Size参数制作动画

使用Life(生命)参数制作动画虽然也具有慢慢消失的效果，但只是把Life(生命)完全变小，如图3-77所示A点之后，新喷出的部分显示器上看不到，但之前喷射的仍然存在，感觉很不协调。请大家参考Gurgle_Life的具体参数。

相反，使用Number(数量)参数制作动画是不错的选择，利用喷射的数量慢慢变少，如图3-78所示，来达到消失的最好效果，如图3-79所示。请大家参考Gurgle_Number的具体参数。

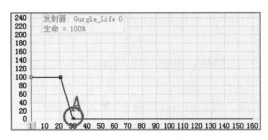

图3-77 使用 Life参数制作动画

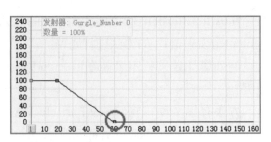

图3-78 使用Number控制数量参数制作动画

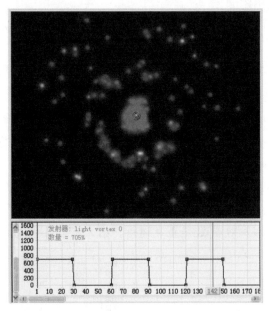

图3-79 Number参数调整成方波的形状，可导致粒子像涟漪的方式发射

综上所述，前面这5个参数，虽然都可调整让Emitter(发射器)慢慢消失，每个都有些差异，没有好坏之分，到底要用哪一种，可以根据个人需要而定。

3.4.6 Position及Path参数的调整

这个小节我们主要说明Position(位置)、Path(路径)参数的相关用法，主要包括以下内容。

1．Position(位置)

Position(位置)参数的作用是控制Emitter(发射器)在工作舞台区域中的位置，不同的帧数给予不同的位置，这就形成了移动路径。

Position参数在阶层区域中，选取Emitter(发射器)的名称，接着在图示区域可以看到有

Position(位置)字样，这时候就可以作进一步的调整了，如图3-80所示。

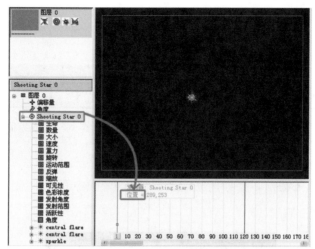

图3-80 使用Position(位置)参数控制Emitter

2. 如何在路径上选择关键帧

在一个工作舞台区域中有20帧运动的Emitter(发射器)中，分别在第1、10、20帧各有一个关键帧，关键帧以正方形小格显示，一般关键帧是以"点"来显示的，如图3-81效果所示。

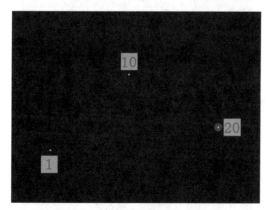

图3-81 关键帧在路径上的显示

那么应该怎么选择关键帧呢？操作方法有以下三种。

第一种是利用键盘上的箭头键，←、→是往前或往后逐帧移动；↑、↓是前一个或后一个关键帧。

第二种是在图示区域中直接拖动帧数指示器来选择关键帧，如图3-82所示。

最后一种方式是在工具区域中的播放工具帧数控制器内，直接输入数值，如图3-83所示。

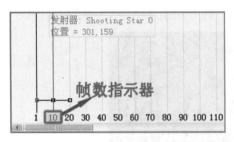

图3-82 拖动【帧数指示器】选择关键帧

图3-83 输入数值选择关键帧

3．如何增加关键帧

如果想把画面加入关键帧，要如何完成？假使在第5帧中我们加入一关键帧，如图3-84所示，有两种方法可完成。

图3-84 在第5帧加入关键帧

首先一种是单击Select(选择)工具按钮后直接用鼠标拖动Emitter(发射器)图标就可以了，如图3-85所示。

图3-85 拖动发射器到帧

其次可以利用工具栏的Move(移动)工具，如图3-86所示，按下后Emitter(发射器)图示上会出现"十"符号，然后就可以任意移动。也可以用工具区栏上的微调工具进行移动。

图3-86　Move(移动)工具

4．如何删除关键帧

关键帧要如何删除？首先在图示区域中选择要删除的关键帧，接着单击鼠标右键，在弹出的快捷菜单中选择Delete(删除)命令，如图3-87所示。

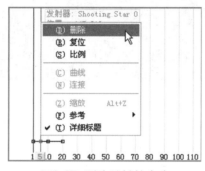

图3-87　删除关键帧命令

5．如何移动整个路径

当一段路径完成后，想要移动整段路径，首先在工作舞台区域中，利用键盘上的Ctrl+鼠标左键拖动该Emitter(发射器)，就可以移动整个路径，如图3-88所示。

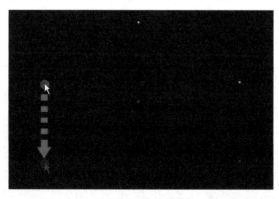

图3-88　移动路径

6．如何增加格数

在路径中一帧等于1/30秒，想要将整个路径或某两个【关键帧】之间的时间拉长或缩短要如何完成？

本例中第二关键帧和第三关键帧中间隔了10帧，也就是 1/3 秒，如图3-89所示，现在这两个关键帧要增加时间，使移动变得较慢些，例如把第10帧的关键帧增加到第30帧。

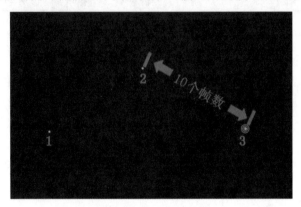

图3-89 关键帧之间的帧数

要增加关键帧的范围，首先在图示区域中选择第三个关键帧，然后向右拖动到第40帧的位置，如图3-90所示，接着在工作舞台区域中会有较多小点出现，即表示成功，如图3-91所示。

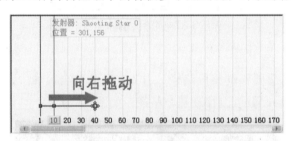

图3-90 增加关键帧的范围

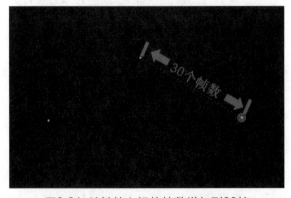

图3-91 关键帧之间的帧数增加到30帧

如果利用键盘上的Ctrl+鼠标左键拖动，在关键帧下方有All出现，这不是所有路径拉长或缩短，而是开始的关键帧和第二个关键帧之间距离的调整，如图3-92所示。

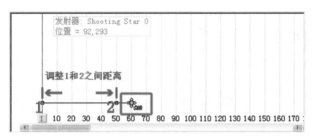

图3-92 调整两个关键帧之间的距离

3.5 particleIllusion特效制作应用实例

前文中讲解了particleIllusion 3.0制作特效的基本操作方法，本着学以致用的原则，本节重点介绍使用particleIllusion制作特效的应用实例，特别是通过particleIllusion与3ds Max2010结合使用的实例讲解，能够让读者比较深刻地了解particleIllusion制作游戏特效的基本思路和流程。

3.5.1 图层的应用

particleIllusion 就如同图像处理或是影片编辑的软件一样，拥有图层的功能(在剪辑软件中为通道(Channel)的观念，而particleIllusion 的观念会比较接近图层(Layer)。这是在处理影片合成上，相当重要的工作与技巧。下面我们将用简单的范例来说明 particleParticleIllusion 图层的应用实例。

(1) 首先准备好两张图像文件(在动画上的应用道理亦是相同)，一张为包含背景的影像，一张为背景设为纯色的图像文件，如图3-93与图3-94所示。

图3-93 包含背景的图片　　　　　　　　　图3-94 背景为纯色的图片

（2）目前仅有图层Layer 0，我们为Layer 0设定一张背景影像。请在particleIllusion桌面左上角的Layer 0的位置上单击鼠标右键，在弹出的快捷菜单中选择【背景图像】命令，如图3-95所示。

图3-95 选择背景图像

（3）加入背景图像的工作区，如图3-96所示。同时背景图像会在图层0上出现小图示。此时所加入的背景图像，也可以是一段动态的影片或是序列帧的图片。

图3-96 背景图像加入工作区

(4) 接着为目前的背景加入发射器(Emitter) 的效果，我们假设有一个陨石从天上落下来击中碉堡，产生连锁的爆炸。首先在第1帧时加入 Emitter(发射器)的Oil Fire Meteor(油火流星)的效果，帧数在15时移动到碉堡中心的位置，在第15帧时的图像如图3-97所示。

图3-97　第15帧时的图像

(5) 在第15帧时加入 Emitter(发射器)的Burst Chunks Test(爆破体测试)向四面八方爆炸的效果，画面在第25帧时的效果，如图3-98所示。

图3-98　第25帧时的发射效果

(6) 从图3-97中可以看出Burst Chunks Test这组Emitter(发射器)向四面八方的爆炸,真实的爆炸应该不会穿透到地面以下。所以必须回到画面第1帧时加入偏向板 (Deflector)使爆炸局限在地面以上,调整后的画面如图3-99所示。

图3-99 调整爆炸在地面上的效果

(7) 在图3-99的画面中看起来像是陨石掉在碉堡的前方,因为陨石与爆炸的Emitter(发射器)都将碉堡遮住了,所以要在Layer0(图层0)的上方加上新的图层。方法为在particleIllusion的左上角单击鼠标右键,并从弹出的快捷菜单中选择【新建图层】命令,如图3-100所示,新加入的图层为Layer1。

图3-100 新建图层

(8) 设定Layer1的背景影像，这张图片与Layer0的碉堡是相同的，不过将碉堡以外的部分换成绿色，如图3-101所示。

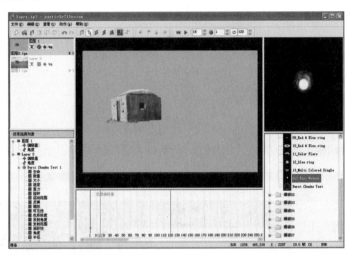

图3-101 设定新建图层的背景图像

此时应该可发现Layer1上完全看不到Emitter(发射器)的图示，因为Emitter(发射器)是在Layer0之上，在particleIllusion中每一图层的 Emitter(发射器)编辑时都是独立的，所以目前的Layer1上看不到任何的Emitter(发射器)。

(9) 目前图层1的背景图像完全地覆盖在图层0上，我们要把图层1背景图像的绿色部分去掉。方法为在particleIllusion 的左上角的图层1上单击鼠标右键，并从弹出的快捷菜单中选择【透明度】命令，如图3-102所示。开启图像透明度面板，因为制作的是带有Alpha通道的Targa格式的文件，所以可以直接选中【使用已有的图像透明度】复选框，如图3-103所示。

图3-102 设置图层的透明度

图3-103 设置图像透明度面板

注意：若是没有Alpha 通道的文件，我们可以从透明色中选择三种颜色去背景色。

(10) 如果此时看到图层1的背景图像还是绿色的话，可以单击图层1上的T图示，如图3-104所示，原本有一个×的话，表示不开启透明度，反之可开启透明度。

图3-104 开启透明度

(11) 再次观察第40帧的画面效果，图层1的碉堡选在图层0上方，如图3-105所示。

图3-105 第40帧的画面效果

(12) 目前图层1的图像中的碉堡已经完全地遮住图层0了，此时可以在图层1上加入一些连续爆炸的效果，如图3-106～图3-114效果所示。

图3-106 爆炸效果(1)

图3-107 爆炸效果(2)

图3-108 爆炸效果(3)

图3-109　爆炸效果(4)

图3-110　爆炸效果(5)

图3-111　爆炸效果(6)

图3-112　爆炸效果(7)

图3-113　爆炸效果(8)

图3-114　爆炸效果(9)

备注：具体图层应用请参考我们准备好的范例：《图层应用.ip3》。

3.5.2　烟火的制作

2008年的8月8日北京奥运会开幕式，鸟巢外围烟花齐放想必很多朋友都在电视上看过，我想也有很多的朋友，无法亲临现场观看，今天，就让所有爱好particleIllusion 3.0的朋友们重新回到2008年8月8日北京奥运会开幕式的现场，只不过，今天我们在 particleIllusion 3.0中重新模拟一遍。不加烟花和加烟花的"鸟巢"，如图3-115和图3-116所示。

图3-115　无烟花效果

图3-116　添加了烟花的效果

(1) 从particleIllusion 3.0的数据库中选择一组适合的Emitter(发射器)，如图3-117中的效果所示。

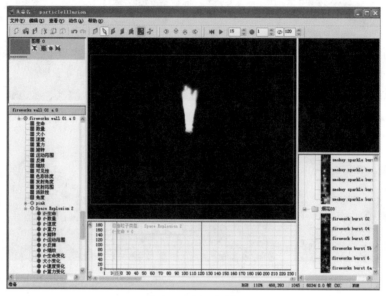

图3-117 选择发射器

(2) 因为这组发射器是集中在一起向上发射的，所以先要在工作舞台区域单击鼠标右键，在弹出的快捷菜单中选择【生成区域】命令，然后分别调整宽度和高度参数，最后效果如图3-118所示。

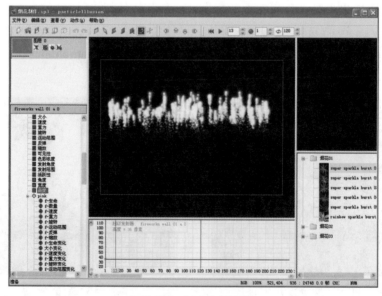

图3-118 生成发射区域

(3) 插入背景图，在左上角的图层0上单击鼠标右键，选择背景图像，在弹出的【打开】对话框中找到我们准备好的图片后单击【确定】按钮，并将Emitter(发射器)的位置移到适当的位置，单击播放按钮预览一下效果，如图3-119所示。

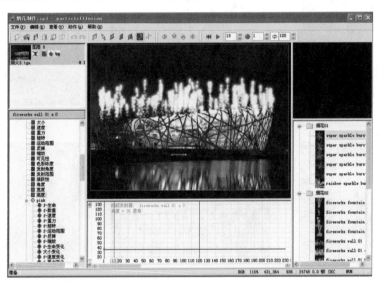

图3-119 预览效果

(4) 添加多个不同的Emitter(发射器)至适当的位置，每添加一个Emitter(发射器)的点都需要微调一下，因为每个Emitter(发射器)的速度都不相同，调整完成后如图3-120所示。

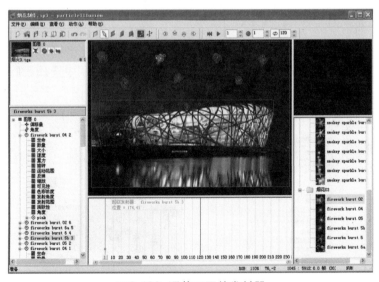

图3-120 调整不同的发射器

(5) 连续发射的效果如图3-121~图3-126所示。在这个范例中，选择一个适当的形态，调整属性与画面契合，稍微设定一下参数，很容易地就完成这样一个精彩的特效制作。

图3-121 烟花效果(1)

图3-122 烟花效果(2)

图3-123 烟花效果(3)

图3-124 烟花效果(4)

图3-125 烟花效果(5)

图3-126 烟花效果(6)

备注：具体烟火的制作请参考我们准备好的范例：《烟花制作.ip3》。

3.5.3 particleIllusion与3ds Max的结合应用

本小节主要讲解particleIllusion与3ds Max结合制作特效。

(1) 打开particleIllusion 3.0，然后在粒子库区域单击鼠标右键，如图3-127所示。在弹出的快捷菜单中选择【载入粒子库】命令，接着在弹出的【打开】对话框中选择我们准备好的(*.il3)库文件，单击【打开】按钮，如图3-128所示。

图3-127 载入粒子库

图3-128 选择库文件

(2) 确定当前帧数为第1帧，在粒子库区域把Flame2加入到工作舞台区域，然后单击播放按钮查看动画，效果如图3-129所示。

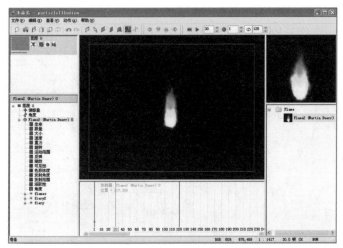

图3-129　观察播放效果

(3) 保存输出，首先单击工具区域的红色(保存输出)按钮，如图3-130所示，在弹出的【另存为】对话框中选择好要存储的路径，输入文件名，保存类型为TGA格式，单击【保存】按钮，如图3-131所示，接着在弹出的输出选项对话框中设置开始帧为30帧，结束帧为70帧，取消选中【压缩】选项组中的【开启】复选框，选中【储存Alpha通道】复选框，取消选中【从RGB通道移除黑色背景】复选框，选中【创建平滑Alpha通道】复选框，最后单击【确定】按钮进行输出，如图3-132所示。

图3-130　保存输出文件

图3-131　选择输出路径

图3-132　保存Alpha通道

(4) 启动3ds Max，单击Create(创建)面板下的Geometry(几何体)按钮，然后在下拉菜单中选择Standard Primitive(标准物体)子面板，再单击Plane(平面)按钮，在Front视图中创建一个平面。接着进入【修改】面板把平面物体Length(长度)改为60、Width(宽度)改为60，Length Segs(长度分段)改为1，Width Segs(宽度分段) 改为1，如图3-133所示。

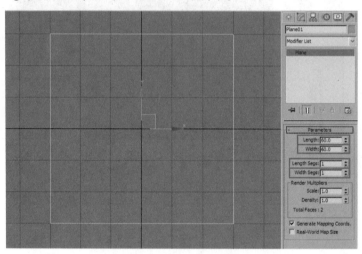

图3-133 创建一个平面

(5) 为平面指定材质。方法是在键盘上按M键调出材质编辑器，在弹出的材质球面板中把第一个材质球指定给平面模型，然后单击Diffuse右侧灰色方框，如图3-134所示。

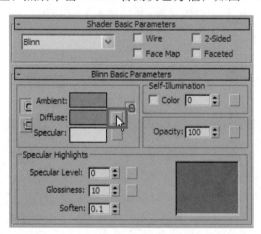

图3-134 指定材质

接着选择Bitmap(位图)按钮，在弹出的对话框中找到particleIllusion3.0输出的序列图片，并选中Sequence复选框，如图3-135所示。

图3-135　选择贴图纹理

　　再单击【打开】按钮指定好漫反射贴图。同理，为Opacity(透明贴图)后面也贴上同样的光晕图片，同时选中Alpha单选按钮，如图3-136所示。最后关闭材质球面板。

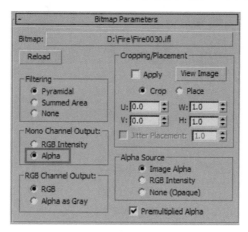

图3-136　设置透明通道

　　(6) 完成制作，切换到Perspective视图，单击Play Animation(播放动画)按钮，观看效果。可以根据不同的游戏引擎进行输出。

　　备注：请加载已经准备好的"火.il3"文件。

3.6 本章小结

本章运用通俗易懂的语言和丰富的实例，介绍了ParticleIllusion3.0(幻影粒子)这款粒子特效专业制作工具的使用方法，以及其与3ds Max 2010结合在游戏特效制作中的应用。通过本章学习，读者应明确以下问题。

(1) particleIllusion在游戏特效设计中的应用。

(2) Emitter(发射器)的基本操作。

(3) particleIllusion相关功能的基本操作。

(4) Emitter与Particle的结合应用及参数设定。

(5) particleIllusion与3ds Max的结合应用。

3.7 本章习题

一、填空题

1．particleIllusion 3.0的操作界面主要分为七个区域，分别是_____、_____、_____、_____、_____、_____。

2．particleIllusion 3.0的Emitter有五种基本形态，包括_____、_____、_____、_____、_____。

3．Angle(发射角度)适用于Emitter(发射器)的形状是_____、_____、_____。

二、简答题

1．简述particleIllusion 3.0中隐藏板的功能和作用。

2．简述Emitter与Particles的关系。

3．简述particleIllusion与3ds Max 2010的结合应用的流程。

三、操作题

利用本章学习的内容，创建一个特效粒子，并比较调整Emitter(发射器)的Weight(重力)值和Particle(粒子)的Weight(重力)值的不同效果变化。

第4章

2D及2.5D游戏特效制作

章节描述

本章重点介绍了2D及2.5D游戏特效制作的常用技术与一般流程，结合大量的游戏特效实例让读者清楚地了解和掌握2D及2.5D游戏特效的制作技巧。

教学目标

- 了解游戏特效制作的基础知识。
- 掌握2D及2.5D游戏特效制作的基本流程。
- 掌握2D及2.5D游戏特效制作的常用技术。
- 掌握2D及2.5D游戏特效制作的制作技巧。
- 了解2D及2.5D游戏特效的种类。

教学重点

- 2D及2.5D游戏特效制作的基本流程。
- 2D及2.5D游戏特效制作的常用技术。
- 2D及2.5D游戏特效制作的制作技巧。

教学难点

- 2D及2.5D游戏特效制作的基本流程。
- 2D及2.5D游戏特效制作的常用技术。
- 2D及2.5D游戏特效制作的制作技巧。

4.1 2D及2.5D游戏特效制作的基础知识

通过前面章节的学习我们了解到游戏特效是为了提高游戏的表现效果，营造游戏的环境氛围，而在游戏场景和角色上所添加的绚丽效果。游戏特效的制作方法非常灵活，但制作原理大同小异。根据不同游戏种类，可以将游戏特效分为2D游戏特效、2.5D游戏特效和3D游戏特效。本章主要介绍的是2D及2.5D游戏特效制作的基础知识。

4.1.1 2D及2.5D游戏特效制作的常用技术简述

在游戏研发的过程中，大多数特效都要依靠游戏引擎的粒子系统来进行制作，这是因为引擎是保证游戏正常研发，让玩家进行操作，进而实现游戏功能的核心。一款游戏只有保证了数据在引擎中的正常运转和表现，才具备了成功研发并面世的可能。当然，在把特效数据文件导入游戏引擎之前，设计师需要使用一些特效制作软件来完成游戏特效的基本制作。为了使读者能够逐步地了解游戏特效制作的基础知识，我们首先来介绍一下制作2D及2.5D游戏特效的一些常用技术。

(1) 2D软件制作技术。一般说来，绝大多数的游戏特效都需要使用贴图纹理来表现效果。因此2D软件是制作游戏特效所使用的最基本的技术手段，比如使用Photoshop绘制2D纹理和制作Alpha通道(透明贴图)，这是成为特效设计师所必须掌握的技能。离开这个基本的制作手段，任何绚丽的特效都无法实现。

(2) 3D软件制作技术。如果说2D软件是制作游戏特效的基础，那么3D软件就是制作游戏特效的根本。在3D游戏大行其道的今天，3D软件技术也在不断更新和发展，比如3ds Max、Maya等，都具备强大的综合制作能力，特别是3D软件中的粒子系统，可以帮助设计师实现更加复杂，也更加真实的特效效果。

(3) 特效软件使用技术。游戏特效的复杂远远达不到影视特效的程度，使用掌握了2D和3D软件技术就能满足绝大多数游戏特效的制作需求。但游戏研发却是一个复杂而庞大的系统工程，研发过程中经常会出现调试、返工的情况，因此要想实现一些复杂的特效或者提高制作的效率，就需要掌握专门用于特效制作的软件。比如，AE、CB、PI等软件，通常这类软件提供了大量的类似"模板"的功能，可以用来快速制作游戏中需要的特效序列图。

一般说来，粒子系统、二维图片和三维模型同时使用，可以制作出雨、雪、爆炸、大型战斗画面等丰富绚丽的画面。

4.1.2　2D及2.5D游戏特效制作的一般流程

由于游戏公司引擎的不定性，相应的特效编辑器也不同，这就决定了游戏特效制作的不定性。但所有特效制作过程都有其共同的特点。游戏特效制作的一般流程为：首先根据策划文档来构思出特效的表现效果，然后搜集和整理素材，再使用2D软件制作出特效的贴图纹理，接着使用3D软件制作出特效模型效果，比如多边形或几何体的造型，特效运动变化的线造型等，再录制好运动动画，最后将相应的贴图纹理赋予三维模型，由程序实现贴图颜色变化、形态转变或者运动。

尽管按照制作方法的不同，我们在前文中将游戏特效划分为三种类型，但是所有的特效形式都是由这三种方法的相互结合产生的。

4.2　2D及2.5D游戏特效制作应用实例

本节主要通过7个具体的特效实例的制作，详细介绍了2D及2.5D游戏特效制作的基本方法和技巧，读者应该在学习本节内容的过程中，认真体会和总结2D及2.5D游戏特效制作的制作特点，实现举一反三的学习目的。

4.2.1　爆炸效果的制作

本节主要讲解使用particlesIllusion 3.0结合3ds Max 2010制作出2D或者2.5D游戏所需的爆炸特效，下面是具体制作的步骤。

(1) 启动particlesIllusion 3.0，在粒子库区域单击鼠标右键，在弹出的快捷菜单中选择【载入粒子库】命令，如图4-1所示，然后找到所需的爆炸粒子，在预览区查看适合的爆炸效果，如图4-2所示。接着选择需要的粒子，并单击在舞台的中间区域，把选择的粒子添加进来。

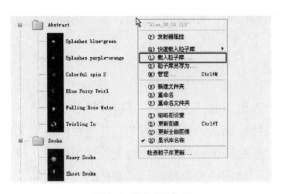

图4-1 载入粒子库

图4-2 查看爆炸效果

(2) 编辑粒子，进入图层区域选择【色彩浓度】属性选项，然后在图表区域向下拖动曲线，把粒子整体色彩加深，接着到图层区域选择【缩放】属性选项，再到图表区域向下拖动曲线，把粒子整体缩小，最后到图层区域选择【可见性】属性选项，再到图表区域把粒子整体的可见性缩短，如图4-3所示。

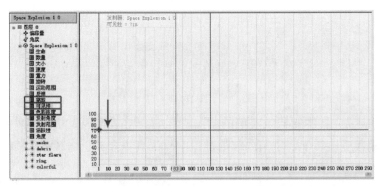

图4-3 缩短粒子整体的可见性

(3) 保存输出，首先把工具栏上的时间参数改为1～80(默认时间参数是1～120)，再单击工具栏上的红色按钮，然后在弹出的对话框中选择TGA文件格式，输入名称后单击【保存】按钮，接着在弹出的【输出选项】对话框中取消选中【开启】和【从RGB通道移除黑色背景】复选框，再选中【储存Alpha通道收缩】和【创建平滑Alpha通道】复选框，如图4-4所示，最后单击【确定】按钮保存输出文件。

(4) 启动3ds Max 2010，单击Create(创建)面板下的Geometry(几何体)按钮，然后在下拉列表框中选择Standard Primitive(标准物体)子面板，再单击Plane(平面)按钮，在Perspective视图中创建一个平面。接着进入Modify(修

图4-4 输出设置面板

改)面板把平面物体Length(长度) 改为100、Width(宽度)改为100，Length Segs(长度分段) 改为1，Width Segs(宽度分段) 改为1，如图4-5所示。

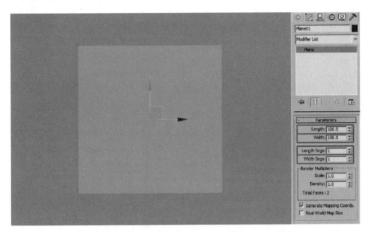

图4-5　创建一个平面

(5) 为平面指定材质。方法：首先在键盘上按M键调出材质编辑器，在弹出的材质球面板中把第一个材质球指定给平面模型，然后单击Diffuse右侧的灰色方框，接着单击Bitmap(位图)按钮，在弹出的面板中找到particlesIllusion3.0输出的序列图片，并选中Sequence复选框，如图4-6所示。再单击【打开】按钮指定好漫反射贴图。同理，为Opacity(透明贴图)后面也贴上同样的光晕图片，同时选中Alpha单选按钮，如图4-7所示。最后关闭材质球面板。

图4-6　指定序列图片

图4-7　设置透明贴图

(6) 单击Play Animation(播放动画)按钮，观看爆炸效果。这时我们会看到场景出现两次的爆炸，并且发生了错误，导致爆炸的速度不一样，这是时间轴和图片数量不匹配造成的，因为序列图片有79张，时间轴却有100帧，所以应该把时间缩短到小于79帧。首先在3ds Max 2010面板的右下角单击鼠标右键，弹出Time Configuration(时间配置)对话框，然后选择Animation选项组中的End Time(结束时间)微调框，输入数值50，接着单击OK按钮确定，调整动画时间为50帧，如图4-8所示。

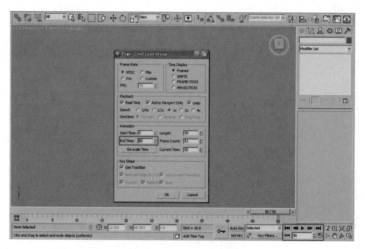

图4-8 设置动画时间

(7) 再次单击Play Animation(播放动画)按钮，观看爆炸效果，最终效果如图4-9所示。可以看到问题被解决。也可以单击【渲染】按钮，渲染出爆炸的效果。

图4-9 最终效果

提示：爆炸特效制作操作演示详见“光盘\第4章：2D及2.5D游戏特效制作\素材\爆炸效果.avi”视频文件。

4.2.2　光晕效果的制作

本节主要讲解使用3ds Max 2010配合Photoshop制作呼吸式光晕特效的具体步骤。

(1) 启动3ds Max 2010，选择Create(创建)面板下的Geometry(几何体)Standard Primitive(标准物体)子面板，再单击Plane(平面)按钮，然后在Perspective视图中创建一个平面，把平面物体Length(长度)设为50、Width(宽度)设为50，Length Segs (长度分段) 设为1，Width Segs(宽度分段)设为1，如图4-10所示。接着在Select and Move(选择并移动)工具按钮上单击鼠标右键，在弹出的面板中把X轴和Y轴项的坐标原点改为0。

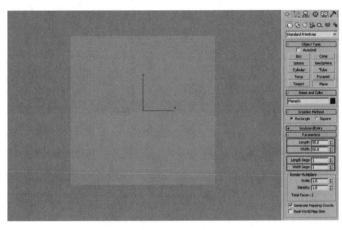

图4-10　创建一个平面

(2) 打开Photoshop，首先在键盘上按Ctrl+N组合键新建一个宽度和高度各为128像素的位图，如图4-11所示。然后单击【确定】按钮，接着在工具面板上点击设置前景色，在弹出的【拾色器】对话框中调整选择前景色，分别设置RGB的参数为R：0、G：216、B：255，如图4-12所示。最后单击【确定】按钮。

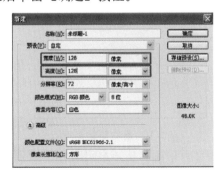

图4-11　新建位图

图4-12　设置前景色

(3) 新建一个图层，在键盘上按Shift+M组合键调出椭圆选框工具，然后按下Alt+Shift组合键的同时，使用鼠标在图层的中心拉出一个正圆形选区，再按下Ctrl+Alt+D组合键设置正圆形选区的羽化半径为10像素，如图4-13所示。接着按下Alt+Delete组合键将前面设置好的前景色填充到选区，如图4-14所示。最后单击鼠标右键取消选区。

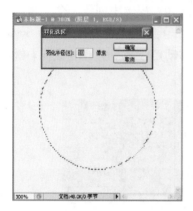

图4-13 羽化选区

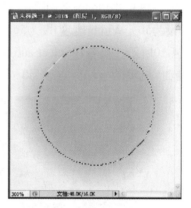

图4-14 填充选区

(4) 选择刚刚填充完蓝色的图层，再按下Ctrl+T组合键调出自由变换工具，然后按下Alt+Shift组合键的同时，使用鼠标拖动变换框的一角，向内缩小蓝色形状，如图4-15所示。接着复制当前图层，再使用自由变换工具缩小复制图层，最后在按Ctrl键的同时，使用鼠标点击复制图层，设置前景色为R：202、G：247、B：255。再按下Alt+Delete组合键把颜色填充给复制的图层，如图4-16所示。

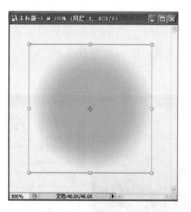

图4-15 变换图层大小

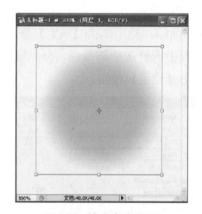

图4-16 填充复制图层

(5) 首先把前景色调回原来的RGB颜色，再选择背景层把颜色填充给背景层。然后在按Ctrl键的同时点击图层1，再设置羽化半径为5像素，接着进入通道面板，单击【将选区存储为通道】按钮，创建出通道，如图4-17所示。最后把制作好的图片存储为32位的tga格式。

(6) 返回到3ds Max为平面物体指定材质。方法：首先在键盘上按M键调出材质编辑器，在弹出的材质球面板中把第一个材质球指定给平面模型，然后单击Diffuse右侧灰色方框，接着选择Bitmap(位图)按钮，找到刚制作好的图片，单击【打开】按钮指定漫反射贴图，同理，为Opacity(透明贴图)后面也贴上同样的图片，同时选中Alpha单选按钮。返回材质层单击【视图显示材质】按钮，如图4-18所示。最后关闭材质球面板。

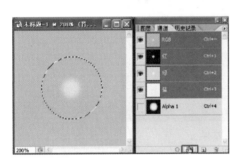

图4-17　建立Alpha通道

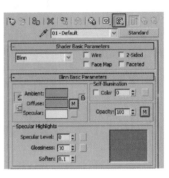

图4-18　指定特效贴图纹理

(7) 制作平面物体的呼吸式动画。方法：首先单击Auto Key(自动记录关键帧)按钮进入动画创建模式，确定时间滑块为第0帧，然后拖动时间滑块至第25帧，使用Select and Uniform Scale(选择并缩放)工具扩大平面模型，再拖动时间滑块至第50帧，使用Select and Uniform Scale(选择并缩放)工具缩小平面模型，接着拖动时间滑块至第75帧，在按Shift键的同时，使用鼠标把第25帧的关键帧拖动复制到第75帧。同理，拖动时间滑块至第100帧，再把第0帧的关键帧复制到第100帧处，如图4-19所示。最后单击Auto Key(自动记录关键帧)按钮退出动画创建模式。

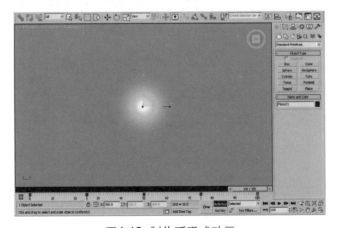

图4-19　制作呼吸式动画

(8) 完成呼吸式光晕特效的效果，单击Play Animation(播放动画)按钮，观看光晕特效的动画效果，如图4-20所示。

图4-20 最终效果

> 提示：光晕特效制作操作演示详见"光盘\第4章：2D及2.5D游戏特效制作\素材\光晕效果.avi"视频文件。

4.2.3 物理攻击效果的制作

(1) 启动3ds Max 2010，首先在3ds Max 2010面板的右下角单击鼠标右键，弹出Time Configuration(时间配置)对话框，然后选择Animation选项组中的End Time(结束时间)微调框，输入数值30，接着单击OK按钮确定，调整动画时间为30帧，如图4-21所示。

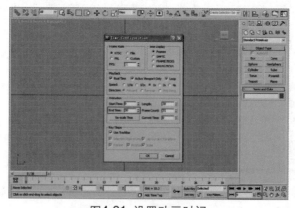

图4-21 设置动画时间

(2) 选择Create(创建)面板下的Geometry(几何体)Standard Primitive(标准物体)子面板，再单击Plane(平面)按钮，然后在Front视图中创建一个平面，进入修改命令面板把平面物体Length(长度)设为50，Width(宽度)设为50，Length Segs(长度分段)设为1，Width Segs(宽度分段) 设为1，如图4-22所示。

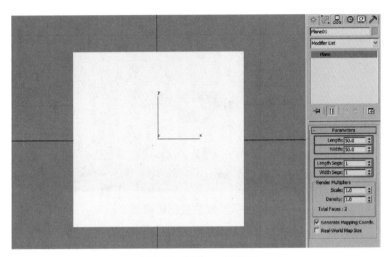

图4-22 创建一个平面

(3) 为平面物体指定材质。方法:首先在键盘上按M键调出材质编辑器，在弹出的材质球面板中把第一个材质球指定给平面模型，然后单击Diffuse右侧灰色方框，接着单击Bitmap(位图)按钮，找到准备好的图片，单击【打开】按钮指定漫反射贴图，同理，为Opacity(透明贴图)后面也贴上同样的图片，同时选中Alpha单选按钮。返回材质层单击【视图显示材质】按钮，如图4-23所示。最后关闭材质球面板。贴图效果如图4-24所示

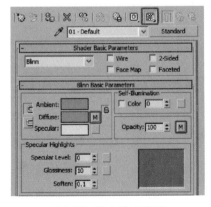

图4-23 指定贴图纹理

图4-24 贴图效果

(4) 复制模型。方法：按住键盘上Shift键的同时，使用Select and Rotate工具向下旋转30度，从而复制出一个平面。然后选择Plane01(平面)模型，同样按住Shift键，使用Select and Uniform Scale(选择并缩放)工具向下缩放，再复制出一个平面，最后使用 Select and Uniform Scale(选择并缩放)工具调整。完成效果如图4-25所示。

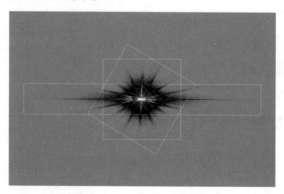

图4-25 缩放复制的模型

(5) 制作动画。方法：首先框选全部的物体，单击Auto Key(自动记录关键帧)按钮进入动画创建模式，再确定时间滑块为第0帧，然后拖动时间滑块至第12帧，再使用Select and S Uniform Scale工具缩小全部模型，接着选择拖动第0帧关键帧至第16帧，再把时间滑块拖动至第17帧，使用Select and S Uniform Scale工具稍微放大模型，如图4-26所示。最后在按住Shift键的同时，拖动第16帧关键帧至第18帧，从而复制出第16帧的动画信息，单击Auto Key(自动记录关键帧)按钮退出动画创建模式。

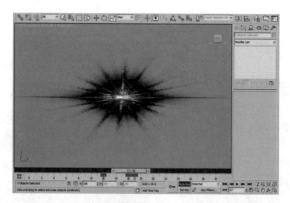

图4-26 制作动画效果

(6) 完成物理攻击效果的制作，单击Play Animation按钮播放动画，可以看到物理攻击效果。最终效果如图4-27所示。

图4-27　最终效果

提示：物理攻击特效制作操作演示详见"光盘\第4章：2D及2.5D游戏特效制作\素材\物理攻击效果.avi"视频文件。

4.2.4　武器效果的制作

游戏中的高级武器多数熠熠生辉，显示出这把武器的不凡之处。本节就来讲解武器特效的制作方法。

(1) 启动3ds Max 2010，打开一个已经做好的武器，调整动画时间长度为60帧，然后在Perspective视图调整好视角，接着按Shift+F组合键调出安全框，如图4-28所示。最后单击【渲染】按钮把武器渲染出来，并且存储为32位的tga格式。效果如图4-29所示。

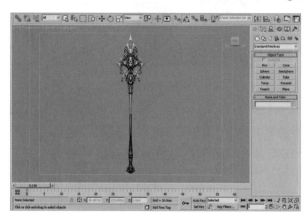

图4-28　打开武器模型

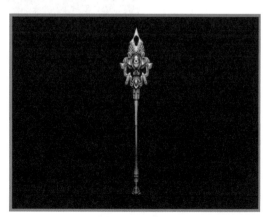

图4-29　渲染效果

(2) 启动Photoshop，把开始渲染存储的图片打开，使用工具栏上的【裁剪工具】对图片裁剪，裁剪完成效果如图4-30所示。然后配合键盘上的Ctrl键单击Alpha通道，进入图层区按Ctrl+C组合键复制，再按Ctrl+V组合键粘贴出图层1，接着新建一个空白图层2，在工具栏上选择【吸管工具】吸取图层的高光部分，最后按住Ctrl键单击图层1，用鼠标点选菜单栏的【选择】|【修改】|【扩展】把扩展的参数设为6像素，再配合Ctrl+Alt+D组合键设置羽化半径为3像素，按Alt+Delete组合键把开始吸取的颜色填充至新建的图层2。效果如图4-31所示。

图4-30 裁剪图片　　　　　　　　图4-31 填充新建图层

(3) 首先把图层2拖到图层1的下面，配合Ctrl键单击图层1，再用鼠标点选菜单栏的【选择】|【修改】|【扩展】把扩展的参数设为3像素，然后用多边形套索工具配合Shift键，进行扩大选择，如图4-32所示。接着配合Ctrl+Alt+D组合键设置羽化参数为2像素，再反选，按下Delete删除键，效果如图4-33所示。最后配合Ctrl键单击图层1，从菜单栏中执行【选择】→【修改】→【收缩】命令把收缩的参数设为2像素，再按下Delete键删除，单击选择背景层把背景层填充为全黑色，效果如图4-34所示。

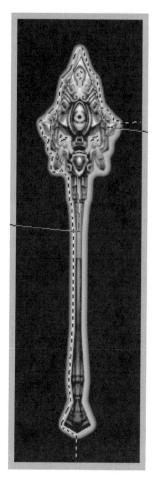

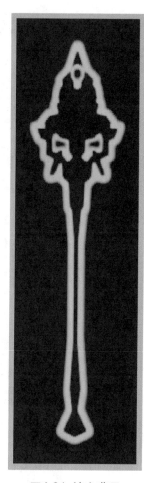

图4-32　扩展选区　　　　　　图4-33　清除反选选区　　　　　　图4-34　填充背景

(4) 首先把图层1关闭，配合键盘上的Ctrl键单击图层2，进入通道项把原来的通道删除，再单击【将选区存储为通道】按钮新建一个Alpha1通道，效果如图4-35所示。然后单击鼠标右键取消选择，进入图层项选择背景层，接着把背景颜色填充为开始选区一样的颜色。最后把制作出的图片存储为32位的tga格式。效果如图4-36所示。

(5) 首先进入3ds Max 2010，单击Create(创建)面板下的Geometry(几何体)按钮，然后在下拉列表框中选择Standard Primitive(标准物体)子面板，再单击Plane(平面)按钮，在Front视图中创建一个比武器高和宽的平面物体。接着再把X轴和Y轴坐标原点归零。最后进入【修改】面板把平面物体Length Segs(长度分段) 改为1，Width Segs(宽度分段) 改为1，如图4-37所示。

图4-35 新建Alpha通道

图4-36 填充背景颜色

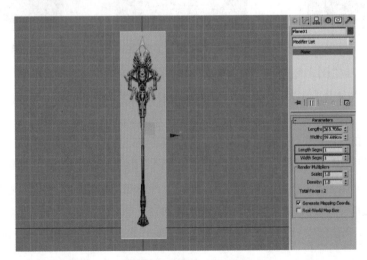

图4-37 创建一个平面

(6) 为平面物体指定材质。方法：首先在键盘上按M键调出材质编辑器，在弹出的材质球面板中把第2个材质球指定给平面模型，然后单击Diffuse右侧灰色方框，如图4-38所示。

接着选择Bitmap(位图)，再找到制作好的武器光晕图片，单击【打开】按钮指定漫反射贴图，同理，为Opacity(透明贴图)后面也贴上同样的武器光晕图片，同时选中Alpha单选按钮，如图4-39所示。

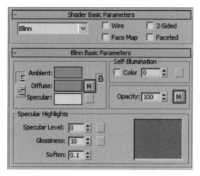

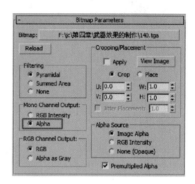

图4-38　指定贴图纹理　　　　　　　　　图4-39　透明贴图设置

指定材质后，视图显示效果如图4-40所示。

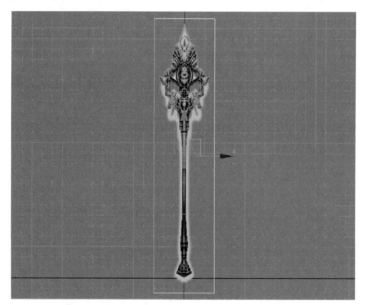

图4-40　指定材质后的效果

(7) 调整贴图的位置。方法：首先单击鼠标右键，在弹出的快捷菜单中选择Convert To：| Convert to Editable Poly命令，将平面转换为可编辑多边形，如图4-41所示。

　　然后进入多边形的点级别，分别使用Select and Move(选择并移动)工具和Select and Scale(选择并缩放)工具调整点的位置，完成效果如图4-42所示。

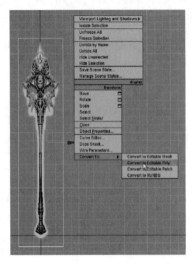

图4-41　将平面转换为可编辑多边形　　　　　图4-42　调整平面造型

　　(8) 首先选择Create(创建)面板下的Shapes(形状)的Splines(线条)子面板，再单击Helix(螺旋)按钮，然后在Top视图中创建一个螺旋线，再转到Front视图，分别调整Radius 1修改为6.5，Radius 2修改为42，Height修改为252，Turns修改为1.75，Bias为0，如图4-43所示。接着转到Top视图使用Select and Rotate(选择并旋转)工具配合Shift键固定Z轴旋转Helix01 180°，放开鼠标，在弹出的复制选项对话框中选择Copy选项，单击OK按钮确定，如图4-44所示。

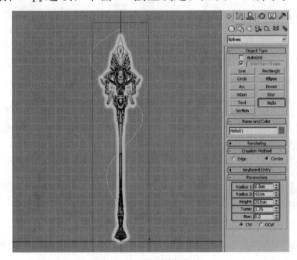

图4-43　创建螺旋线

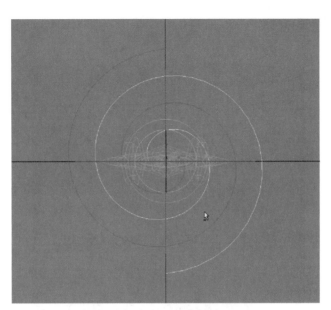

图4-44 在顶视图中调整螺旋线

(9) 首先选择两条螺旋线物体，在【修改】命令面板中加入FFD(cyl)修改器，然后单击FFD Parameters选项下的Set Number of Points按钮，在弹出的对话框中把Height(高度)改为10，单击OK按钮确定，如图4-45所示。

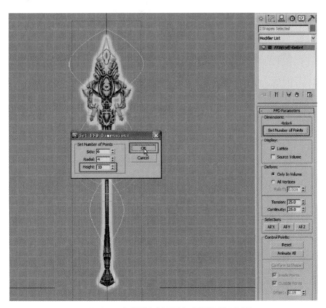

图4-45 为螺旋线添加FFD修改器

接着进入FFD(cyl)的Control Points(控制点)子面板中，使用Select and Scale工具在Front视图和Left视图上调整控制点的位置，效果如图4-46所示。

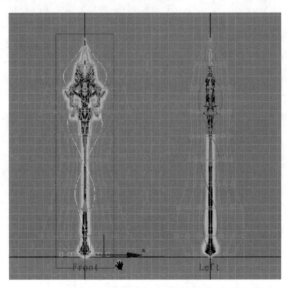

图4-46 使用修改器调整螺旋线造型

最后单击鼠标右键，在弹出的快捷菜单中选择Convert to：| Convert to Editable Spline命令，将螺旋线转换为可编辑曲线，如图4-47所示。

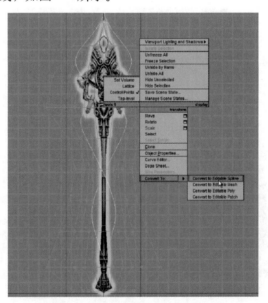

图4-47 将螺旋线转换为可编辑曲线

(10) 首先选择Create(创建)面板下Geometry(几何体)的Particle Systems(粒子系统)子面板，再单击Super Spray(超级喷射)按钮，如图4-48所示。

然后在Perspective视图中创建一个超级喷射粒子，使用Select and Rotate工具固定Y轴旋转180°，如图4-49所示。

图4-48　创建超级喷射粒子

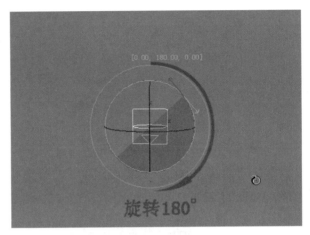

图4-49　旋转超级喷射粒子

(11) 首先进入Modify(修改)面板，在粒子系统的Basic Parameters(基本参数)中找到Viewport Display(视图显示)选项组并选中Mesh单选按钮，设置Percentage of Particles 的参数为100%，如图4-50所示。

然后展开Particle Generation(粒子生成)卷展栏，在Particle Quantity(粒子量)选项组中选中Use Total单选按钮并设置参数为100，再在Particle Motion(粒子运动)选项组中把Speed参数改为0，接着在Particle Timing(粒子时间)选项组中把Emit Stop参数改为100，Life的参数改为20，如图4-51所示。

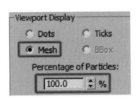

图4-50　设置粒子参数

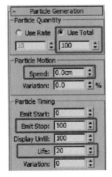

图4-51　设置粒子参数

在Particle Size(粒子大小)选项组下，将Size的参数改为4.603，Variation的参数改为0，Grow For的参数改为6，Fade For的参数改为6，如图4-52所示。

最后展开Particle Type(粒子类型)卷展栏，并且确定选择的是Standard Particle(标准粒子)，在Standard Particles选项组中选中Facing单选按钮，如图4-53所示。

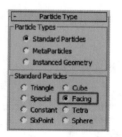

图4-52 设置粒子大小　　　　图4-53 设置粒子的形状

(12) 指定约束动画。方法：首先确定粒子在被选状态，再从菜单栏中选择Animation(动画)→Constraints(约束)→Path Constraint(路径约束)命令，如图4-54所示。

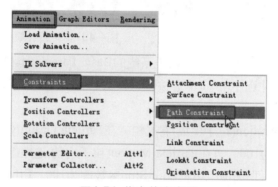

图4-54 指定约束类型

然后在视图中选取一条曲线物体，这时拖动时间滑块会发现粒子没有随着曲线物体在运动，接着进入Modify(修改)面板，找到Object Motion Inheritance(物体运动继承)卷展栏下的Multiplier的参数，并改为0，如图4-55所示。最后再拖动时间滑块，发现粒子已经正常地在曲线物体上运动。

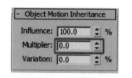

(13) 调整动画的关键帧，方法：首先把第100帧的关键帧拖动到第45帧，再选择第0帧的关键帧配合Shift键拖到第90帧，然后单击鼠标右键，图4-55 设置继承参数

在弹出的快捷菜单中选择Clone(复制)命令，接着在弹出的Clone Options(复制选项)对话框中单击OK按钮，再进入Motion(运动)面板并确定是在Parameters(参数)项目下，找到Path Parameters(路径参数)下的Delete Path(删除路径)按钮并单击，如图4-56所示。

最后在视图中选择Helix02物体并单击Add Path(添加路径)，如图4-57所示。

图4-56 删除路径　　　　　　图4-57 添加路径

(14) 给粒子指定材质。方法：首先同时选择两个粒子物体，在键盘上按M键调出材质编辑器，在弹出的材质球面板中把一个材质球指定给两个粒子物体，然后单击Diffuse右侧灰色方框，选择Bitmap(位图)，再找到准备好的图片，单击打开按钮指定漫反射贴图，同理，为Opacity(透明贴图)后面也贴上同样的图片，同时选中Alpha单选按钮，具体方法可以参考本小节步骤6。接着配合Ctrl键点选两个螺旋线，再使用Select and Rotate工具配合Shift键在Top视图旋转90°，如图4-58所示。最后在弹出的复制选项对话框中选择Copy选项并单击OK按钮确定。

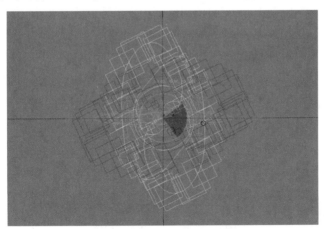

图4-58 旋转复制螺旋线

(15) 完成武器效果的制作，首先进入Perspective视图，单击Play Animation(播放动画)按钮，观看武器的效果，然后在工具面板中单击【渲染】按钮，渲染出武器特效的最终效果，如图4-59所示。

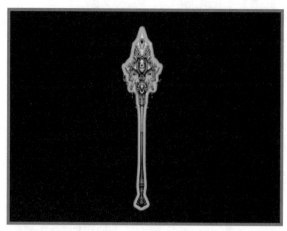

图4-59 武器特效的效果

> 提示：武器特效制作操作演示详见"光盘\第4章：2D及2.5D游戏特效制作\素材\武器效果01.avi和武器
> 效果02.avi"视频文件。

4.2.5 魔法效果的制作

魔法效果常见于各类游戏魔法系攻击中出现，如在游戏中法师的火球术、寒冰箭等都属于魔法攻击。本节主要讲解使用3ds Max 2010制作魔法攻击特效的具体步骤。

(1) 首先启动3ds Max 2010，选择Create(创建)面板下的Geometry(几何体)Standard Primitive(标准物体)子面板，再单击Plane(平面)按钮，然后在Top视图中创建一个平面，并且把X轴和Y轴坐标原点归零。接着进入修改命令面板把平面物体Length(长度)设为300，Width(宽度)设为300，Length Segs(长度分段)设为1，Width Segs(宽度分段)设为1，如图4-60所示。

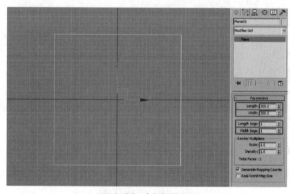

图4-60 创建平面

(2) 选择Create(创建)面板下的Geometry(几何体)Standard Primitive(标准物体)子面板，再单击Plane(平面)按钮，然后在Front视图中创建一个平面，接着进入【修改】命令面板把平面物体Length(长度) 设为200，Width(宽度)设为30，Length Segs(长度分段) 设为1，Width Sges(宽度分段) 设为1，如图4-61所示。

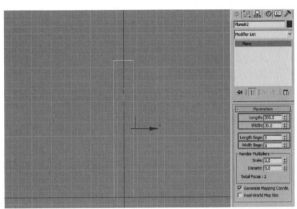

图4-61　设置平面大小

(3) 调整平面的坐标轴方向，方法：首先单击Hierarchy(层级)面板下的Pivot(轴)按钮，再单击Adjust Pivot卷展栏下的Affect Pivot Only(唯一影响轴向)按钮，然后在Front视图中使用Select and Move(选择并移动)工具把平面的坐标轴沿Y轴向上移动到平面的顶端，如图4-62所示，再单击Affect Pivot Only按钮使其失效。

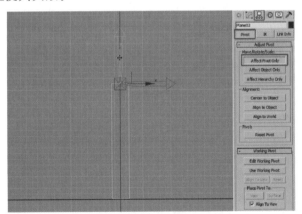

图4-62　调整平面的坐标轴

(4) 调整位置并且复制，方法：首先使用Select and Move工具调整好Plane02物体的位置，再配合Shift键在Top视图中拖动鼠标，然后在弹出的复制选项对话框中选择Copy选项，单击OK按钮复制出Plane03，接着选择Plane01物体使用Select and Scale(选择并缩放)工具配合Shift键缩小，在弹出的复制选项对话框中选择Copy选项，单击OK按钮复制出Plane04，最后使用Select and Move(选择并移动)工具配合Shift键拖动Plane04，在弹出的复制选项对话框中选择Copy，单击OK按钮复制出Plane05，调整好的位置如图4-63所示。

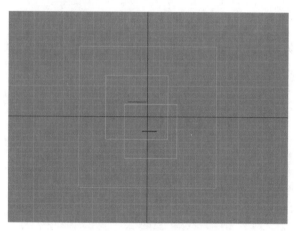

图4-63 复制并移动平面

(5) 给平面模型指定材质，方法：首先在Front视图中选择直立的两个平面模型，然后在键盘上按M键调出材质编辑器，在弹出的材质球面板中把第一个材质球指定给平面模型，接着单击Diffuse右侧灰色方框，再选择Bitmap(位图)，找到制作好的图片，单击【打开】按钮指定好漫反射贴图，同理，为Opacity(透明贴图)后面也贴上同样的图片，同时选中Alpha单选按钮，在视图中观察效果如图4-64所示。最后同样也为其他平面模型指定好材质，方法和原理都是一样的，指定完材质效果如图4-65所示。

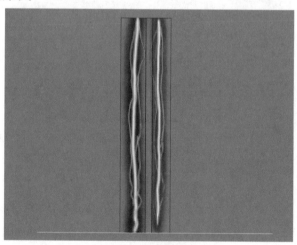

图4-64 指定雷电材质

图4-65 指定完材质的效果

(6) 调整动画时间长度。方法：首先在3ds Max 2010面板的右下角单击鼠标右键，接着在弹出的Time Configuration(时间配置)对话框中的Animation(动画)选项组下的End Time(结束时间)微调框输入40，最后单击OK按钮，如图4-66所示。

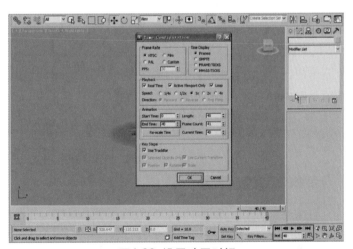

图4-66 设置动画时间

(7) 首先选择Create(创建)面板下Geometry(几何体)的Particle Systems(粒子系统)子面板，再单击Super Spray(超级喷射)按钮，然后在Top视图中对准Plane02创建一个超级喷射粒子，再进入Modify(修改)面板，在粒子系统的Basic Parameters(基本参数)卷展栏中找到Particle Formation(粒子形成)选项组，并分别设置Spread的参数为88和Spread的参数为180，接着找到Viewport Display(视图显示)选项组选中Mesh单选按钮，最后设置Percentage of Particles的参数为100%，如图4-67所示。

(8) 调整粒子的运动、发射时间、大小等参数。方法：首先展开Particle Generation(粒子生成)卷展栏，在Particle Quantity(粒子量)选项组中选中Use Total单选按钮并设置参数为100，再在Particle Motion(粒子运动)选项组下的Speed把参数改为3.5，Variation参数改为92%，然后在Particle Timing(粒子时间)下面的Emit Start的参数改为5，Emit Stop的参数改为8，Display Until的参数也改为100，Life的参数改为6，如图4-68所示。

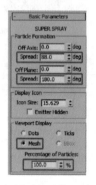

图4-67 设置粒子参数　　　　图4-68 设置粒子参数

接着在Particle Size(粒子大小)选项组下将Size的参数改为2，Variation的参数设为50，Grow For的参数改为0，Fade For的参数改为0，如图4-69所示。

最后展开Particle Type(粒子类型)卷展栏，并且确定选择的是Standard Particles(标准粒子)，在Standard Particles选项组下选中Facing单选按钮，如图4-70所示。

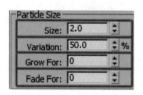
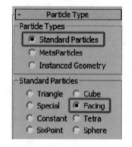

图4-69 设置粒子参数　　　　图4-70 选择粒子类型

(9) 制作动画，方法：首先在Front视图中选择直立的两个Plane(平面)模型，再单击打开Auto Key(自动记录关键帧)按钮进入动画创建模式，把时间滑块拖到第9帧，然后在时间滑块上单击鼠标右键，在弹出的Create Key面板中单击OK按钮，这时时间滑块上就自动加了个关键帧，接着把时间滑块移到第6帧，使用Select and Scale工具沿着Y轴进行缩小，如图4-71所示。

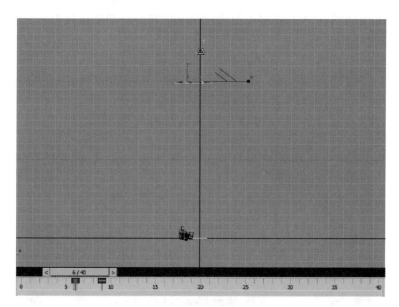

图4-71　制作动画过程(1)

　　再把第6帧的关键帧分别复制到第15帧和第18帧，最后把第9帧的关键帧分别复制到第14帧和第21帧，如图4-72所示。

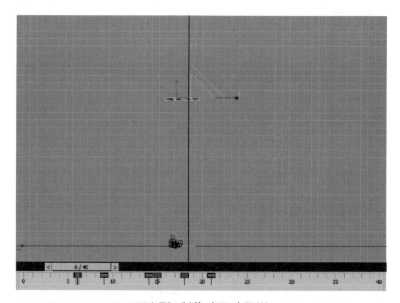

图4-72　制作动画过程(2)

　　(10) 首先在Perspective视图中选择Plane04物体把时间滑块拖到第10帧，在时间滑块上单击鼠标右键，然后在弹出的Create Key面板中单击OK按钮，再把时间滑块移到第7帧，使用Select and Scale工具进行缩小，如图4-73所示。

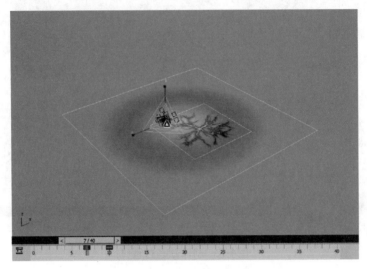

图4-73 制作动画过程(3)

同理把Plane05和Plane01物体按相同的方法制作动画，接着选择Plane01物体把第7 帧的关键帧分别复制到第15 帧和第19帧，最后把第10帧的关键帧分别复制到第14 帧和第23 帧，如图4-74所示。

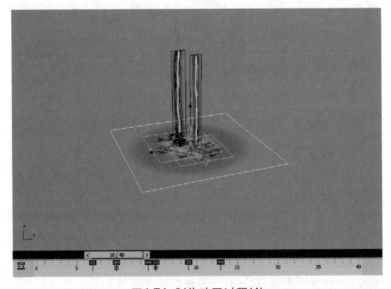

图4-74 制作动画过程(4)

(11) 首先选择Plane04和Plane05物体，在视图中单击鼠标右键，然后在弹出的复制选项对话框中选中Copy单选按钮，单击OK按钮确定，再把第7帧的关键帧移到第19帧，把第10帧的关键帧移到第23帧，再次单击Auto Key(自动记录关键帧)按钮退出动画创建模式。接着在键盘上按M键调出材质编辑器，把指定给Plane01材质指定给Super Spray(超级喷射)粒子，并且选中Face Map复选框，如图4-75所示。

(12) 完成魔法攻击效果的制作，首先单击Play Animation(播放动画)按钮，观看魔法攻击效果。同时也可以单击【渲染】按钮，更加直观地观看魔法攻击特效的效果，如图4-76所示。

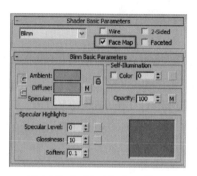

图4-75 把材质指定给粒子

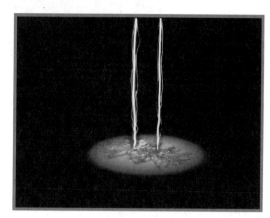

图4-76 最终效果

提示：魔法特效制作操作演示详见"光盘\第4章：2D及2.5D游戏特效制作\素材\魔法效果.avi和魔法效果01.avi"视频文件。

4.2.6 人物效果的制作

人物行走和跑动带起灰尘是最常见的，本节主要讲解使用3ds Max 2010制作人物行走和跑动时后面带起的灰尘特效的具体步骤。

(1) 首先启动3ds Max 2010，选择Create(创建)面板下Geometry(几何体)的Particle Systems(粒子系统)子面板，再单击Super Spray(超级喷射)按钮，然后在Left视图中创建一个Icon Size(图标大小)为10的超级喷射粒子，接着把X轴、Y轴和Z轴坐标原点归零，如图4-77所示。

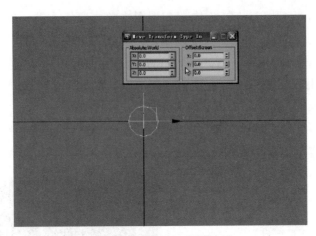

图4-77 创建超级喷射粒子

(2) 调整粒子的基本参数。方法：首先转到Perspective视图，再进入Modify(修改)面板，然后展开粒子系统的Basic Parameters(基本参数)卷展栏，在Particle Formation(粒子形成)选项组中分别设置Off Axis的参数为16，Spread的参数为11，Off Plane的参数为90，Spread的参数为0，接着在Viewport Display(视图显示)选项组中选中Mesh单选按钮，最后设置Percentage of Particles的参数为100%，如图4-78所示。

(3) 调整粒子的运动、发射时间、大小等参数。方法：首先展开Particle Generation(粒子生成)卷展栏，在Particle Quantity(粒子量)选项组中选中Use Total单选按钮并设置参数为100，然后在Particle Motion(粒子运动)选项组下把Speed参数改为3，接着在Particle Timing(粒子时间)选项组下把Emit Start参数改为-30，Display Until的参数也改为100，Life的参数改为30，如图4-79所示。

图4-78 设置粒子参数(1)

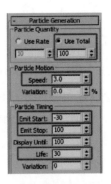

图4-79 设置粒子参数(2)

最后在Particle Size(粒子大小)选项组下把Size的参数改为25，Variation的参数改为50，Grow For的参数改为15，Fade For的参数改为0，如图4-80所示。

图4-80　设置粒子参数(3)

(4) 调整粒子的类型和旋转参数。方法：首先展开Particle Type(粒子类型)卷展栏，并且确定选择的是Standard Particles(标准粒子)，在Standard Particles下面选中Facing单选按钮，如图4-81所示。

然后再展开Rotation and Collision(旋转和碰撞)卷展栏，把Spin Speed Controls下面的Spin Time参数值改为0，如图4-82所示。

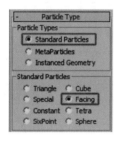 

图4-81　设置粒子类型　　　　　图4-82　设置旋转和碰撞参数

(5) 指定材质并且调整参数。方法：首先在键盘上按M键，在弹出的材质球面板中把第一个材质球指定给粒子，再单击Diffuse右侧灰色方框，接着选择Bitmap(位图)，找到一张装备好的图片单击【打开】按钮，如图4-83所示。

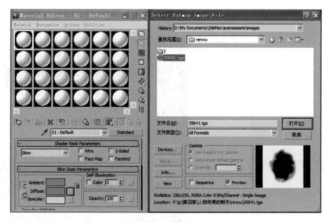

图4-83　选择图片

然后同理把Opacity后面也贴上同样的图，并且选中Mono Channel Output选项组下的Alpha单选按钮和Cropping/Placement选项组下的Apply复选框，如图4-84所示。

最后返回材质层，选中Face Map(面贴图)复选框，如图4-85所示。

图4-84 设置材质显示参数

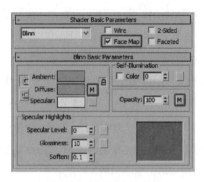

图4-85 设置材质参数

（6）完成人物行走和跑动时带起的灰尘效果，首先在Perspective视图单击Play Animation按钮观看效果的动画，在工具栏上单击Render Setup(渲染设置)按钮，然后在弹出的参数面板中，在Common(共同的)选项卡下，选中Active Time Segment: 0 To 100单选按钮，接着在Output Size(输出大小)选项组下单击800×600按钮，如图4-86所示。

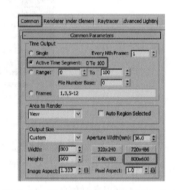

图4-86 设置渲染范围和图片大小

再在Render Output(渲染输出)选项组下单击Files(文件)按钮，在弹出的渲染输出文件面板中选择好路径，并且保存为32位的tga格式，最后单击Render(渲染)按钮，进行渲染输出，如图4-87所示。最终效果如图4-88所示。

图4-87 设置保存路径

图4-88 最终效果

提示：人物效果制作操作演示详见"光盘\第4章：2D及2.5D游戏特效制作\素材\人物效果.avi"视频
文件。

4.2.7   道具效果的制作

道具效果常见于各类游戏中道具周围出现的效果，为了表现某个道具物体有宝物，这时就
必定会使用特效来表现。本节主要讲解使用3ds Max 2010制作宝箱特效的具体步骤。

(1) 首先启动3ds Max 2010，选择Create(创建)面板下Geometry(几何体)的Particle Systems(粒
子系统)子面板，再单击PCloud(粒子云)按钮，然后在Top视图中创建一个Red/Len为30，Width
为30，Height为15的粒子云，接着在Viewport Display(视图显示)下选中Mesh(网格)单选按钮，在
Percentage of Particles(粒子百分比)微调框下输入100，如图4-89所示。最后把X轴、Y轴和Z轴坐
标原点归零。

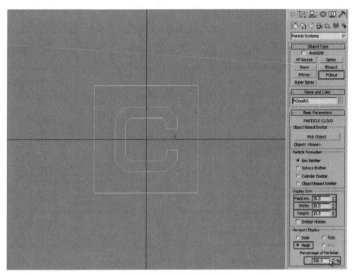

图4-89 创建粒子云

(2) 调整动画时间长度。方法：首先在3ds Max 2010面板的右下角单击鼠标右键，接着在弹
出面板的Animation(动画)选项组下的End Time(结束时间)微调框中输入600，最后单击OK按钮确
定，如图4-90所示。

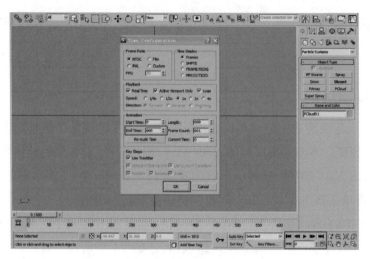

图4-90 设置播放时间

(3) 调整粒子产生卷展栏的具体参数，方法：首先进入Modify(修改)面板，在粒子系统的Particle Generation(粒子生成)卷展栏，在Particle Quantity(粒子量)选项组中选中Use Total单选按钮并设置参数为600，然后在Particle Motion(粒子运动)选项组下，把Speed的参数改为0.3，Variation参数改为30，如图4-91所示。

接着在Particle Timing(粒子时间)选项组下，将Emit Start参数改为−100，Emit Stop参数改为600，Display Until参数也改为600，Life参数改为100，如图4-92所示。

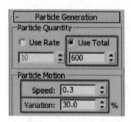

图4-91 设置粒子参数

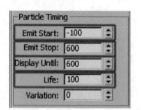

图4-92 设置粒子参数

最后在Particle Size(粒子大小)选项组下，将Size参数改为0.5，Variation参数设为50，Grow For参数改为50，Fade For参数改为0，如图4-93所示。

(4) 调整粒子类型卷展栏的具体参数，方法：首先展开Particle Type(粒子类型)卷展栏，并且确定选择的是Standard Particles(标准粒子)单选按钮，并在Standard Particles选项组下选中Facing单选按钮，如图4-94所示。

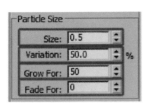

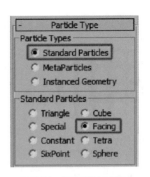

图4-93　设置粒子参数　　　　　　　　图4-94　设置粒子类型

（5）指定材质并且调整参数。方法：首先在键盘上按M键，在弹出的材质球面板中把第一个材质球指定给粒子，再点击Diffuse灰色地方后面的框框，然后选择Bitmap(位图)，找到一张装备好的图片单击【打开】按钮，再返回材质层，单击Show Standard Map in Viewpoint(视图显示)，并选中Face Map(面贴图)复选框，如图4-95所示。

接着再进入Diffuse贴图地方，在Bitmap Parameters(位图参数)卷展栏下选中Apply复选框，最后设置W参数为0.33，H参数为0.33，如图4-96所示。

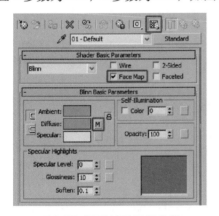

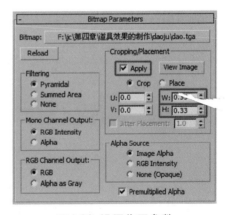

图4-95　设置材质显示参数　　　　　　图4-96　设置位图参数

（6）制作材质动画。方法：首先单击Auto Key(自动记录关键帧)按钮进入动画创建模式，再单击Set Tangents to Auto按钮，选择Set Tangents to Step选项，如图4-97所示。

然后拖动时间滑块至第20帧，同时调整材质球里面的U参数为0.33，再拖动时间滑块至第40帧，同时调整材质球里面的U参数为0.67，接着拖动时间滑块至第60帧，同时调整材质球里面的U参数为0，V参数为0.33，再拖动时间滑块至第80帧，同时调整材质球里面的U参数为0.33，V参数为0.33，以此类推，拖动时间滑块至第160帧，同时调整材质球里面的U参数为0.67，V参数为0.67，如图4-98所示。

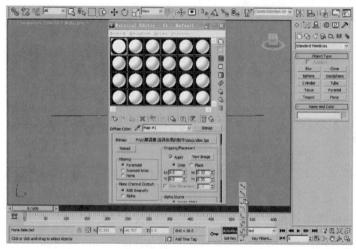

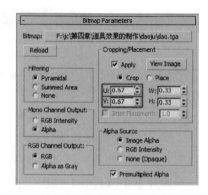

图4-97 制作材质动画　　　　　　　　　　　　　　图4-98 设置UV坐标的值

（7）完成动画制作并且复制关键帧，方法：首先单击Auto Key(自动记录关键帧)按钮退出动画创建模式，然后框选第0帧至第160帧的关键帧，并配合Shift键拖送第180帧至第340帧，接着拖送第360帧至第520帧，最后拖送第540帧至第700帧，如图4-99所示。

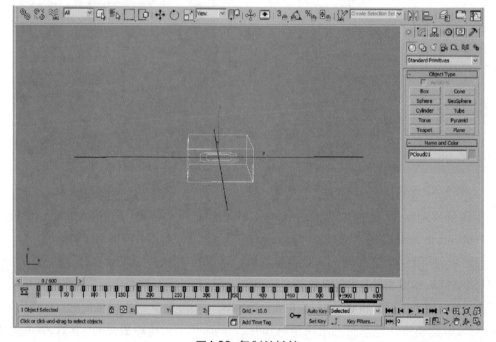

图4-99 复制关键帧

(8) 复制透明贴图。方法：首先在键盘上按M键，在弹出的材质球面板中单击Diffuse右侧的方框并拖动至Opacity右侧的方框，然后在弹出的复制选项对话框中选择Copy选项，单击OK按钮确定，再进入Opacity贴图级别，接着选中Alpha(通道)单选按钮，如图4-100所示。最后关闭材质球面板。

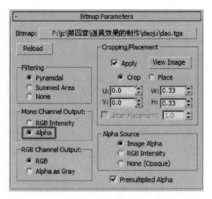

图4-100　设置透明贴图

(9) 完成宝箱效果的制作，首先进入Perspectivet视图，再单击Play Animation按钮播放动画，可以看到粒子物体在闪动变化，最终效果如图4-101所示。

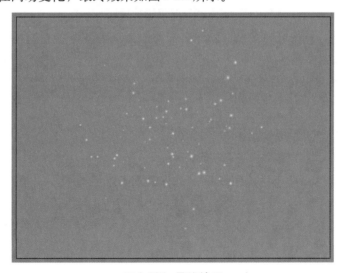

图4-101　最终效果

提示：道具特效制作操作演示详见"光盘\第4章：2D及2.5D游戏特效制作\素材\武器道具效果.avi"视频文件。

4.3　本章小结

本章重点介绍了2D及2.5D游戏特效制作的常用技术与一般流程，并结合大量的游戏特效实例让读者清楚地了解和掌握2D及2.5D游戏特效的制作技巧。通过本章学习，读者应对以下问题有明确的认识。

(1) 游戏特效制作的基础知识。

(2) 2D及2.5D游戏特效制作的基本流程。

(3) 2D及2.5D游戏特效制作的常用技术。

(4) 2D及2.5D游戏特效制作的制作技巧。

(5) 2D及2.5D游戏特效的种类。

4.4　本章习题

一、填空题

1．使用Photoshop制作特效时，羽化选区所用的快捷键是_____。

2．使用Photoshop制作好特效贴图纹理，需要把文件保存为_____格式的文件。

3．常用的特效软件包括_____、_____、_____等软件，通常这类软件可以用来快速制作游戏中需要的特效序列图。

二、简答题

1．简述2D及2.5D游戏特效制作的一般流程。

2．简述制作游戏爆炸效果的基本制作方法。

3．简述使用3ds Max 2010制作特效时，如何复制多边形物体。

三、操作题

利用本章学习的内容，制作一个道具发光的特效。

第5章

3D游戏中场景特效的制作

章节描述

从本章开始，主要介绍3D游戏中特效的制作。本章介绍3D游戏特效制作的基础知识以及3D游戏中发生在场景中的常见特效，其中包含相应特效制作过程中的设计思路(特效的表现形式及色彩、帧数控制等技术指标)以及制作的具体实现。

教学目标

- 了解3D游戏中特效制作的基础知识。
- 掌握场景特效中自然现象的特效制作。

教学重点

- 场景特效中自然现象的特效制作。

教学难点

- 场景特效中自然现象的特效制作。

5.1　3D游戏中特效制作的基础知识

　　游戏制作完成以后，整个画面的风格也就基本形成了。画面或清新明亮带给人愉悦，或浓厚阴沉让人不寒而栗，最后再搭配各种华丽炫目的特效，视觉效果就更加逼真。在游戏中，粒子系统和物理系统无疑是最有趣、最复杂而且最占用系统资源的部分，但是它们却能够表现出特殊的视觉效果和逼真的互动感受。

　　一款优秀的游戏，特效的制作必不可少，特别是韩国、日本网游制作更是投入巨大。其实游戏特效在整个游戏的制作中相对简单，工作量较小，所以往往将该步制作放在主要建模后，由二维制作组完成，配合游戏场景制作。

　　3D游戏特效的制作技术和流程与2D、2.5D游戏特效是一样的，最大的区别在于因游戏视角不同导致所表现的效果不尽相同，同时导致引擎粒子编辑器在数据导入和导出设置上的变化。本章讲述的重点在于3D游戏场景特效的常见表现形式及其具体的制作方法和技巧。

5.2　3D场景特效——自然现象的特效制作

　　场景特效的主要表现形式在于自然现象的塑造，比如狂风大作的环境、冰雪连天的环境，游戏中不同风格和特色的场景烘托了不同的环境氛围甚至故事情节，而场景特效的作用就在于极力地表现这种风格和特色，使玩家的感官变得更加敏锐，感受更为深刻。本节主要介绍的是3D游戏场景中自然现象的特效制作。

5.2.1　暴风的效果

　　暴风效果常见于战争类游戏的场景特效中，如攻城战时出现的风沙，可以比较突出地衬托出两军交战、惨烈搏杀的环境气氛。本节主要讲解使用3ds Max 2010制作暴风特效的具体步骤。

(1) 启动3ds Max 2010，选择Create(创建)面板下的Shapes(形状)的Splines(线条)子面板，再单击Circle(圆形)按钮，然后在Front视图中创建一个圆环，再把X轴和Y轴坐标原点归零，如图5-1所示。接着单击鼠标右键，在弹出的快捷菜单中选择Convert to：| Convert to Editable Spline命令，将圆环转换为可编辑曲线，如图5-2所示。

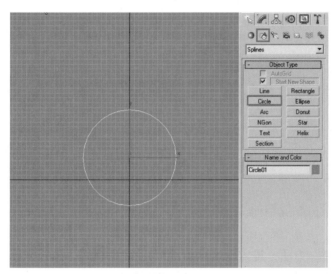

图5-1　创建圆环

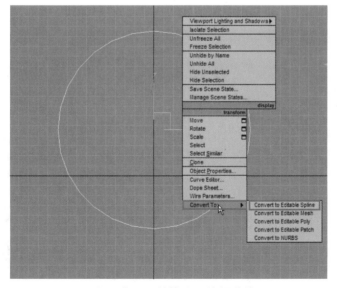

图5-2　将圆环转换为可编辑曲线

(2) 分离曲线的顶点。方法：选择圆环曲线，再进入Modify(修改)面板的Vertex(顶点)子对象层级，然后使用Select and Move(选择并移动)工具选择圆环曲线的下端顶点，如图5-3中A所示，再单击Geometry(几何体)卷展栏中的Break(分离)按钮，把下端顶点细分为两个顶点，如图5-3中B所示。

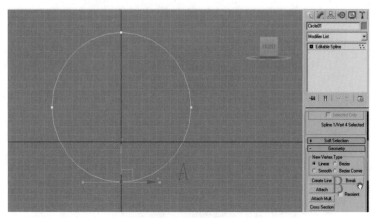

图5-3 分离圆环顶点

(3) 调整曲线造型。方法：进入Segment(线段)子对象模式，选择需要添加顶点的线段，如图5-4中A所示，然后选择右键快捷菜单中的Divide命令在线段中间插入一个顶点，如图5-4中B所示。同理，我们在另外一端的线段上也插入一个顶点。接着使用Select and Move(选择并移动)工具调整圆环曲线的整体造型，制作出暴风的移动轨迹，效果如图5-5所示。

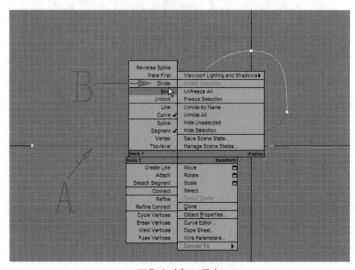

图5-4 插入顶点

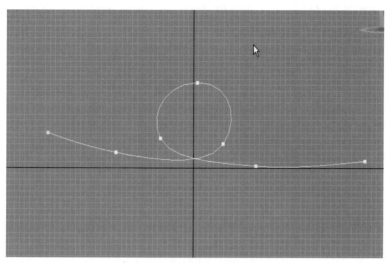

图5-5　调整曲线造型

（4）制作暴风模型。通常，我们创建一个平面，来制作游戏中的暴风模型。方法：选择Create(创建)面板下的Geometry(几何体)Standard Primitive(标准物体)子面板，再单击Plane(平面)按钮，然后在Front视图中创建一个平面，把平面物体Length(长度)、Width(宽度)值分别设为40，Length Segs(长度分段)值设为1，Width Segs(宽度分段)值设为30，如图5-6所示。

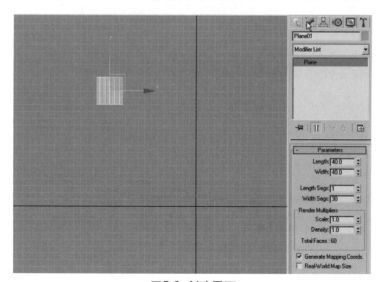

图5-6　创建平面

（5）为平面添加Path Deform(WSM)修改器。方法：进入Modify(修改)面板，在Modifier List(修改命令列表)中选择Path Deform(WSM)(路径跟随)命令，随后单击Pick Path(选择路径)按钮，并在Front视图中选择线段物体。如图5-7中A所示。然后单击Move to Path(移动到路径)按钮再选择X轴。如图5-7中B所示。这样，平面就可以沿着前面创建的曲线路径进行运动了。

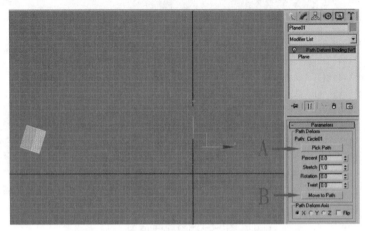

图5-7　为平面添加Path Deform(WSM)修改器

(6) 调整修改器的参数并制作动画。方法：首先把Stretch(伸展)的值设为6.5，然后单击Auto Key(自动记录关键帧)按钮进入动画创建模式，把时间滑块拖到第100帧，再把Percent(百分比)的值设为110，如图5-8所示。接着单击Auto Key(自动记录关键帧)按钮退出动画创建模式。

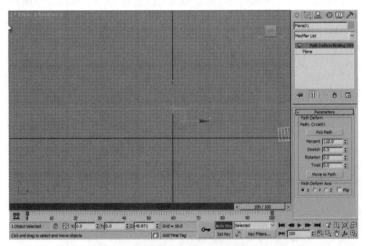

图5-8　调整修改器的参数并制作动画

(7) 制作材质。方法：启动Photoshop，在Photoshop中新建一个宽度、高度各为128像素的位图。然后用画笔工具大致绘制出云雾的样子，再制作出Alpha(通道)，如图5-9所示。接着把图片保存为32位的tga格式文件。最后把Photoshop关闭。

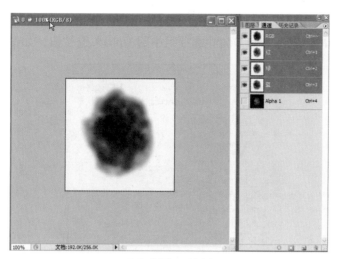

图5-9 制作风的材质

(8) 指定材质。方法：选择3ds Max 2010里面的平面物体，按下M键调出材质编辑器，然后在材质球面板中把第一个材质球指定给平面物体，再进入Maps卷展栏，单击Diffuse Color后面的None按钮，在弹出的面板中选择Bitmap(位图)，如图5-10所示。接着找到保存好的材质图片，再单击【打开】按钮完成材质指定，如图5-11所示。

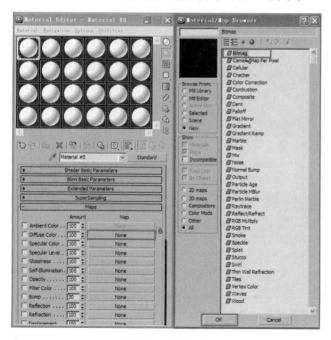

图5-10 选择位图

图5-11 指定材质

同理，为Opacity指定同样的材质图片，最后单击Opacity后面的贴图文件，再选中Bitmap
Parameters卷展栏中的Mono Channel Output选项组中的Alpha单选按钮，如图5-12所示。

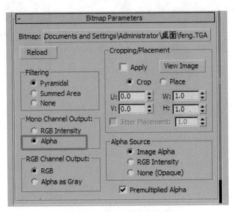

图5-12 设置透明贴图

(9) 完成暴风整体造型。方法：依次选择平面和曲线造型，选中暴风的模型。然后在按下
Shift键的同时，复制出3个暴风造型，再使用Select and Move(选择并移动)工具分别摆放到合适的
位置，使模型的整体形态更加符合暴风的特征，如图5-13所示。

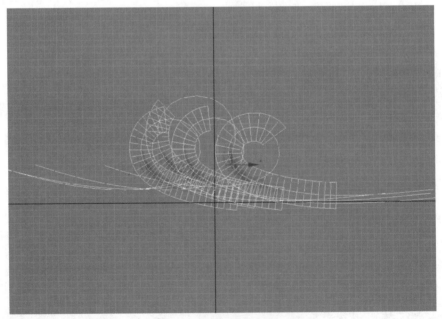

图5-13 完成暴风整体造型

(10) 选择全部的曲线物体，在视图中单击鼠标右键并在弹出的快捷菜单中选择Hide

Selection(隐藏选择)命令，把曲线物体隐藏。然后单击Play Animation(播放动画)按钮，观看暴风效果，如图5-14所示。

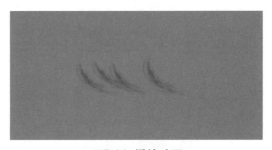

图5-14　播放动画

> 提示：暴风特效制作操作演示详见“光盘\第5章：3D游戏中场景特效的制作\素材\暴风效果.avi”视频文件。

5.2.2　骤雨的效果

骤雨效果常见于各类游戏的新手村场景中出现，如在游戏的新手村森林和小湖边，可以比较突出环境的悠闲和轻松气氛。本节主要讲解使用3ds Max 2010制作骤雨特效的具体步骤。

(1) 启动3ds Max 2010，选择Create(创建)面板下Geometry(几何体)的Particle Systems(粒子系统)子面板，再单击Blizzard(暴风雪)按钮，然后在Top视图中创建一个Width(宽度)、Length(长度)值各为600的暴风雪粒子，接着在Viewport Display(视图显示)中选中Mesh(网格)单选按钮，再在Percentage of Particles(粒子的百分比)微调框中输入100%，如图5-15所示。再把X轴 和Y轴坐标原点归零，最后在Front视图选择移动工具沿Y轴向上移动200，如图5-16所示。

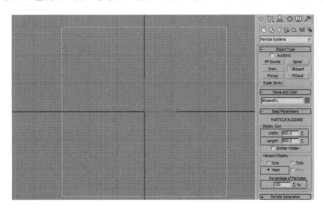

图5-15　创建暴风雪粒子

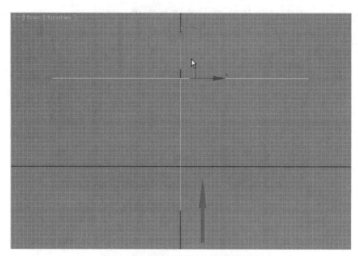

图5-16 调整粒子发射器位置

(2) 调整动画时间长度。方法：首先在3ds Max 2010面板的右下角单击鼠标右键，接着在弹出的Time Configuration(时间配置)对话框中的Animation(动画)选项组下的End Time(结束时间)微调框中输入500，最后单击OK按钮确定，如图5-17所示。

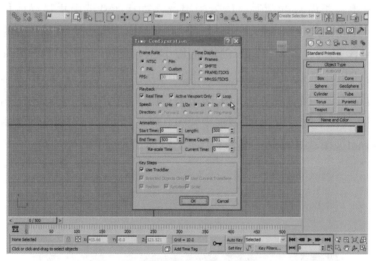

图5-17 调整动画时间

(3) 调整粒子的发射、显示等参数。方法：首先选择粒子系统，再进入Modify(修改)面板，在粒子系统的Particle Generation(粒子生成)卷展栏中找到Particle Timing(粒子的时间)选项组，并分别设置Emit Stop和Display Until的参数各为500，接着设置Life的参数为200，如图5-18所示。

图5-18 调整粒子的发射、显示等参数

(4) 调整粒子类型和粒子大小的参数。方法：首先在粒子下拉卷展栏中找到Particle Type(粒子类型)卷展栏，并选中Standard Particles(标准粒子)选项组的Tetra单选按钮，如图5-19所示。接着在粒子的卷展栏中找到Particle Generation(粒子生成)卷展栏，在Particle Size(粒子大小)选项组中分别设置Size为2，Variation为40，Grow For为0，Fade For为0，如图5-20所示。

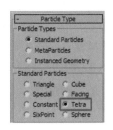

图5-19 设置粒子类型   图5-20 调整粒子大小

(5) 调整粒子旋转和粒子速度的参数。方法：首先展开Rotation and Collision(旋转和碰撞)卷展栏，并将Spin Speed Controls(旋转速度控制)选项组下的Spin Time设为0，如图5-21所示。接着在粒子的卷展栏中展开Particle Generation(粒子生成)卷展栏，并将Particle Motion(粒子运动)选项组下的Speed微调框设置为1.25，如图5-22所示。

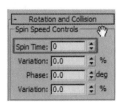

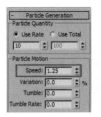

图5-21 粒子速度参数   图5-22 粒子运动参数

(6) 设置环境色。方法：首先在键盘上按8键，在弹出的Environment and Effects(环境和特效)面板中直接单击Ambient的黑色框，把颜色调为全白色，如图5-23所示。然后关闭环境和特效面板。

图5-23 设置环境色

(7) 指定材质并且调整参数。方法：首先在键盘上按M键，在弹出的材质球面板中把第一个材质球指定给粒子，再点击Diffuse后面的灰色方框并调整RGB的颜色分别为Red：193，Green：212，Blue：222，如图5-24所示。接着调整Opacity的参数为50，最后调整Specular Highlights(高光区)选项组下的Specular Level参数为54，Glossiness参数为62，如图5-25所示。然后关闭材质球面板。

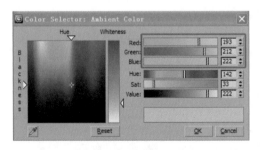

图5-24 设置材质球颜色

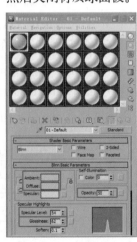

图5-25 设置材质参数

(8) 调整运动模糊参数。方法：首先在Front视图选择粒子系统，单击鼠标右键，在弹出的快捷菜单中选择Object Properties(物体属性)命令，如图5-26所示。接着在弹出的Object Properties(物体属性)对话框中选择General(普通)选项卡，然后在Motion Blur(运动模糊)下选中Image单选按钮，再把Multiplier的参数设为5，如图5-27所示。最后关闭物体属性面板。

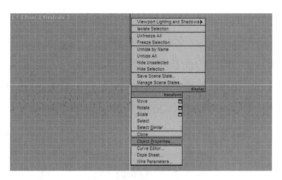

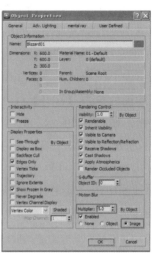

图5-26　选择物体属性命令　　　　　　　　图5-27　调整运动模糊参数

(9) 完成骤雨特效的效果，先单击Play Animation(播放动画)按钮，观看骤雨效果。同时也可以单击【渲染】按钮，更加直观地看骤雨特效的效果，如图5-28所示。

图5-28　最终完成效果

提示：暴风特效制作操作演示详见"光盘\第5章：3D游戏中场景特效的制作\素材\骤雨效果.avi"视频文件。

5.2.3 暴风雪的效果

暴风雪效果常见于各类游戏的雪地场景，暴风雪效果可以让游戏中漫天风雪的场景效果更加真实，使玩家有一种身临其境的感觉。本节主要讲解使用3ds Max 2010制作暴风雪特效的贴图和增加风力的步骤，由于模型创建的方法比较简单，因此具体操作步骤及参数的设置可以参考5.2.2小节"骤雨特效制作"的内容。

(1) 指定材质并且调整参数。方法：首先在键盘上按M键，在弹出的材质球面板中把第一个材质球指定个粒子，再单击Diffuse后面的方框，如图5-29所示。接着选择Bitmap(位图)，找到一张雪花的图片单击【打开】按钮，同理把Opacity后面也贴上同样的雪花图片，并且选中Alpha单选按钮，如图5-30所示。最后返回材质层，选中Face Map(面贴图)复选框。

(2) 创建风力和链接。方法：首先选择Create(创建)面板下的Space Warps(空间扭曲)的Forces(力量)面板，再单击Wind(风)按钮，接着在Left视图中创建一个风力，如图5-31所示。在Front视图中用移动工具调整风力的位置。然后单击3ds Max 2010工具面板中的Bind to Space warps(链接到空间扭曲)，把风力链接到粒子上，如图5-32所示。

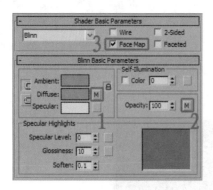

图5-29 指定材质

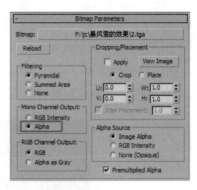

图5-30 设置透明贴图

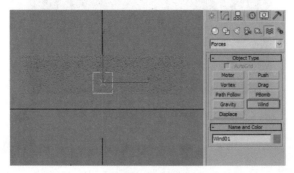

图5-31 创建风

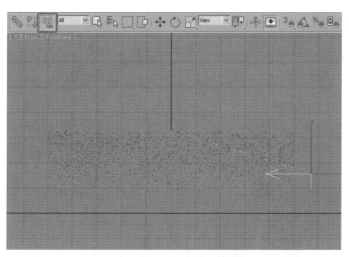

图5-32　把风力链接到粒子

（3）调整风力的具体参数。方法：首先选择风力，进入Modify(修改)面板，在修改面板下方展开Parameters(参数)卷展栏，接着设置Strength为0.01，Decay设置为0.01，Turbulence设置为0.05，如图5-33所示。

（4）完成暴风雪特效的效果，先单击Play Animation(播放动画)按钮，观看暴风雪效果。同时也可以单击【渲染】按钮，更加直观地观看暴风雪特效的效果，如图5-34所示。

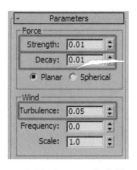

图5-33　设置风力参数

图5-34　暴风雪效果

提示：暴风雪特效制作操作演示详见〝光盘\第5章：3D游戏中场景特效的制作\素材\暴风雪效果.avi〞视频文件。

5.2.4　雷电的效果

雷电效果常见于各类游戏下暴雨时场景中出现，如在游戏中天空慢慢暗下来突然下起了暴雨，为了突出环境气氛这时必定会有雷电闪烁。本节主要讲解使用3ds Max 2010制作雷电特效的具体步骤。

(1) 制作雷电效果的材质。方法：首先在网络上找一张雷电的图片并保存到自己的电脑上，然后打开Photoshop把开始找到的雷电图片进行修改，接着为修改好的图片指定Alpha通道，如图5-35所示。

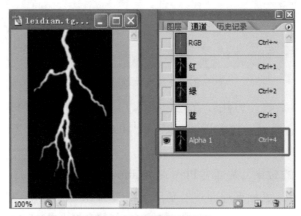

图5-35　制作雷电材质

最后把图片保存为32位的tga格式，再单击【确定】按钮，如图5-36所示。

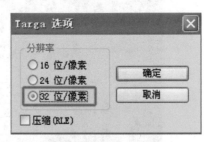

图5-36　保存tga文件

(2) 启动3ds Max 2010，单击Create(创建)面板下的Geometry(几何体)按钮，然后在下拉列表框中选择Standard Primitive(标准物体)子面板，再单击Plane(平面)按钮，在Front视图中创建一个平面。接着进入修改面板把平面物体的Length(长度)值设为200，Width(宽度)值设为70，Length Segs(长度分段)值设为1，Width Segs(宽度分段)值设为1，如图5-37所示。

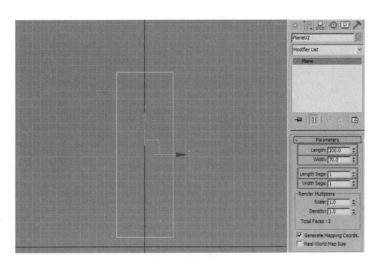

图5-37　创建平面

再把X轴和Y轴坐标原点归零。最后在视图中单击鼠标右键，在弹出的快捷菜单中选择Convert To：|Convert to Editable Poly命令，将平面转换为可编辑多边形，如图5-38所示。

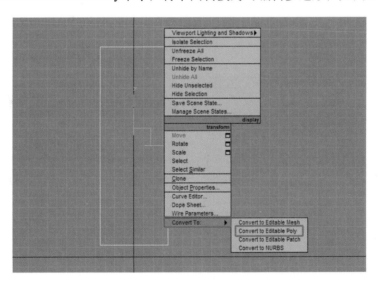

图5-38　把平面转换为可编辑多边形

（3）调整平面的坐标轴向，方法：首先单击Hierarchy(层级)面板下的Pivot(轴)按钮，再单击Adjust Pivot卷展栏下的Affect Pivot Only(唯一影响轴向)按钮，然后在Front视图中使用Select and Move工具把平面的坐标轴沿Y轴向上移动到平面的顶端，如图5-39所示，再单击Affect Pivot Only按钮使其失效。

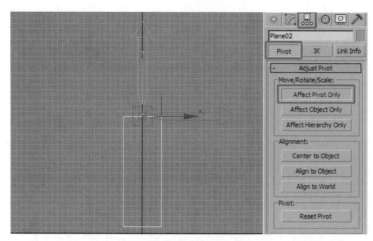

图5-39 调整平面坐标轴

(4) 为平面物体指定材质。方法：首先在键盘上按M键调出材质编辑器，在弹出的材质球面板中把第一个材质球指定给平面模型，然后单击Diffuse右侧灰色方框，如图5-40所示。

接着选择Bitmap(位图)，再找到制作好的雷电图片，单击【打开】按钮指定漫反射贴图，同理，为Opacity(透明贴图)后面也贴上同样的雷电图片，同时选中Alpha单选按钮，如图5-41所示。

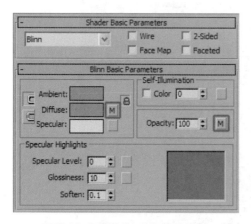

图5-40 把雷电材质指定给平面

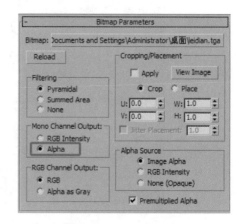

图5-41 设置透明贴图

(5) 调整动画时间长度。方法：首先在3ds Max面板的右下角单击鼠标右键，接着在弹出的Time Configuration(时间配置)对话框的Animation(动画)选项组下的End Time(结束时间)微调框中输入50，最后单击OK按钮确定，如图5-42所示。

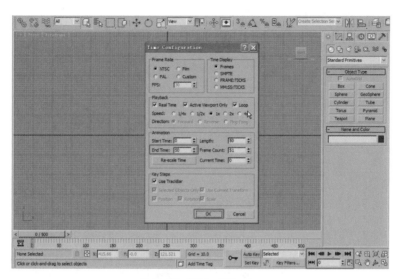

图5-42　设置动画时间

(6) 制作雷电闪烁的动画。方法：首先在Perspective视图选择平面物体并用缩放工具沿Z轴向下缩小，把平面物体缩放成一条线，接着把时间滑块移到第15帧，在时间滑块上单击鼠标右键，在弹出的对话框中单击OK按钮，如图5-43所示。

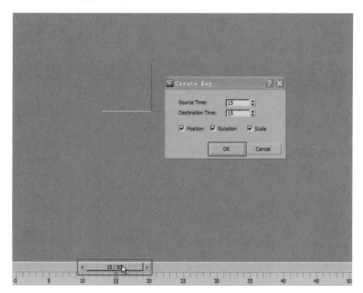

图5-43　创建关键帧动画

然后单击Auto Key(自动记录关键帧)按钮进入动画创建模式，把时间滑块拖到第18帧，用缩放工具把平面物体沿Z轴向上放大成原来大小，再框选第15帧的关键帧配合键盘上的Shift键拖到第19帧。最后框选第15帧、18帧、19帧同样配合键盘上的Shift键拖到第32帧，如图5-44所示。

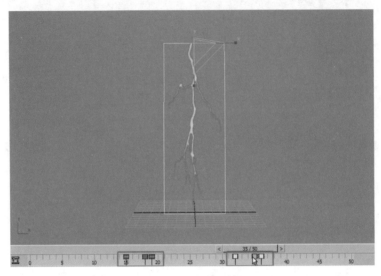

图5-44 创建关键帧动画

(7) 完成雷电特效的效果并且渲染输出，方法：首先单击Play Animation(播放动画)按钮，观看雷电效果。同时我们也可以在键盘上按F10键，在弹出的渲染设置对话框中选择Common(共同的)选项卡，再展开Common Parameters(共同参数)选项组，接着选中Time Output (输出时间)选项下的Active time segment：0 To 50单选按钮，如图5-45所示。

图5-45 设置渲染范围

然后在Render Output(渲染输出)选项组下单击Files(文件)按钮，如图5-46所示。在弹出的渲染输出设置面板中选择好路径，并且保存为tga或者是avi格式，单击保存按钮。把雷电特效渲染成图片或是播放格式，可以更加直观地看雷电特效的效果，最终效果如图5-47所示。

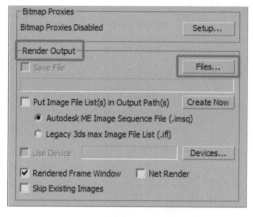

图5-46　设置序列图保存路径

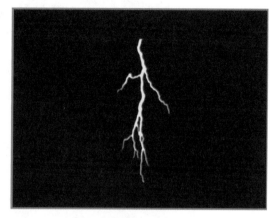

图5-47　雷电特效最终效果

提示：雷电特效制作操作演示详见"光盘\第5章：3D游戏中场景特效的制作\素材\雷电效果.avi"视频文件。

5.2.5　光晕的效果

在游戏中，有时为了突出表现某个特定物体，比如宝箱、任务道具等，就需要使用光晕特效，这时的物体会发出各种形式和效果的光晕，使玩家很容易地与周围环境区别开来。本节主要讲解使用3ds Max 2010制作光晕特效的具体步骤。

(1) 启动3ds Max 2010，选择Create(创建)面板下的Geometry(几何体)Standard Primitive(标准物体)子面板，再单击Plane(平面)按钮，然后在Front视图中创建一个平面，进入修改命令面板把平面物体的Length(长度)值设为160，Width(宽度)值设为160，Length Segs(长度分段)值设为1，Width Segs(宽度分段)值设为1，如图5-48所示。

(2) 制作光晕特效模型的动画。本例中要制作的是光环不断缩放大小的发散光晕效果，因此首先来缩放模型并把这一过程录制成动画。方法：进入Perspective视图，单击Auto Key(自动记录关键帧)按钮进入动画创建模式，再确定时间滑块为第0帧，然后拖动时间滑块至第50帧，再使用Select and Scale(选择并缩放)工具放大制作好的平面模型，如图5-49所示。接着按住Shift键的同时，使用Select and Move(选择并移动)工具拖动第0帧关键帧至第100帧，复制出第0帧的动画信息。最后单击Auto Key(自动记录关键帧)按钮退出动画创建模式，再单击Play Animation按钮播放动画，可以看到平面模型反复放大缩小的画面。

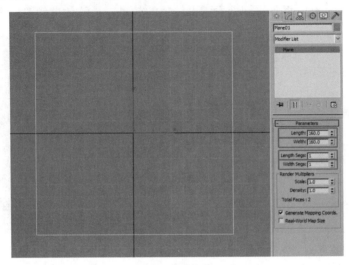

图5-48 创建平面

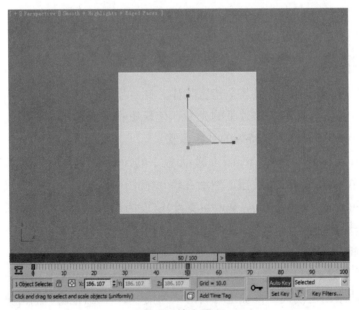

图5-49 放大平面

(3) 为平面指定光晕材质。方法：首先在键盘上按M键调出材质编辑器，在弹出的材质球面板中把第一个材质球指定给平面模型，然后单击Diffuse右侧灰色方框，如图5-50所示。接着选择Bitmap(位图)，再找到制作好的光晕图片，单击【打开】按钮指定好漫反射贴图，同理，为Opacity(透明贴图)后面也贴上同样的光晕图片，同时选中Alpha单选按钮，在视图中观察效果如图5-51所示。

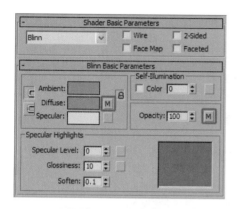

图5-50　为平面指定材质

图5-51　指定材质后的光晕效果

(4) 制作光晕中的闪光效果。光晕在不断缩放的过程中，会因光的反射导致出现非常刺眼的光点，接下来制作这些光点。方法：按住Shift键的同时，使用Select and Move(选择并移动)工具拖动平面，从而复制出一个平面，然后使用Select and Scale(选择并缩放)工具和Select and Move(选择并移动)工具调整新平面的大小和位置，效果如图5-52所示。

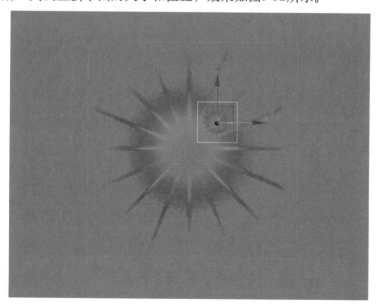

图5-52　调整新平面的大小和位置

接着为新平面指定制作好的材质，效果如图5-53所示。最后把新平面也复制出两个，再使用Select and Scale(选择并绽放)工具和Select and Move(选择并移动)工具调整好它们的大小和位置，效果如图5-54所示。

图5-53 指定闪光材质

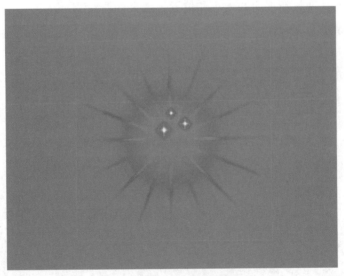

图5-54 复制闪光的模型

(5) 制作光点的闪烁。方法：单击Auto Key(自动记录关键帧)按钮进入动画创建模式，再确定时间滑块为第0帧，然后拖动时间滑块至第50帧，再使用Select and Scale(选择并缩放)工具放大制作好的光点模型,接着按住Shift键的同时,使用Select and Move(选择并移动)工具拖动第0帧关键帧至第100帧,复制出第0帧的动画信息。最后单击Auto Key(自动记录关键帧)按钮退出动画创建模式,再按下Play Animation按钮播放动画,可以看到光晕在反复放大缩小的同时,光点也发生了忽明忽暗的变化,效果如图5-55和图5-56所示。

图5-55　光晕和光点缩小

图5-56　光晕和光点放大

提示:光晕特效制作操作演示详见"光盘\第5章:3D游戏中场景特效的制作\素材\光晕效果.avi"视频文件。

5.2.6 云雾的效果

在游戏中，有时为了表现某个特定、神秘的场景，就需要使用云雾特效，使玩家更加容易感觉周围的环境神秘。本节主要讲解使用3ds Max 2010制作光晕特效的具体步骤。

(1) 启动3ds Max 2010，选择Create(创建)面板下的Geometry(几何体)Standard Primitive(标准物体)子面板，再单击Plane(平面)按钮，然后在Front视图中创建一个平面，并在Parameters(参数)卷层栏中将Length(长度)值设为45左右，Width(宽度)值设为90左右，Length Segs(长度分段)值设为1，Width Segs(宽度分段)值设为1，如图5-57所示。

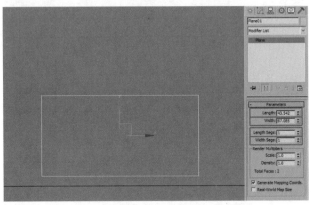

图5-57 创建平面

(2) 调整动画时间长度。方法：首先在3ds Max 2010面板的右下角单击鼠标右键，接着在弹出的Time Configuration(时间配置)对话框的Animation(动画)选项组下的End Time(结束时间)微调框中输入600，最后单击OK按钮确定，如图5-58所示。

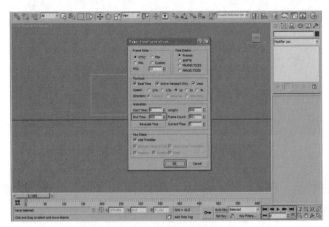

图5-58 调整动画时间

(3) 制作云雾特效模型的移动动画。方法：首先在Front视图，单击Auto Key(自动记录关键帧)按钮进入动画创建模式，确定时间滑块为第0帧，然后拖动时间滑块至第150帧，使用Select and Move(选择并移动)工具向前向上移动平面模型，再拖动时间滑块至第300帧，使用Select and Move工具向前向下移动平面模型，接着拖动时间滑块至第450帧，使用Select and Move工具向前向下移动平面模型，最后拖动时间滑块至第600帧，使用Select and Move工具向前向上移动平面模型，如图5-59所示。单击Auto Key按钮退出动画创建模式，再单击Play Animation按钮播放动画，可以看到平面模型行走移动的画面。

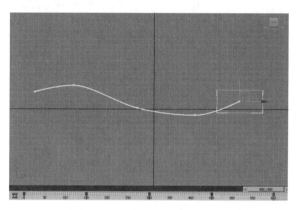

图5-59　制作云雾特效模型的移动动画

(4) 制作云雾特效模型的缩放动画。方法：首先进入Perspectivet视图，单击Auto Key按钮进入动画创建模式，使用Select and Scale(选择并缩放)工具分别调整时间滑块第150帧、第300帧、第450帧、第600帧的缩放动画，如图5-60所示。再单击Auto Key按钮退出动画创建模式，再单击Play Animation按钮播放动画，可以看到平面模型行走移动并且缩放的画面。

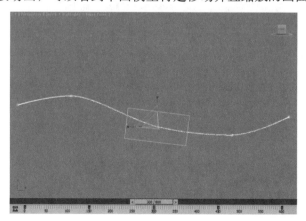

图5-60　制作云雾特效模型的缩放动画

(5) 为云雾模型指定材质。方法：首先在键盘上按M键调出材质编辑器，在弹出的材质球面板中把第一个材质球指定给平面模型，然后单击Diffuse右侧灰色方框，接着选择Bitmap(位图)，再找到制作好的光晕图片，单击打开按钮指定好漫反射贴图，同理，为Opacity(透明贴图)后面也贴上同样的光晕图片，同时选中Alpha单选按钮，在视图中观察效果如图5-61所示。

图5-61 为云雾模型指定材质

(6) 制作多个云雾效果。方法：首先选择云雾模型并在键盘上按Shift键，同时使用Select and Move(选择并移动)工具拖动平面，从而复制出一个平面，用同样的方法再复制出两个平面，然后使用Select and Scale(选择并缩放)工具和Select and Move(选择并移动)工具调整平面的大小和位置，效果如图5-62所示。

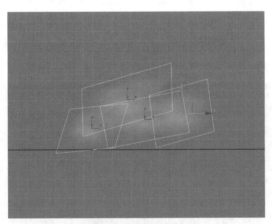

图5-62 复制多个云雾

(7) 完成云雾特效并且调整整体的运动规律，方法：进入Perspective视图，单击Auto Key(自动记录关键帧)按钮进入动画创建模式，使用Select and Move(选择并移动)、Select and Rotate(选择并旋转)、Select and Scale(选择并缩放)工具分别调整时间滑块第150帧、第300帧、第450帧、第600帧的动画，在视图中观看最后调整好的云雾效果，如图5-63所示。再单击Auto Key(自动记录关键帧)按钮退出动画创建模式，再单击Play Animation按钮播放动画，可以看到云雾效果运动的画面。

图5-63　完成云雾特效

> 提示：云雾特效制作操作演示详见〝光盘\第5章：3D游戏中场景特效的制作\素材\云雾效果.avi〞视频
> 　　　文件。

5.2.7　喷发的效果

喷发效果常见于游戏中的某个物体从口中喷出火、水、烟等，本节主要讲解使用3ds Max 2010制作喷发特效的具体步骤。

(1) 启动3ds Max 2010，选择Create(创建)面板下Geometry(几何体)的Particle Systems(粒子系统)子面板，再单击Super Spray(超级喷射)按钮，然后在Left视图中创建一个超级喷射粒子，接着把Y轴和Z轴坐标原点归零，如图5-64所示。

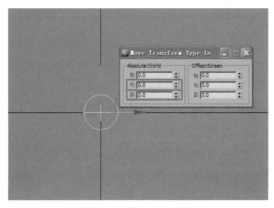

图5-64　创建超级喷射粒子

(2) 调整动画时间长度。方法：首先在3ds Max2010面板的右下角单击鼠标右键，接着在弹出的Time Configuration(时间配置)对话框的Animation(动画)选项组下的End Time(结束时间)微调框中输入200，最后单击OK按钮确定，如图5-65所示。

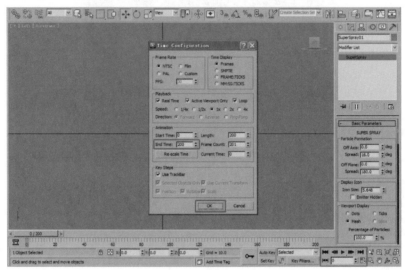

图5-65 设置动画时间

(3) 调整粒子的基本参数。方法：首先选择粒子系统，再进入Modify(修改)面板，展开粒子系统的Basic Parameters(基本参数)卷展栏，并在Particle Formation(粒子形成)选项组下分别设置Spread的参数为16和Spread的参数为180，接着在Viewport Display(视图显示)选项组下选中Mesh单选按钮，并设置Percentage of Particles 的参数为100%，如图5-66所示。

(4) 调整粒子的运动、发射时间、大小等参数。方法：首先展开Particle Generation(粒子生成)卷展栏，在Particle Quantity(粒子量)选项组下选中Use Total单选按钮并设置参数为200，然后将Particle Motion(粒子运动)选项组下的Speed参数改为1.5，接着将Particle Timing(粒子时间)选项组下面的Emit Stop参数改为200，Display Until的参数也改为200，Life的参数改为60，如图5-67所示。最后将Particle Size(粒子大小)选项组下面的Size的参数改为1.5，Variation的参数设为40，Grow For的参数改为40，Fade For的参数改为0，如图5-68所示。

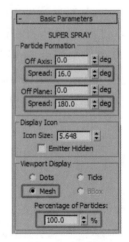

图5-66 设置粒子参数(1)

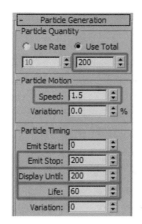

图5-67　设置粒子参数(2)

图5-68　设置粒子参数(3)

(5) 调整粒子的类型和旋转参数。方法：首先展开Particle Type(粒子类型)卷展栏，并且确定选择的是Standard Particles(标准粒子)单选按钮，在Standard Particles选项组下面选中Facing单选按钮，如图5-69所示。然后展开Rotation and Collision(旋转和碰撞)卷展栏，在Spin Speed Controls选项组下面将Spin Time参数改为0，如图5-70所示。

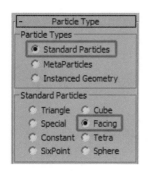

图5-69　设置粒子类型

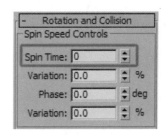

图5-70　设置粒子速度参数

(6) 指定材质并且调整参数。方法：首先在键盘上按M键，在弹出的材质球面板中把第一个材质球指定给粒子，再单击Diffuse灰色方框右侧的M按钮，接着选择Bitmap(位图)，找到一张图片并单击打开按钮，然后同理把Opacity后面也贴上同样的图，并且选中Alpha单选按钮。最后返回材质层，选中Face Map(面贴图)复选框，如图5-71所示。

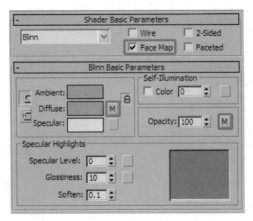

图5-71 指定材质

(7) 复制出另外一个粒子并指定不同的材质。方法：选择创建的粒子，然后在视图中单击鼠标右键，在弹出的快捷菜单中选择Clone命令，接着在弹出的复制选项对话框中单击OK按钮，如图5-72所示。最后为复制的粒子发射器指定好材质，最终在Perspective视图中观看最后调整好的喷发效果，如图5-73所示。

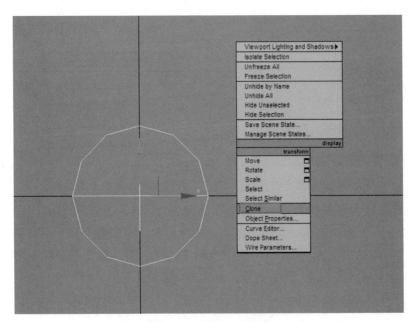

图5-72 复制粒子发射器

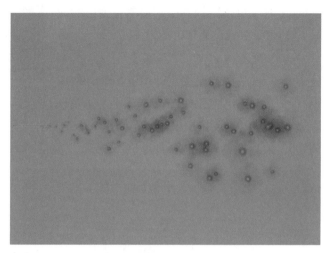

图5-73 最终的喷发效果

5.2.8　地震的效果

地震效果常见于游戏片头视频中出现，用于表现房屋、宫殿等建筑因为受到外部巨力撞击出现震动。

(1) 启动3ds Max 2010，首先单击Create(创建)面板下的Geometry(几何体)按钮，在下拉列表框中选择Standard Primitive(标准物体)子面板，再单击Box(盒子)按钮，在Top视图中创建一个Length(长度)值为200，Width(宽度)值为20，Height(高度)值为100，Length Segs(长度分段)值为1，Width Segs(宽度分段)值为1，Height Segs(高度分段)值为1的立方体，如图5-74所示。

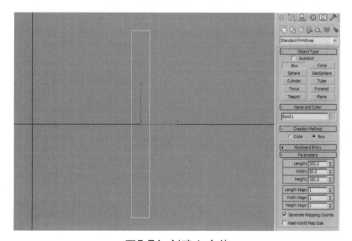

图5-74 创建立方体

然后在Select and Move工具上单击鼠标右键，接着在弹出的面板中把Y轴和Z轴坐标原点设为0，X轴设为100，如图5-75所示。最后关闭面板。

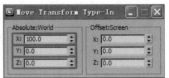

图5-75 设置立方体的坐标

(2) 复制出两个盒子物体，方法：首先按住Shift键，配合使用Select and Move工具拖动Box，从而复制出一个Box，并且把X轴设为-100，接着再按住键盘上的Shift键，并使用Select and Rotate工具，顺时针旋转90°，再复制出一个Box，把Y轴设为100，最后调整好位置，如图5-76所示。

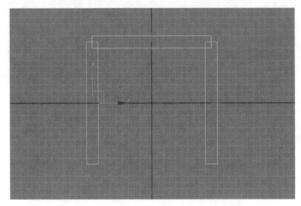

图5-76 复制并调整立方体位置

(3) 制作出地面。方法：首先单击Create(创建)面板下的Geometry(几何体)按钮，然后在下拉列表中选择Standard Primitive(标准物体)子面板，再单击Plane(平面)按钮，在Top视图中创建一个Length(长度)值为400、Width(宽度)值为400、Length Segs(长度分段)值为1、Width Segs(宽度分段)值为1的平面物体，再把X轴和Y轴坐标设为0，如图5-77所示。

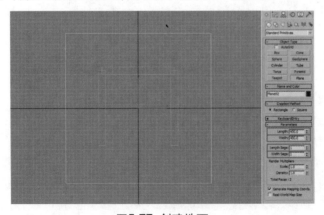

图5-77 创建地面

(4) 快速创建好摄像机。方法：首先把视图转到Perspective视图，调整到一个比较好的视角，按Shift+F组合键把Perspective视图的安全框显示出来，接着从菜单栏中选择Views(查看)→Create Camera From View(匹配摄像机到视图)命令，如图5-78所示。最后调整好摄像机视角，如图5-79所示。

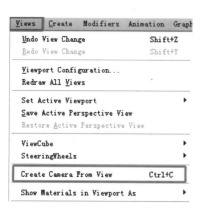

图5-78 创建摄像机

图5-79 调整好摄像机视角

(5) 首先选择摄像机的目标点，单击Auto Key(自动记录关键帧)按钮进入动画创建模式，把时间滑块拖到第25帧，在时间滑块上单击鼠标右键，接着在弹出面板中单击OK按钮，再把时间滑块拖到第26帧，用Select and Move(选择并移动)工具向下移动，然后在视图中单击鼠标右键，在弹出的快捷菜单中选择Object Properties(物体属性)命令，最后在弹出的Object Properties(物体属性)对话框中选中Display Properties选项组下面的Trajectory复选框，如图5-80所示。单击OK按钮关闭Object Properties(物体属性)对话框。

(6) 首先转到Front视图，使用Select and Move工具分别在第27帧到第35帧做上下震动的动画，接着选择第25帧，配合键盘上的Shift键拖到第36帧，然后框选第26帧到第36帧，配合键盘上的Shift键拖到第37帧到第47帧，继续重复两次，把第48帧到69帧也同样复制完成，最后再一帧一帧地调整，如图5-81所示。

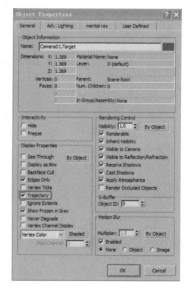

图5-80 设置摄像机的显示属性

图5-81 制作震动动画

(7) 完成动画制作，单击Auto Key(自动记录关键帧)按钮退出动画创建模式。转到Camera01视图，再单击Play Animation按钮播放动画，可以看到摄像机视图在上下震动的效果，最终效果如图5-82所示。

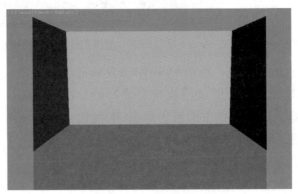

图5-82 完成震动的动画

> 提示：地震效果制作操作演示详见"光盘\第5章：3D游戏中场景特效的制作\素材\地震效果.avi"视频文件。

5.2.9 爆炸的效果

爆炸效果常见于各类游戏的战斗场面，多半由各种攻击类技能或攻击类道具所造成的轰击效果。

(1) 首先启动3ds Max 2010，选择Create(创建)面板下Geometry(几何体)的Particle Systems(粒

子系统)子面板，再单击PCloud按钮，然后在Top视图中创建一个粒子，并且选中Sphere Emitter(球体发射器)单选按钮，把Display Icon(陈列图标)选项组下面的Rad/Len参数改为50，接着在Viewport Display(视图显示)选项组中选中Mesh(网格)单选按钮，在Percentage of Particles(粒子的百分比)微调框中输入100%，如图5-83所示。

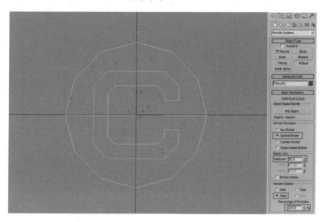

图5-83　创建粒子云

(2) 调整粒子的参数。方法：首先选择粒子系统，再进入Modify(修改)面板，在粒子系统的Particle Generation(粒子生成)卷展栏下面的Particle Quantity(粒子量)选项组中，选中Use Total单选按钮，如图5-84所示。接着将Particle Size(粒子大小)选项组下面的Size设为20，Variation设为30，如图5-85所示。最后在Particle Type(粒子类型)卷展栏中，确定选择的是Standard Particles(标准粒子)，并在Standard Particles选项组下面选中Facing单选按钮，如图5-86所示。把X轴和Y轴坐标原点归零。

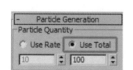

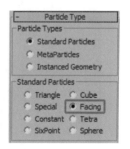

图5-84　调整粒子参数(1)　　　图5-85　调整粒子参数(2)　　　图5-86　调整粒子参数(3)

(3) 创建空间扭曲爆炸物体，方法：选择Create(创建)面板下Space Warps(空间扭曲)的Forces(力量)子面板，单击PBomb(粒子炸弹)并在Top视图中创建出一个粒子炸弹，如图5-87所示。再把X轴和Y轴坐标原点归零。

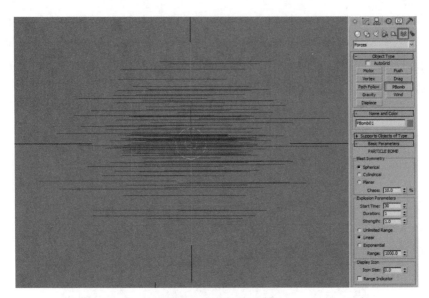

图5-87 创建粒子炸弹

(4) 把粒子炸弹链接到粒子上，并修改粒子炸弹的参数。方法：首先选择粒子炸弹物体，单击工具面板上的Bind to Space Warp(链接到空间扭曲)按钮，再把粒子炸弹链接到粒子上，如图5-88所示。接着进入Modify(修改)面板，把Basic Parameters(基本参数)卷展栏的Explosion Parameters(爆炸参数)选项组下面的Start Time参数改为15，Duration参数改为10，如图5-89所示。最后转到Perspective视图，再单击Play Animation按钮观看爆炸动画。

图5-88 把粒子炸弹链接到粒子

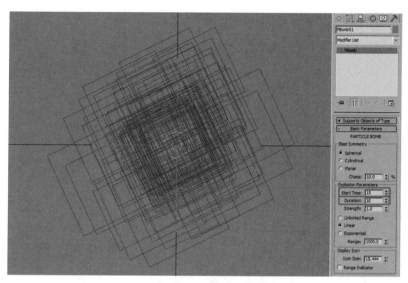

图5-89　调整爆炸参数

(5) 指定材质并且调整参数。方法：首先在键盘上按M键，在弹出的材质球面板中把第一个材质球指定给粒子，再单击Diffuse灰色方框右侧的M按钮，接着选择Bitmap(位图)，找到一张图片单击【打开】按钮，然后同理把Opacity 后面也贴上同样的图，并且选中Alpha单选按钮。然后返回材质层，选中Face Map(面贴图)复选框，如图5-90所示。最后关闭材质面板。

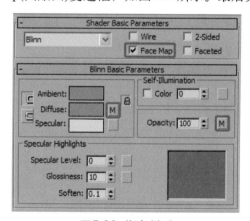

图5-90　指定材质

(6) 完成爆炸效果，在Perspective视图，单击Play Animation按钮观看爆炸效果的动画，最终效果如图5-91所示。

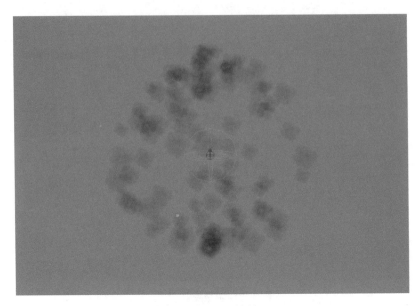

图5-91 最终爆炸效果

提示：爆炸效果制作操作演示详见"光盘\第5章：3D游戏中场景特效的制作\素材\爆炸效果.avi"视频文件。

5.3 本章小结

本章重点介绍了3D游戏场景特效制作的常用技术与一般流程，并结合大量的游戏特效实例让读者清楚地了解和掌握3D游戏场景特效的制作技巧。通过本章学习，读者应对以下问题有明确的认识。

(1) 游戏特效制作的基础知识。

(2) 3D游戏场景特效制作的基本流程。

(3) 3D游戏场景特效制作的常用技术。

(4) 3D游戏场景特效制作的制作技巧。

(5) 3D游戏场景特效的表现形式。

5.4　本章习题

一、填空题

1．要在曲线上添加顶点，需要进入_____子对象模式，选择需要添加顶点的线段，然后选择右键单击菜单中的_____命令在线段中间插入一个顶点。

2．制作骤雨特效时，需要设置环境色，首先执行快捷键_____弹出的Environment and Effects面板，然后调整_____的颜色为纯白色。

3．快速创建摄像机时，在调整好摄像机的角度后，需要在键盘上按_____快捷键把安全框显示出来，然后单击菜单栏的Views(查看)下_____命令进行快速创建。

二、简答题

1．简述3D游戏场景特效的作用。

2．简述制作暴风雪特效基本制作方法。

3．简述3ds Max 2010如何分离曲线顶点。

三、操作题

利用本章学习的内容，制作一个云雾特效。

第**6**章

3D游戏中武器特效的制作

章节描述

　　本章承接了第5章的场景中的特效制作，进行介绍3D游戏中发生在武器上的特效制作——包含相应特效制作过程中的设计思路(特效的表现形式及色彩、帧数控制等技术指标)以及制作的具体实现；比如一般3D游戏中会着重表现不同武器的不同属性，比如光晕、电光、冰霜等效果。

教学目标

- 了解游戏中常见武器特效分类及设计。
- 掌握武器自身附着的属性特效的设计及制作。
- 掌握武器挥动、撞击、破碎的特效的设计及制作。

教学重点

- 武器自身附着的属性特效的设计及制作。
- 武器挥动、撞击、破碎的特效的设计及制作。

教学难点

- 武器自身附着的属性特效的设计及制作。
- 武器挥动、撞击的特效的设计及制作。

6.1 游戏中常见武器特效分类及设计

武器虽然只是一种基本游戏道具，但它在游戏中的作用却非常重要。

第一，武器可以提升玩家的攻击、防御、法力等属性，使玩家能够提升各种能力，从而得到快乐和满足的游戏体验，比如一把普通的斧头，如果镶嵌了蓝色的宝石，就会附加冰冻属性，那么它的攻击就具有了冰冻伤害的魔法属性。

第二，武器可以不断地提高自身的属性，比如通过附魔、锻造、镶嵌等各种人工手段，添加不同的属性，从而提高武器的品质。这能够促使玩家们不断地提高技能和积累财富，来满足对武器的提升需求。

第三，游戏中的武器造型独特，款式丰富，再加上绚丽的特效，深深地吸引了许多玩家去收集，有些非常强大的武器，需要完成极其复杂的任务或者战斗才能获得，使得许多玩家为了获取这些武器，不得不想尽一切办法来完成这些任务或战斗。其过程无比的艰苦，不过一旦成功，并获得这些武器，那种天下无敌的成就感，能够让玩家产生无比的满足。

总之，武器虽小，但在游戏中的重要性不言而喻。为此，一款大型网络游戏开发过程中，武器都是作为一个独立系统进行开发，是非常复杂、也非常重要的一个制作环节。

从表现形式来看，游戏中武器特效可以分为两种类别。

1. 武器自身魔法属性的表现

游戏中的部分武器自身就具有魔法属性或五行属性的颜色，水属性的武器表面具有蓝色光晕，火属性为红色光晕，土属性为黄色光晕等；另外光属性的武器代表颜色是白色，风属性是青色，毒属性表现为墨绿色、自然属性为翠绿色，等等。这些武器自身的属性特效除了点缀和装饰作用之外，还起到一种标识作用，即玩家看到武器的特效，就能猜到武器的基本魔法性能。

2. 挥动武器的特效表现

主要表现在武器攻击或施法时的效果。这一类的特效表现比较夸张和炫目，因为要通过这些特效来衬托武器攻击力的强大，因此制作也相对复杂。

武器特效的制作方法和流程与其他游戏特效的制作相仿，区别是武器因为数量繁多，特别是团队作战时导致引擎计算量过于庞大，所以为了提高游戏运行的流畅性，武器贴图和武器特效的贴图尺寸都比较小，通常特效图片大小分为：32像素×32像素、64像素×64像素。

128像素×128像素，像256像素×256像素尺寸的特效贴图基本不会出现。

6.2　武器自身附着的属性特效

武器自身附着的属性通常指武器的魔法属性，即光、暗、毒、自然等属性，以及五行属性，即金、木、水、火、土等附加属性。不同武器类型，其特效表现也不尽相同，比如刀剑类攻击武器与法杖类魔法武器的表现重点是不同的。

6.2.1　常见武器自身附着的属性

在各种游戏中我们也会偶然看到武器自身附着的属性，也就是武器在没有镶"宝石"或者"神石"之前自己本来发光的属性，本小节主要讲解"刀"的自身属性制作的具体操作步骤和方法。

(1) 打开要制作的刀。方法：首先启动3ds Max 2010，然后单击Open File(打开文件)按钮，在弹出的Open File(打开文件)对话框中找到已经准备好的"刀"武器，接着单击【打开】按钮，如图6-1所示。

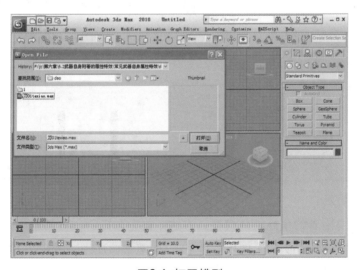

图6-1　打开模型

(2) 为武器找到贴图。方法：在打开武器后，3ds Max 2010会弹出Missing External Files(故障文件)的面板，然后单击Continue(继续)按钮，如图6-2所示。

图6-2 查找材质路径

接着在键盘上按下M键调出材质编辑器，单击Diffuse右面的M按钮，如图6-3所示。

进入Bitmap(位图)层级，再单击Bitmap Parameters(位图参数)下的路径，最后在弹出的Select Bitmap Image File(选择位图文件)对话框中找到刀的材质，单击【打开】按钮，如图6-4所示。

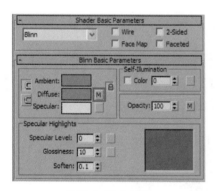

图6-3 指定材质

图6-4 选择刀的贴图

(3) 制作武器自身附着的属性特效模型。方法：首先选择Create(创建)面板下的Geometry(几何体)Standard Primitive(标准物体)子面板，再单击Plane(平面)按钮，然后在Front视图中创建一个平面，把平面物体的参数Length(长度)值设为135，Width(宽度)值设为60，Length Segs(长度分段)值设为1，Width Segs(宽度分段)值设为1，如图6-5所示。再把X轴和Y轴坐标原点归零。

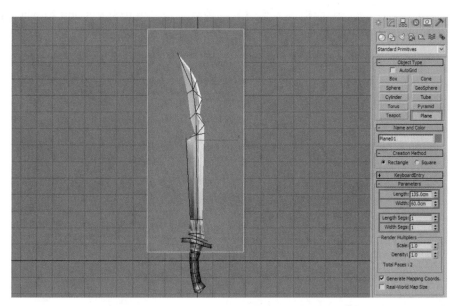

图6-5　创建平面

(4) 为平面物体指定材质。方法：首先在键盘上按M键调出材质编辑器，在弹出的材质球面板中把第二个材质球指定给平面模型，然后单击Diffuse右侧灰色方框，如图6-6所示。

接着选择Bitmap(位图)，再找到准备好的特效贴图纹理，单击打开按钮为平面物体指定漫反射贴图，同理，为Opacity(透明贴图)后面也贴上同样的图片，同时选中Alpha单选按钮，如图6-7所示。

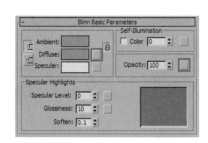

图6-6　指定贴图纹理

图6-7　透明贴图设置

(5) 调整贴图的位置。方法：首先单击鼠标右键，在弹出的快捷菜单中选择Convert To：|Convert to Editable Poly命令，将平面转换为可编辑多边形，如图6-8所示。

　　然后单击Modify(修改命令)面板进入多边形的顶点层级，使用Select and Move(选择并移动)工具调整点的位置，使特效贴图纹理与刀模型匹配，完成效果如图6-9所示。

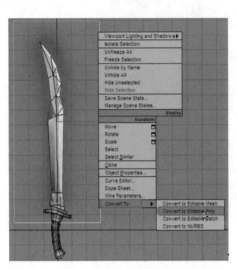

图6-8　将平面转换为可编辑多边形　　　　图6-9　使刀光与刀模型匹配

　　(6) 调整物体属性。方法：首先单击鼠标右键，在弹出的快捷菜单中选择Object Properties(物体属性)，然后在弹出的Object Properties(物体属性)对话框中，选择General(普通)选项卡，调整Visibility(可见性)参数为0.3，最后单击OK按钮，如图6-10所示。

图6-10　调整物体的可见性

(7) 制作动画。方法：首先进入Perspective视图，单击Auto Key(自动记录关键帧)按钮进入动画创建模式，再确定时间滑块为第0帧，然后拖动时间滑块至第10帧，同时重复步骤6，并且调整Visibility(可见性)参数值为1.0，单击OK按钮。再拖动时间滑块至第20帧，重复步骤6，并且调整Visibility(可见性)参数值为0.5，单击OK按钮。接着拖动时间滑块至第30帧，重复步骤6，并且调整Visibility(可见性)参数为1.0，单击OK按钮。最后框选第0帧、第10帧、第20帧和第30帧关键帧，在按下Shift键的同时，使用鼠标将它们从第0帧拖动至第40帧，如图6-11所示。

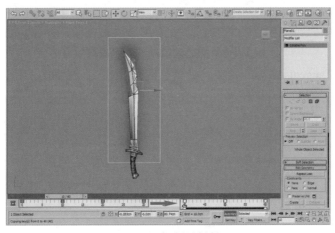

图6-11　复制关键帧

调整第40帧的Visibility(可见性)参数为0.4、第50帧的Visibility(可见性)参数为1.0、第60帧的Visibility(可见性)参数为0.3，如图6-12所示。再单击Auto Key(自动记录关键帧)按钮退出动画创建模式。

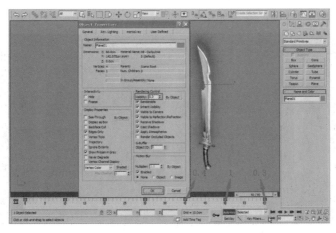

图6-12　分别设置第40、50、60帧可见性

(8) 调整曲线的弧度。方法：首先确定平面物体在选择状态，单击3ds Max 2010工具面板上的Curve Editor(曲线编辑)按钮，在弹出的Track View(轨迹查看)面板中框选全部的轨迹，如图6-13所示。

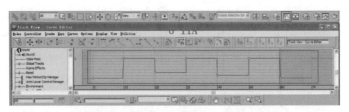

图6-13 框选关键帧的轨迹曲线

(9) 然后单击Set Tangents to Auto按钮，效果如图6-14所示。最后关闭轨迹查看面板。

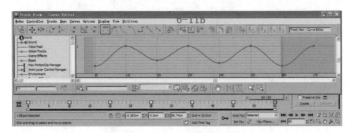

图6-14 平滑关键帧的曲线

(10) 完成"刀"自身属性特效的制作，根据各种不同的游戏引擎进行输出。这里为了更加直观地看到效果进行渲染输出，首先按F10键，然后在弹出的渲染设置面板中选择Active Time Segment的值为：0 To 60，接着单击Render Output(渲染输出)中Files(文件)按钮，在弹出的渲染输出文件面板中，选择好要存储的路径，输入文件名，选择类型为tga格式，并单击【保存】按钮。最后单击Render(渲染)按钮，效果如图6-15所示。

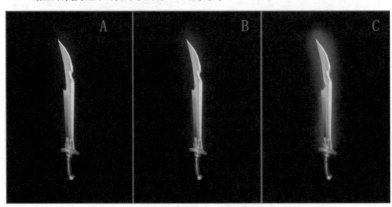

图6-15 渲染输出效果

> **提示**：武器自身特效制作操作演示详见 "光盘\第6章：3D游戏中武器特效的制作\素材\刀自身属性特效.avi" 视频文件。

6.2.2 自然属性类(风、水、电、火等)特效制作

在各种游戏中会看到武器自然属性，也就是武器在镶了自然属性的"宝石"或者"神石"之后发出的自然属性特效，本小节主要讲解"刀"在镶了"雷电"属性的"宝石"或者"神石"之后特效制作的具体操作步骤和方法。

(1) 打开要制作"雷电"属性的"刀"。方法：首先启动3ds Max 2010，然后单击Open File(打开文件)，在弹出的Open File(打开文件)对话框中找到已经准备好的"刀"武器，接着单击【打开】按钮，效果如图6-16所示。

(2) 制作武器自然属性特效的模型。方法：首先选择Create(创建)面板下的Geometry(几何体) Standard Primitive(标准物体)子面板，再单击Plane(平面)按钮，然后在Front视图中创建一个平面，把平面物体的参数Length(长度)值设为130，Width(宽度)值设为45，Length Segs(长度分段)值设为1，Width Segs(宽度分段)值设为1，如图6-17所示。再把X轴和Y轴坐标原点归零。

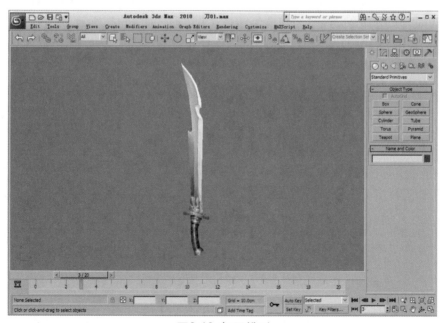

图6-16 打开模型

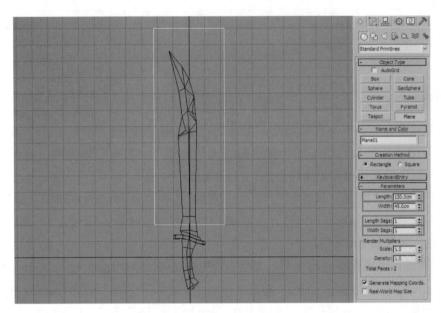

图6-17 制作特效模型

(3) 调整模型的位置。方法：首先单击鼠标右键，在弹出的快捷菜单中选择Convert To：│Convert to Editable Poly命令，将平面转换为可编辑多边形，如图6-18所示。

然后切换到Top视图中使用Select and Move(选择并移动)工具，沿着Y轴移动平面物体至武器的边缘，如图6-19所示。

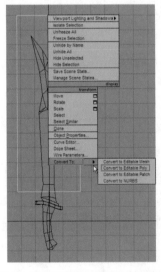

图6-18 将平面转换为可编辑多边形

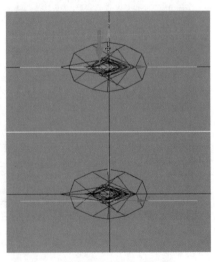

图6-19 移动平面位置

(4) 修改模型。方法：首先进入Editable Poly的Edge(边)层级，在Front视图中选择上下两根线段，然后单击鼠标右键，在弹出的快捷菜单中选择Connect(连接)命令，如图6-20所示。

接着切换到Top视图中，进入Vertex(点)层级，再框选两边的点，使用Select and Move工具，沿Y轴进行移动至武器的中心位置，如图6-21所示。

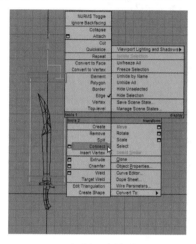

图6-20 连接边

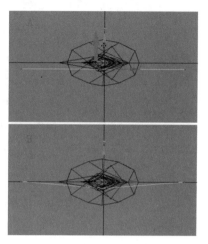

图6-21 调整特效模型造型

(5) 为模型指定材质。方法：首先在键盘上按M键调出材质编辑器，在弹出的材质球面板中把第二个材质球指定给平面模型，然后单击Diffuse右侧的灰色方框，如图6-22所示。

接着选择Bitmap(位图)，再找到准备好的图片，单击打开按钮为平面物体指定漫反射贴图，同理，为Opacity(透明贴图)后面也贴上同样的图片，同时选中Alpha单选按钮，如图6-23所示。

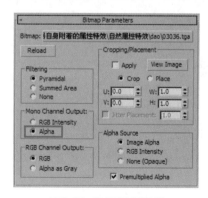

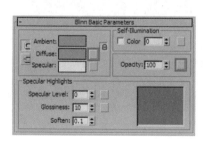

图6-22 指定特效材质

图6-23 设置透明通道

(6) 由于特效贴图的方向反了，因此来调整模型的UV。方法：首先在Modify(修改)面板中为平面加入Unwrap UVW修改器，再单击Parameters(参数)卷展栏下的Edit(编辑)按钮，如图6-24所示。

215

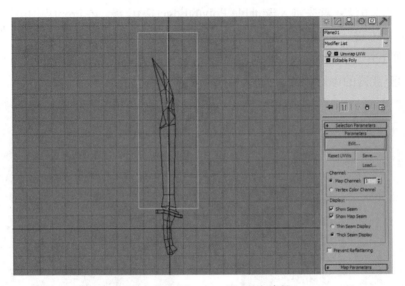

图6-24 添加Unwrap UVW修改器

然后在弹出的UV编辑面板中框选全部的UV点，再单击Rotate(旋转)按钮把UV点旋转180°，如图6-25所示。

接着选择Map#4(03036.tga)并显示贴图，再单击工具Gizmo，并使用Gizmo工具缩放贴图至原来的1/4处，如图6-26所示。完成调整后关闭UV编辑面板并保存。

图6-25 旋转UV

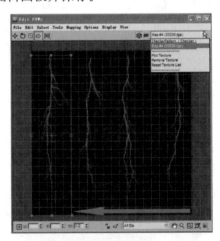

图6-26 缩放UV

(7) 调整动画时间长度。方法：首先在3ds Max 2010面板的右下角单击鼠标右键，接着在弹出的Time Configuration(时间配置)对话框的Animation(动画)选项组下的End Time(结束时间)微调框中输入20，最后单击OK按钮确定，如图6-27所示。

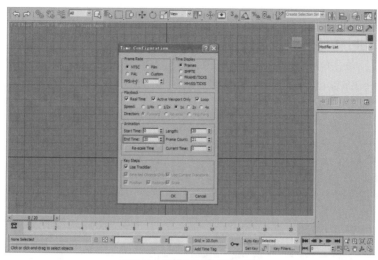

图6-27　设置动画时间范围

(8) 制作动画。方法：首先进入Perspective视图，确定时间滑块为第0帧，再拖动时间滑块至第5帧，单击Auto Key(自动记录关键帧)按钮进入动画创建模式，然后确定平面物体在选定状态，进入Modify(修改)命令面板的Unwrap UVW，单击Parameters(参数)卷展栏下的Edit(编辑)按钮，接着确定动画曲线方式为Set Tangents to Step(切线方式)，再框选UV编辑面板中的全部点移动至贴图的1/2处，如图6-28所示。拖动时间滑块至第10帧，在UV编辑面板中移动至贴图的3/4处，最后拖动时间滑块至第15帧，在UV编辑面板中移动至贴图的4/4处，框选第0帧的关键帧配合Shift键拖动到第20帧。单击关闭UV编辑面板和Auto Key(自动记录关键帧)按钮退出动画创建模式。

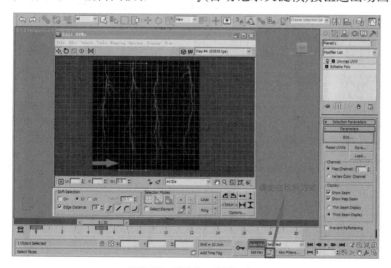

图6-28　UV动画制作过程

(9) 复制并且调整位置。方法：首先选择Plane01平面物体，使用Select and Rotate(旋转)工具，按下Shift键的同时在Top视图中旋转180°，如图6-29中A所示。然后在弹出的复制选项对话框中选择Copy选项，单击OK按钮复制出Plane02，接着使用Select and Move(移动)工具调整好物体的位置，如图6-29中B所示。

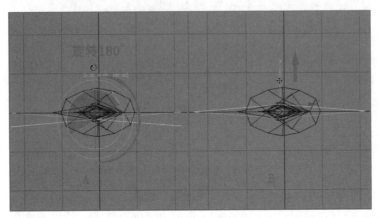

图6-29 复制特效模型

(10) 完成"刀"雷电属性特效的制作，单击Play Animation(播放动画)按钮，观看动画效果。这里为了更加直观地看到效果，所以进行渲染输出，首先按F10键，然后在弹出的渲染设置面板中选择Active Time Segment的值为：0 To 20，接着单击Render Output(渲染输出)选项组中Files(文件)按钮，在弹出的渲染输出文件面板中，选择好要存储的路径，输入文件名，类型为32位tga格式，单击【保存】按钮。最后单击Render(渲染)按钮，效果如图6-30所示。

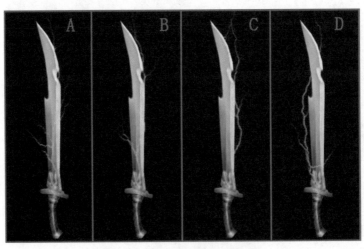

图6-30 武器雷电特效的效果

提示：武器自然属性类特效制作操作演示详见"光盘\第6章：3D游戏中武器特效的制作\素材\刀雷电属性特效.avi"视频文件。

6.2.3　魔法属性类(毒、隐形等)特效制作

在各种游戏中也会看到武器带有魔法类属性，也就是武器在镶了魔法类属性的"宝石"或者"神石"之后发出的魔法类属性特效，本小节主要讲解"刀"在镶了"毒"属性的"宝石"或者"神石"之后特效制作的具体操作步骤和方法。

(1) 打开要制作魔法类"毒"属性的武器。方法：首先启动3ds Max 2010，然后单击Open File(打开文件)按钮，在弹出的Open File(打开文件)对话框中找到已经准备好的"刀"武器，接着单击【打开】按钮，效果如图6-31所示。

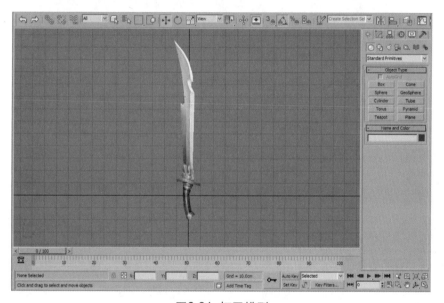

图6-31　打开模型

(2) 创建要制作"毒"属性的粒子系统。方法：首先选择Create(创建)面板下Geometry(几何体)的Particle Systems(粒子系统)子面板，再单击PCloud(粒子云)按钮，然后在Front视图中创建一个和武器高度相符的粒子云，如图6-32所示。

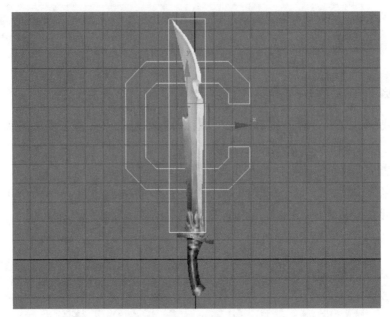

图6-32 创建粒子云

(3) 调整粒子的位置和图标大小。方法：首先切换到Top视图中，并使用Select and Move(选择并移动)工具沿Y轴把粒子和武器对齐，如图6-33所示。

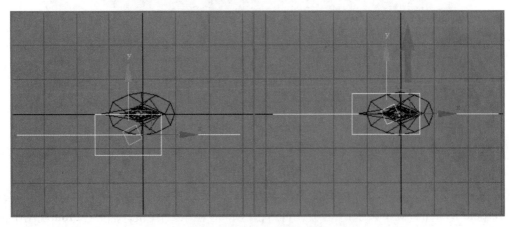

图6-33 匹配粒子和武器的位置

然后进入Modify(修改)面板，分别调整Rad/Len为112，Width(宽度)值为20，Height(高度)值为6，接着在Viewpoint Display(视图显示)选项组下选中Mesh单选按钮，最后调整Percentage of Particles(粒子百分比)为100%，如图6-34所示。

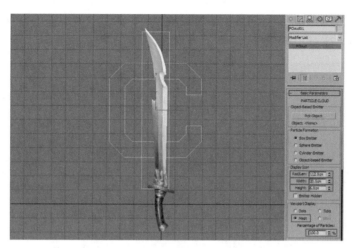

图6-34 调整粒子显示参数

(4) 调整粒子的产生和类型参数。方法：首先展开Particle Generation(粒子生成)卷展栏，选中Use Total(使用总数)单选按钮并修改参数为200，如图6-35所示。

然后在Particle Timing(粒子时间)选项组中，修改Emit Stop(停止发射)参数为100，Life(生命)参数为20，如图6-36所示。

图6-35 设置粒子数量

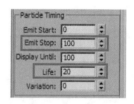

图6-36 设置粒子停止发射时间和生命参数

再在Particle Size(粒子大小)选项组中，修改Size(大小)参数为25，Variation(变化)参数为40，Grow For(生长)参数为10，如图6-37所示。

最后展开Particle Type(粒子类型)卷展栏，在确定是选择的Standard Particles(标准粒子)类型下，选中Facing(面)单选按钮，如图6-38所示。

图6-37 设置粒子大小参数

图6-38 调整类型参数

(5) 创建空间扭曲物体风力。方法：首先选择Create(创建)面板下的Space Warps(空间扭曲)Forces(力量)子面板，再单击Wind(风)按钮，然后在Left视图中创建一个风力，如图6-39所示。

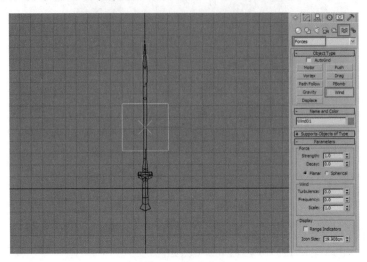

图6-39 创建风力

接着切换至Front视图中使用Select and Move(选择并移动)工具和Select and Rotate(选择并旋转)工具调整风力的位置，如图6-40所示。

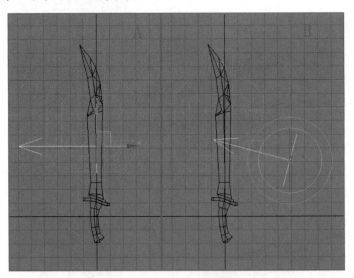

图6-40 调整风力的位置

(6) 链接并且调整风力参数。方法：首先选择粒子系统，单击3ds Max 2010工具面板上的Bind to Space Warp(链接到空间扭曲)按钮，然后在Front视图中单击粒子系统并拖动到风力空间扭曲物体上，完成空间扭曲物体的链接，如图6-41所示。

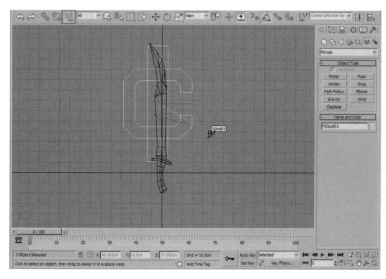

图6-41　将粒子链接到风力扭曲

接着切换至Perspective视图中单击Play Animation(播放动画)按钮，观看动画，由于风力的力量太大不适合我们要的效果，所以停止动画播放。进入Modify(修改)面板，修改Parameters(参数)卷展栏下的Strength(力)的参数为0.1，如图6-42所示。

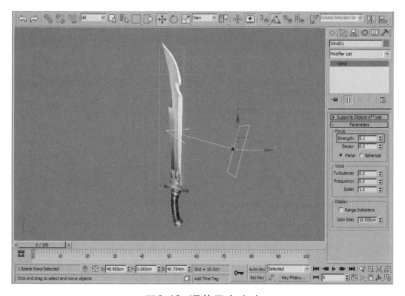

图6-42　调整风力大小

(7) 为粒子系统指定材质。方法：首先在键盘上按M键调出材质编辑器，在弹出的材质球面板中把第二个材质球指定给平面模型，然后单击Diffuse右侧灰色方框，接着选择Bitmap(位图)，再找到准备好的图片，单击打开按钮为平面物体指定漫反射贴图，返回材质层，并且选中Face Map(面贴图)复选框，如图6-43所示。

同理，为Opacity(透明贴图)后面也贴上同样的图片，同时选中Alpha单选按钮，如图6-44所示。关闭材质球面板。

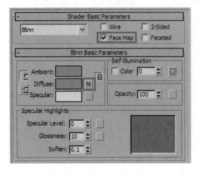

图6-43 指定粒子材质

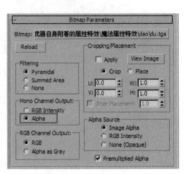

图6-44 设置透明通道

(8) 调整粒子系统可见性属性，方法：首先在视图中单击鼠标右键，在弹出的快捷菜单中选择Object Properties(物体属性)命令，在弹出的Object Properties(物体属性)对话框中，选择General选项卡，并修改Rendering Control(渲染控制)选项组下的Visibility(可见性)参数值为0.6，最后单击OK按钮确定，如图6-45所示。

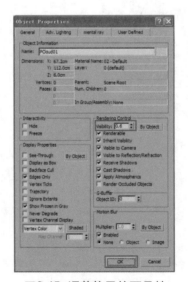

图6-45 调整粒子的可见性

(9) 完成"刀"魔法属性特效的制作，单击Play Animation(播放动画)按钮，观看效果，可以根据各种不同的游戏引擎进行输出。这里为了更加直观地看到效果，所以进行渲染输出，首先按F10键，然后在弹出的渲染设置对话框中选择Active Time Segment的值为：0 To 100，接着单击Render Output(渲染输出)选项组中Files按钮，在弹出的渲染输出文件对话框中，选择好要存储的路径，输入文件名，类型为32位tga格式，单击【保存】按钮。最后单击Render(渲染)按钮，效果如图6-46所示。

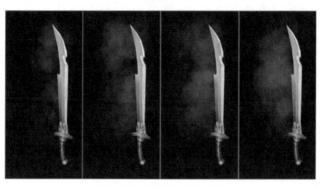

图6-46　武器的魔法特效

提示：武器魔法属性类特效制作操作演示详见"光盘\第6章：3D游戏中武器特效的制作\素材\刀魔法属性特效.avi"视频文件。

6.3　武器挥动、撞击的特效

武器挥动和撞击的特效用来表现武器攻击时的刀光剑影，以及武器在攻击过程中相互碰撞所产生的效果。本节主要针对这两部分特效表现做具体讲解。

6.3.1　武器挥动的特效

在各种游戏中我们会经常看到武器的挥动特效，也就是所谓的刀光拖尾特效，本小节主要讲解武器挥动拖尾特效制作的具体操作步骤和方法。

(1) 首先启动3ds Max 2010，然后单击Open File(打开文件)，在弹出的Open Filel(打开文件)对话框中找到已经准备好的3ds Max文件，接着单击【打开】按钮，效果如图6-47所示。

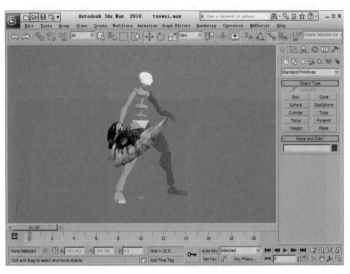

图6-47 打开武器挥动的动画文件

(2) 调整出武器的运动轨迹。方法：首先用鼠标拖动时间滑块观看动画，然后切换至Top视图选择武器点击鼠标右键，在弹出的快捷菜单中选择Object Properties(物体属性)命令，接着在弹出的Object Properties(物体属性)对话框中选中Trajectory(轨道)复选框，单击OK按钮确定，这时视图中武器就会有红色的轨迹出现，如图6-48所示。

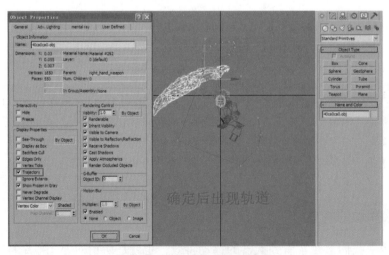

图6-48 显示武器的运动轨迹

(3) 创建要做拖尾效果的路径。方法：首先选择Create(创建)面板下的Shapes(形状)Splines(样条曲线)子面板，再单击Line(线)按钮，然后在Top视图中创建一条线段物体，如图6-49所示。

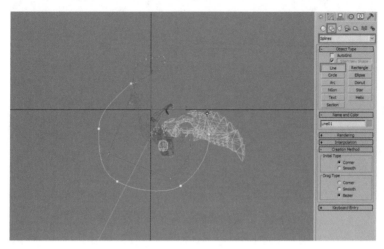

图6-49　创建曲线路径

(4) 调整线段弧度和位置。方法：首先进入Modify(修改)面板，选择【点层级】，使用Select and Move(移动)工具调整点的位置和弧度，然后选择起始的点，再单击鼠标右键，接着在弹出的快捷菜单中选择Bezier(贝兹曲线)命令，再调整贝兹曲线的弧度，如图6-50所示。

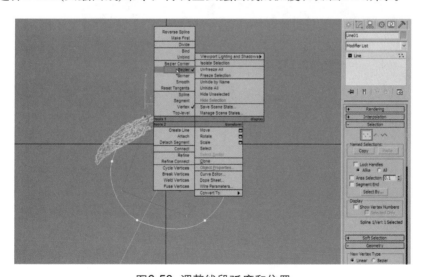

图6-50　调整线段弧度和位置

(5) 配合动画调整线段与武器运动轨迹匹配方法：首先切换至Front视图，单击【物体层级】按钮，使用Select and Move(选择并移动)工具沿Y轴向上移动线物体的位置，如图6-51所示。

图6-51 匹配路径线段与武器运动轨迹

然后进入【线物体的点层级】，使用Select and Move(选择并移动)工具配合Front、Perspective、Top三个视图调整线段与武器运动路线进行匹配，调整完成后效果如图6-52所示。

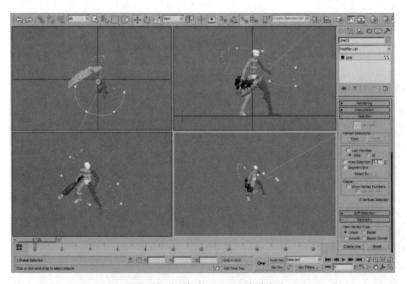

图6-52 与轨迹匹配后的路径

(6) 创建拖尾模型。方法：首先选择Create(创建)面板下的Geometry(几何体)Standard Primitive(标准物体)子面板，再单击Plane(平面)按钮，然后在Top视图中创建一个平面，把平面物体的Length(长度)值设为1，Width(宽度)值设为1，Length Segs(长度分段)值设为1，Width Segs(宽度分段)值设为30，如图6-53所示。

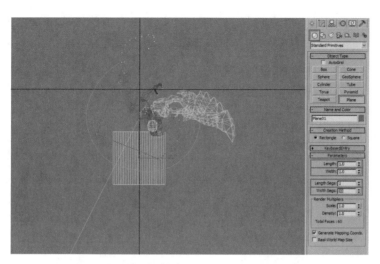

图6-53　创建拖曳模型(平面)

(7) 给武器拖曳模型(平面)添加路径变形修改器。方法：首先进入Modify(修改)面板，单击Modifier List(修改器列表)，然后在下拉列表中找到并且单击Path Deform(WSM)(路径变形器)，为模型加入修改器，接着单击Pick Path(拾取路径)按钮，并在视图中点选线路径物体，再单击Move to Path(移动到路径)按钮，最后选中X轴单选按钮并且选中Flip(反向)复选框，再设置Rotation(旋转)的参数值为-25.5，如图6-54所示。

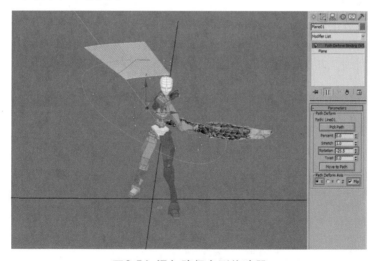

图6-54　添加路径变形修改器

(8) 给武器拖尾模型指定材质。方法：首先在键盘上按M键调出材质编辑器，在弹出的材质球面板中把第二个材质球指定给平面模型，然后单击Diffuse右侧灰色方框，在弹出的材料面板中选择Bitmap(位图)，接着在弹出的选择位图面板中找到准备好的图片，单击【打开】按钮为平面物体指定漫反射贴图，最后返回材质层级单击Show Standard Map in Viewpoint(在视图显示贴图)按钮，并且选中2-Sided(双面)复选框，如图6-55所示。

同理，为Opacity(透明贴图)后面也贴上同样的图片，同时选中Alpha单选按钮，如图6-56所示。关闭材质球面板。

图6-55 为拖曳模型指定材质

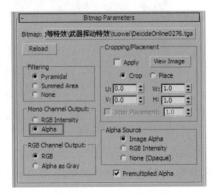
图6-56 设置透明通道

(9) 调整贴图的位置。方法：首先确定平面物体在选择状态，进入Modify(修改)面板，在修改面板下点选Plane，然后单击Modifier List(修改器列表)，在下拉列表中找到并且点击UVW Mapping，为模型加入UV映射修改器，接着设置Length(长度)的参数值为1.2，Width(宽度)的参数值为1.2，再单击修改面板下的UVW Mapping，进入UVW的Gizmo层级，最后在Top视图中使用Select and Move(选择并移动)工具和Select and Rotate(选择并旋转)工具对UVW的Gizmo进行调整，完成后效果如图6-57所示。

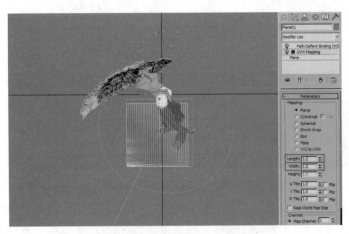
图6-57 调整贴图的UV坐标

(10) 调整路径动画第一个关键帧。方法：首先在修改面板下单击Path Deform Binding(WSM)(路径变形器)，切换至Perspective视图移动时间滑块到12帧，再调整Stretch(伸展)的参数值为0。然后单击Auto Key(自动记录关键帧)按钮进入动画创建模式，用鼠标单击增加Stretch(伸展)的参数，再把参数改为0，这样就在第12帧处产生了一个关键帧，如图6-58所示。

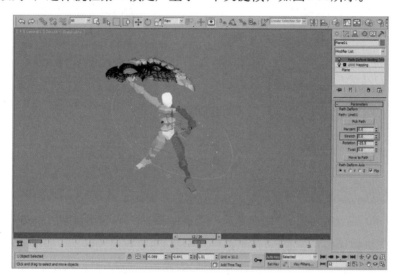

图6-58 创建关键帧

(11) 调整完整的路径动画。方法：首先拖动时间滑块到13帧，分别调整Stretch(伸展)的参数为1.3，Percent(路径百分比)的参数值为13.5，Rotation(旋转)的参数值为-16.5，Twist(扭曲)的参数值为28，如图6-59所示。

图6-59 设置第13帧的伸展参数

再拖动时间滑块到14帧，分别调整Stretch(伸展)的参数值为2.5，Percent(路径百分比)的参数值为36.5，Rotation(旋转)的参数值为-26，Twist(扭曲)的参数值为-8.5，如图6-60所示。

然后拖动时间滑块到15帧，调整Percent(路径百分比)的参数值为51，如图6-61所示。

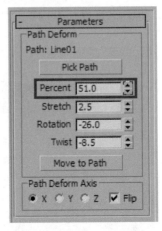

图6-60 设置第14帧的伸展参数　　图6-61 设置第15帧的伸展参数

再拖动时间滑块到16帧，调整Percent(路径百分比)的参数值为60.5，如图6-62所示。

接着拖动时间滑块到17帧，调整Stretch(伸展)的参数值为2.025，Percent(路径百分比)的参数值为72，如图6-63所示。

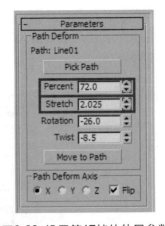

图6-62 设置第16帧的伸展参数　　图6-63 设置第17帧的伸展参数

再拖动时间滑块到18帧，调整Stretch(伸展)的参数值为1.566，Percent(路径百分比)的参数值为86，如图6-64所示。

最后拖动时间滑块到19帧，调整Stretch(伸展)的参数值为0.83，Percent(路径百分比)的参数值为94，如图6-65所示。

图6-64　设置第18帧的伸展参数　　　　图6-65　设置第19帧的伸展参数

再拖动时间滑块到20帧，调整Stretch(伸展)的参数值为0，如图6-66所示。完成关键帧的设置后，单击Auto Key(自动记录关键帧)按钮退出动画创建模式。

(12) 完成武器挥动特效的制作，单击Play Animation(播放动画)按钮，观看动画效果，可以根据各种不同的游戏引擎进行输出。这里为了直观地观察效果，所以进行渲染输出。首先按F10键，然后在弹出的渲染设置面板中选择Active Time Segment的值为：0 To 20，接着单击Render Output(渲染输出)选项组中的Files按钮，在弹出的渲染输出文件面板中，选择好要存储的路径，输入文件名，类型为32位tga格式，单击【保存】按钮。最后单击Render(渲染)按钮，效果如图6-67所示。

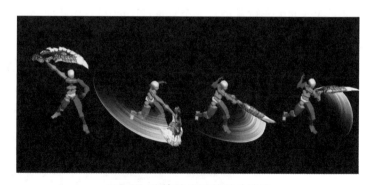

图6-66　设置第20帧的伸展参数　　　　图6-67　渲染输出后的特效效果

提示：武器挥动特效的制作操作演示详见"光盘\第6章：3D游戏中武器特效的制作\素材\武器挥动特效.avi"视频文件。

6.3.2　武器撞击的特效

在各种游戏中会经常看到武器撞击的特效，也就是武器与某个物体碰撞所产生的效果，本小节主要讲解武器撞击地面的效果制作的具体操作步骤和方法。

(1) 首先启动3ds Max 2010，然后单击Open File(打开文件)，在弹出的Open File(打开文件)对话框中找到已经准备好的3ds Max文件，接着单击【打开】按钮，效果如图6-68所示。

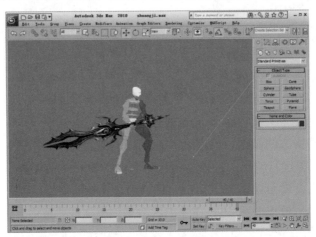

图6-68　制作武器撞击效果的3ds Max文件

(2) 创建武器撞击地裂模型。方法：首先切换至Top视图，选择Create(创建)面板下的Geometry(几何体)Standard Primitive(标准物体)子面板，再单击Plane(平面)按钮，然后在Top视图中对准武器的中心位置创建一个平面(Plane01)，并且把平面物体Length(长度)值设为3，Width(宽度)值设为3，Length Segs(长度分段)值设为1，Width Segs(宽度分段)值设为1，如图6-69所示。

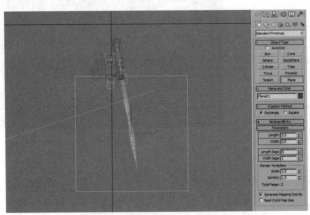

图6-69　创建地裂(平面)模型

(3) 调整平面物体的位置。方法：首先用鼠标拖动时间滑块至26帧，然后切换至Left视图中并使用Select and Move(选择并移动)工具，把平面物体沿X轴移动到武器与地面接触的中心位置，如图6-70所示。

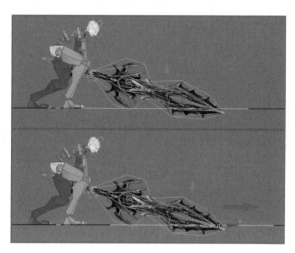

图6-70　调整平面的位置

(4) 创建武器撞击爆炸模型。方法：首先选择Create(创建)面板下的Geometry(几何体)的Standard Primitive(标准物体)子面板，再单击Plane(平面)按钮，然后在Left视图中对准武器中心位置的上方创建一个平面(Plane02)，并且把平面物体Length(长度)值设为2.5，Width(宽度)值设为2.5，Length Segs(长度分段)值设为1，Width Segs(宽度分段)值设为1，如图6-71所示。

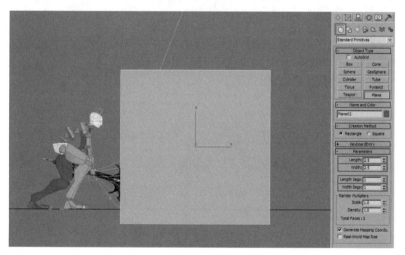

图6-71　创建爆炸模型(平面)

(5) 调整模型的位置和模型的中心轴。方法：首先选择爆炸模型，然后在Top视图中使用Select and Move(选择并移动)工具，沿X轴移动到武器与地面接触的中心位置，如图6-72所示。

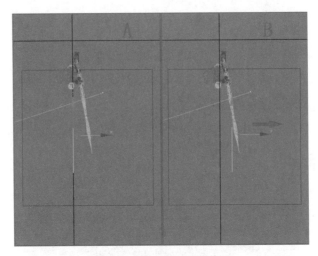

图6-72 移动爆炸模型位置

接着在Left视图进入Hierarchy(层级)面板，依次单击Pivot(轴)和Affect Pivot Only(唯一影响轴向)按钮，接着在3ds Max 2010工具面板上的Select and Move(选择并移动)工具上单击鼠标右键，在弹出的Move Transform Type(改变移动类型)面板中把Z轴的参数设为0，如图6-73所示。最后单击Affect Pivot Only(唯一影响轴向)按钮使其失效。

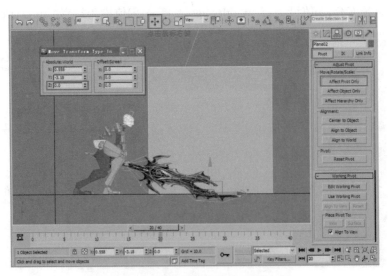

图6-73 调整爆炸模型的中心轴坐标

(6) 复制武器撞击爆炸模型。方法：首先在Perspective视图中使用Select and Rotate(选择并旋转)工具，配合Shift键沿Z轴旋转-60°，再放开鼠标，并在弹出的Clone Options(复制选项)对话框中选中Copy单选按钮，然后单击OK按钮，复制出一个Plane03模型，同理，按下Shift键的同时使用Select and Rotate(选择并旋转)工具沿Z轴把Plane02旋转60°，复制出Plane04模型，效果如图6-74所示。

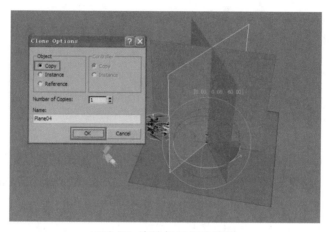

图6-74　旋转复制爆炸模型

(7) 为撞击爆炸模型指定材质。方法：首先框选Plane02、Plane03、Plane04三个模型，再按M键调出材质编辑器，然后把第二个材质球指定给平面模型，接着把准备好的贴图纹理指定给材质球，再返回材质层级单击Show Standard Map in Viewpoint(在视图显示贴图)按钮，如图6-75所示。同理，为Opacity(透明贴图)后面也贴上同样的图片，同时选中Alpha单选按钮，如图6-76所示。最后使用Select and Move(选择并移动)工具，沿Z轴向下移动，最终效果如图6-77所示。

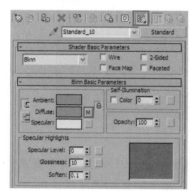

图6-75　为材质球指定贴图纹理

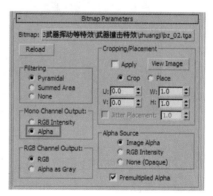

图6-76　设置透明通道

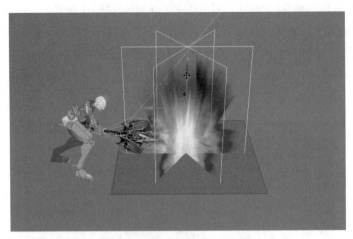

图6-77 移动爆炸模型的位置

(8) 为地裂模型(Plane01)指定材质。方法：首先把第三个材质球指定给Plane01模型，然后把准备好的贴图纹理指定给材质球，接着返回材质层级单击Show Standard Map in Viewpoint(在视图显示贴图)按钮。同理，为Opacity(透明贴图)后面也贴上同样的图片，同时选中Alpha单选按钮，最后使用Select and Uniform Scale(选择并缩放)工具对Plane01模型进行放大，最后效果如图6-78所示。

图6-78 放大地裂模型

(9) 复制出Plane05模型并且指定材质。方法：首先选择Plane01模型，再单击鼠标右键，在弹出的快捷菜单中选择Clone命令，如图6-79所示。并在弹出的复制选项对话框中选择Copy选项，然后单击OK按钮复制出Plane05模型。

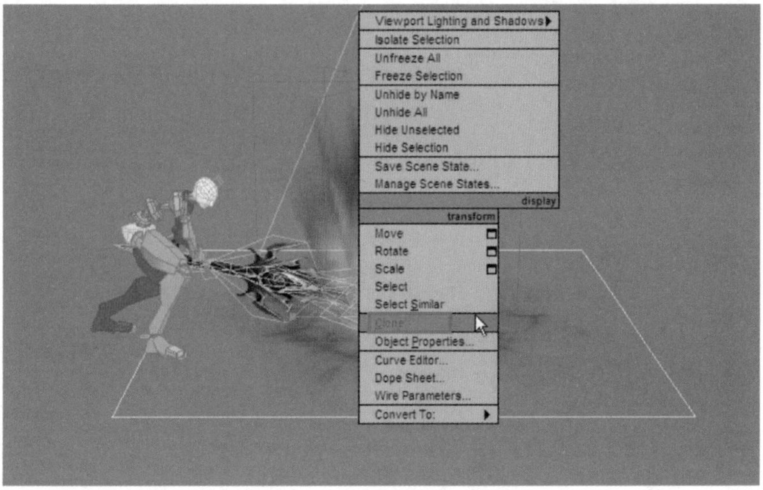

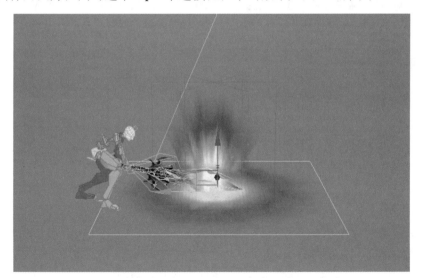

图6-79　复制模型命令

接着把第四个材质球指定给Plane05模型，再把制作好的贴图纹理指定给材质球，并返回材质层级单击Show Standard Map in Viewpoint(在视图显示贴图)按钮。同理，为Opacity(透明贴图)后面也贴上同样的图片，同时选中Alpha单选按钮，最终效果如图6-80所示。

图6-80　把贴图纹理指定给地裂模型

(10) 制作出冲击波模型并且指定材质。方法：选择Plane05模型，在Left视图中按下Shift键，同时使用Select and Move(选择并移动)工具沿Y轴向上移动，复制出Plane06模型，如图6-81所示。

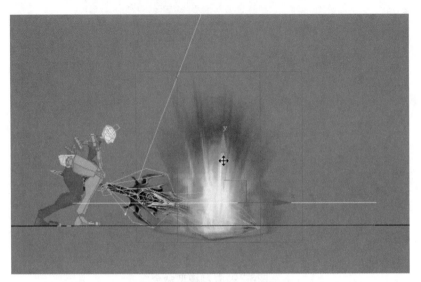

图6-81 复制出冲击波模型

　　然后在Perspective视图中把第五个材质球指定给Plane06模型，再把准备好的冲击波贴图纹理指定给材质球，接着返回材质层级单击Show Standard Map in Viewpoint(在视图显示贴图)按钮。同理，为Opacity(透明贴图)后面也指定同样的图片，同时选中Alpha单选按钮，最终效果如图6-82所示。

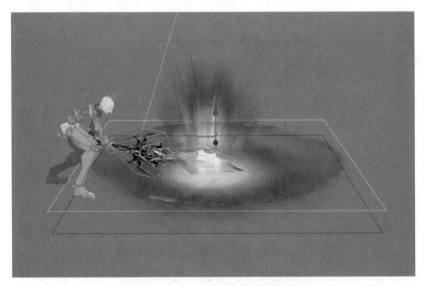

图6-82 指定冲击波贴图纹理的效果

　　(11) 配合动作制作动画。方法：框选前面制作的全部特效模型，并把时间滑块拖动到第18

帧，再单击Auto Key(自动记录关键帧)按钮进入动画创建模式，然后在Left视图中使用Select and Uniform Scale(选择并缩放)工具对全部模型进行缩小，再把第0帧关键帧拖动到第22帧，把第18帧的关键帧拖动到17帧，如图6-83所示。

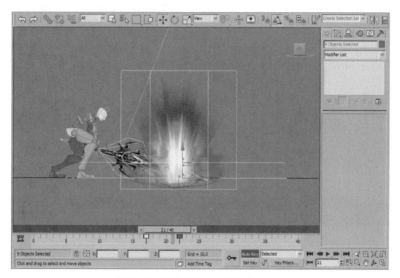

图6-83　复制特效的动画关键帧

接着框选Plane02、Plane03、Plane04三个模型，把第22帧的关键帧拖动到第20帧，如图6-84所示。

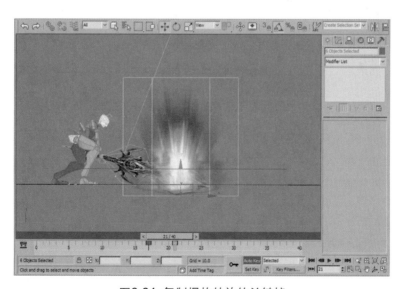

图6-84　复制爆炸特效的关键帧

再选择Plane06冲击波模型，把第22帧的关键帧拖动到第26帧，同时把时间滑块拖动到第26帧，使用Select and Uniform Scale(选择并缩放)工具对Plane06进行放大，效果如图6-85所示。单击Play Animation(播放动画)按钮，观看动画节奏。

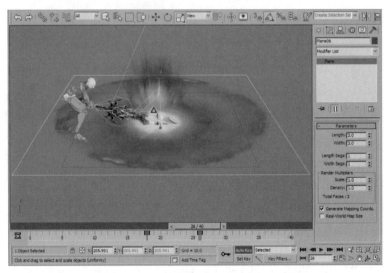

图6-85　复制冲击波特效的动画关键帧

(12) 根据动画节奏调整关键帧。方法：首先框选Plane02、Plane03、Plane04三个模型，把第20帧的关键帧拖动到第21帧，然后框选Plane01、Plane05模型，把第22帧的关键帧拖动到第19帧，如图6-86所示。

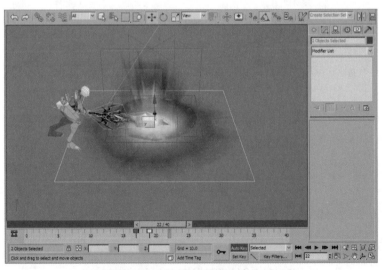

图6-86　根据动画节奏调整特效的关键帧

单击Auto Key(自动记录关键帧)按钮退出动画创建模式,单击Play Animation(播放动画)按钮,继续观看动画节奏。接着框选Plane02、Plane03、Plane04三个模型,把第21帧的关键帧拖动到第22帧,再选择Plane06模型,把第17帧的关键帧拖动到第19帧,如图6-87所示。

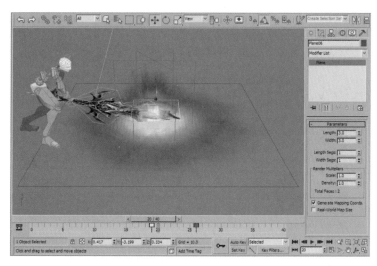

图6-87　根据动画节奏调整特效的关键帧

(13) 我们在动画实例文件中已经设置好了一架摄像机,为了表现武器与地面碰撞后发生的抖动效果,需要为摄像机设置关键帧动画。方法:首先在Left视图中选择摄像机,并选择右键快捷菜单中的Select Camera Target(选择摄像机目标)命令,如图6-88所示。

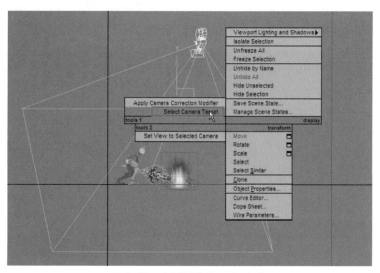

图6-88　选择摄像机目标命令

然后单击Auto Key(自动记录关键帧)按钮进入动画创建模式，拖动时间滑块到第18帧，并在第18帧上单击鼠标右键，在弹出的Create Key(创建关键帧)对话框中单击OK按钮，如图6-89所示，记录摄像机动画的初始关键帧。

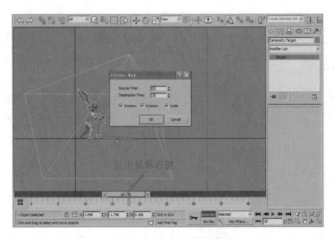

图6-89 创建关键帧的操作

(14) 设置摄像机抖动的动画。方法：把时间滑块拖动到第19帧，使用Select and Move(选择并移动)工具沿Y轴向下移动摄像机，记录下第19帧的关键帧，再拖动时间滑块到第20帧，沿Y轴向上移动摄像机，记录下第20帧的关键帧。然后拖动时间滑块到第21帧，沿Y轴向下移动摄像机，再拖动时间滑块到第22帧，沿Y轴向上移动摄像机，记录下第22帧的关键帧，接着拖动时间滑块到第23帧，沿Y轴向下移动摄像机，记录出第23帧的关键帧。再选择最初创建的第18帧的关键帧，在按下Shift键的同时拖动到第24帧，从而复制出和第18帧一样的关键帧，效果如图6-90所示。

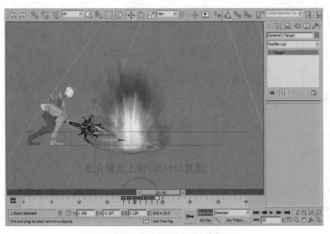

图6-90 复制关键帧

最后选择全部的关键帧(第18帧到第24帧)，整体向前移动一帧(第17帧到第23帧)，效果如图6-91所示。

图6-91　移动关键帧

(15) 调整动画模型的透明度。方法：首先选择Plane06模型，把时间滑块拖动到第18帧，再选择右键快捷菜单中的Object Properties(物体属性)命令，如图6-92所示。

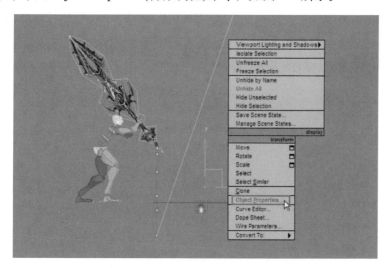

图6-92　打开物体属性

然后在弹出的Object Properties(物体属性)对话框中设置Visibility(可见性)的参数值为0，如图6-93所示。

再把第0帧产生的关键帧拖动到第19帧，设置Visibility(可见性)的参数为1，接着拖动时间滑块到第25帧，并调出Object Properties(物体属性)对话框中设置Visibility(可见性)参数值为0.8，最后拖动时间滑块到第27帧，在Object Properties(物体属性)对话框中设置Visibility(可见性)的参数值为0，最终效果如图6-94所示。

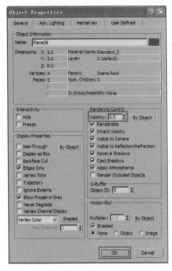

图6-93 设置物体可见性

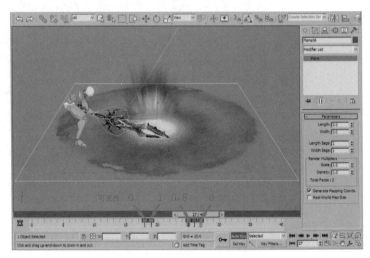

图6-94 调整关键帧的可见性

(16) 调整地面模型的透明度。方法：首先选择Plane05模型，把时间滑块拖动到第27帧，然后在Object Properties(物体属性)对话框中设置Visibility(可见性)的参数值为0，单击OK按钮确定，再把第0帧产生的关键帧拖动到第16帧，接着配合Shift键，把第16帧的关键帧复制到第24帧，效果如图6-95所示。

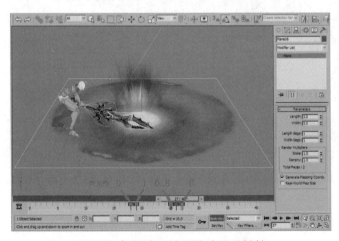

图6-95 复制地面模型的动画关键帧

(17) 调整爆炸模型的透明度。方法：首先框选爆炸模型(Plane02、Plane03、Plane04)，拖动时间滑块到第16帧，然后在Object Properties(物体属性)对话框中设置Visibility(可见性)的参数值为0，再把第0帧产生的关键帧拖动到第18帧，接着配合Shift键，把第18帧的关键帧复制到第23帧，再拖动时间滑块到第27帧，在Object Properties(物体属性)对话框中设置Visibility(可见性)的参数值为0，单击OK按钮确定，效果如图6-96所示。

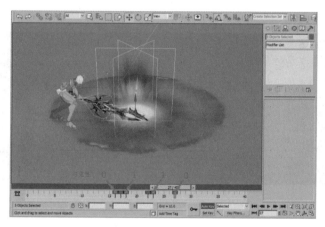

图6-96　调整爆炸模型在不同关键帧的可见性

(18) 调整地裂模型的透明度。方法：首先选择Plane01地裂模型，拖动时间滑块到第26帧，单击鼠标右键，在弹出的快捷菜单中选择Object Properties(物体属性)命令，然后在Object Properties(物体属性)对话框中设置Visibility(可见性)的参数值为0，单击OK按钮确定，再把第0帧产生的关键帧拖动到第16帧，接着配合Shift键，把第16帧的关键帧复制到第22帧，效果如图6-97所示。最后单击Auto Key(自动记录关键帧)按钮退出动画创建模式。

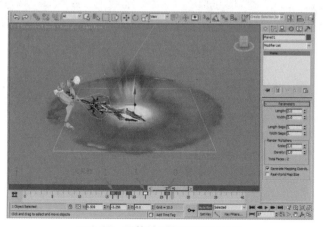

图6-97　调整地裂模型的可见性

(19) 完成武器撞击特效的制作，单击Play Animation(播放动画)按钮，观看效果，可以根据各种不同的游戏引擎进行输出。这里为了更加直观地看到效果，所以进行渲染输出，首先按F10键，然后在弹出的渲染设置面板中选择Active Time Segment的值为：0 To 40，接着单击Render Output(渲染输出)中的Files按钮，在弹出的渲染输出文件面板中，选择好要存储的路径，输入文件名，类型为32位tga格式，单击【保存】按钮。最后单击Render(渲染)按钮，效果如图6-98和图6-99所示。

图6-98 添加特效的武器动画效果

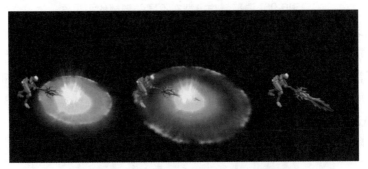

图6-99 添加了特效的武器动画效果

提示：武器撞击特效的制作操作演示详见″光盘\第6章：3D游戏中武器特效的制作\素材\武器撞击特效.avi″视频文件。

6.4　本章小结

　　本章主要介绍3D游戏中发生在武器上的特效的制作——包含相应特效制作过程中的设计思路(特效的表现形式及色彩、帧数控制等技术指标)以及制作的具体实现,比如一般3D游戏中会着重地表现不同武器的不同属性,比如光晕、电光、冰霜等效果。通过本章学习,读者应对以下问题有明确认识。

　　(1) 游戏中常见武器特效分类及设计。

　　(2) 武器自身附着的属性特效的设计及制作。

　　(3) 武器挥动、撞击、特效的设计及制作。

6.5　本章习题

一、填空题

　　1. 游戏中武器的自然属性包括_____、_____、_____、_____等。

　　2. 调整模型物体的中心轴坐标时,需要进入_____面板,再依次单击_____和_____按钮,然后使用工具栏上的Select and Move(移动)工具设定具体坐标参数。

　　3. 在使用粒子系统和空间扭曲创建游戏特效时,需要使用工具面板上_____工具按钮把_____链接到_____。

二、简答题

　　1. 简述武器在游戏中的重要性。

　　2. 简述武器特效的分类。

　　3. 简述通过查找贴图路径为模型指定贴图的方法。

三、操作题

　　利用本章学习的内容,尝试制作一件武器挥动发出的刀光拖尾特效。

第7章

3D游戏中角色特效的制作

章节描述

本章主要以介绍3D游戏中发生在角色身上的特效的制作为主，包括与角色自身的职业、属性、附加属性等相关的效果，如武士效果如何表现(如红色气场；扭曲的周围空间；空气冲击波；步伐带起的尘土等均可以表现为武士的力量)；另外也包括了角色的职业技能(魔法)所产生的效果，如法师使用的雷电术如何表现及制作，等等。

教学目标

- 了解游戏中常见角色特效分类及设计的基本知识。
- 掌握角色特效的设计及制作的基本知识。
- 掌握魔法特效的设计及制作的基本知识。

教学重点

- 角色特效的设计及制作的基本知识。
- 魔法特效的设计及制作的基本知识。

教学难点

- 角色特效的设计及制作的基本知识。
- 魔法特效的设计及制作的基本知识。

7.1 游戏中常见角色特效分类及设计

角色是游戏中必不可少的重要构成元素，越是设定复杂的游戏，其中的游戏角色也就越多，特别是网络游戏，因其客户端数据会不断更新的特点，所以一款成熟的网络游戏，大多具有数量庞大而复杂的角色系统，主角、NPC、怪物等角色是游戏事件的构成元素，对游戏情节的发展起着非常重要的推动作用。

为了吸引玩家的兴趣，游戏中的角色，在体型特征上被重点塑造，贴图纹理也要精细刻画。当然更离不开特效的精彩表现。试想，同样一个角色，如果在攻击时可以发出炫目的冲击波，盔甲也散发着耀眼的光晕，就会显得气势十足。而如果没有这些特效表现，那么视觉效果就会逊色不少。

为此，游戏特效设计师会为游戏中的角色(主要指主角)添加各种耀眼夺目的特效表现，本章主要讲解的就是这类特效的制作方法。在学习之前，先来了解一下常见游戏角色的特效，以及如何界定这些特效的类别。

游戏中的角色特效，主要用来表现玩家控制的角色在进行游戏时所出现的各种效果，按照不同的表现形式可以分为日常行为特效、职业属性特效、附加属性特效、装备特效和物理攻击特效，另外角色在施加魔法时也会产生许多特效，这些产生特效的魔法类型包括魔法攻击、魔法治疗、魔法防御、状态加持、魔法召唤等。

通过前面章节的学习，已经了解了制作游戏特效的基本思路和流程，同时对制作游戏特效的基本方法也比较熟悉了。但是要想制作出优秀甚至完美的特效作品，需要大量的制作来不断积累经验和提高审美能力。同时在牢牢掌握制作方法的基础上，搜集和整理自己的贴图素材库，使自己的制作速度和效率不断提高。

接下来根据上述特效的不同类别，有针对性地分别进行具体的制作。

7.2　角色特效

角色特效是游戏中角色自身出现的特效，主要用来表现角色的行为特征、属性特征和装备特征，多出现在较高级别的角色，包括行为特效、属性特效、装备特效等。

7.2.1　角色日常行为的特效

在各种游戏中角色的日常行为的特效是我们经常看到的，比方说行走、跑动时加速或者减速的效果，还有增加力量状态的效果，以及死亡和回生产生的效果，都属于角色日常行为的特效，本小节主要讲解角色"回生"特效制作的具体操作步骤和方法。

(1) 设置动画时间长度。方法：首先启动3ds Max 2010，然后在其面板的右下角单击鼠标右键，接着在弹出的Time Configuration(时间配置)对话框中的Animation(动画)选项组下的End Time(结束时间)微调框中输入30，最后单击OK按钮确定，如图7-1所示。

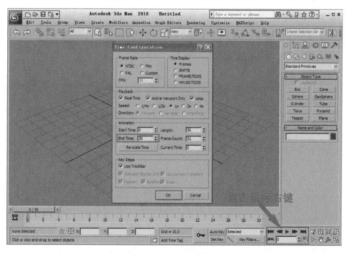

图7-1　设置动画时间

(2) 创建Plane01模型。方法：首先选择Create(创建)面板下的Geometry(几何体)，并在下拉列表框中选择Standard Primitive(标准物体)选项，再单击Plane(平面)按钮，然后在Top视图中创建一个平面，把平面物体的Length(长度)值设为50，Width(宽度)值设为50，Length Segs(长度分段)值设为1，Width Segs(宽度分段)值设为1，如图7-2所示。

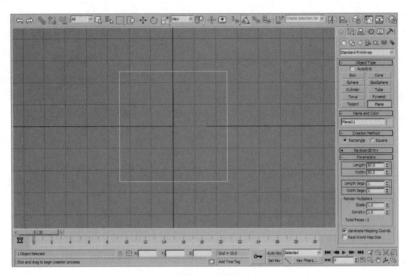

图7-2 创建平面Plane01

(3) 创建Plane02模型。方法：首先切换至Front视图中，再选择Create(创建)面板下的Geometry(几何体)，并在下拉列表框中选择Standard Primitive(标准物体)选项，然后单击Plane(平面)按钮，在Front视图中创建一个平面，把平面物体的Length(长度)值设为30，Width(宽度)值设为4，Length Segs(长度分段)值设为1，Width Segs(宽度分段)值设为1，如图7-3中A所示。接着在3ds Max 2010工具面板上的Select and Move(选择并移动)工具上单击鼠标右键，然后在弹出的面板中把X和Y轴归零，如图7-3中B所示。

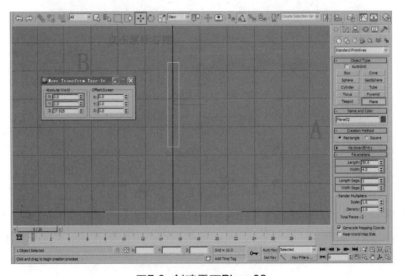

图7-3 创建平面Plane02

(4) 创建Plane03模型。方法：首先选择Create(创建)面板下的Geometry(几何体)，并在下拉列表框中选择Standard Primitive(标准物体)选项，再单击Plane(平面)按钮，然后在Front视图中创建一个平面，把平面物体的Length(长度)值设为20，Width(宽度)值设为30，Length Segs(长度分段)值设为1，Width Segs(宽度分段)值设为1，如图7-4中A所示。接着在3ds Max 2010工具面板上的Select and Move(选择并移动)工具上单击鼠标右键，最后在弹出的面板中把X轴和Y轴归零，如图7-4中B所示。

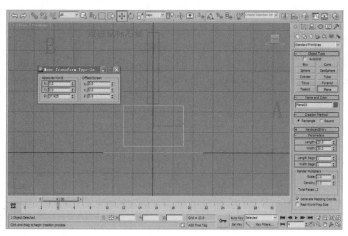

图7-4　创建平面Plane03

(5) 复制出Plane04和Plane05模型。方法：首先切换至Perspective视图中使用Select and Rotate(旋转)工具，再单击键盘上的A键打开锁定角度按钮，然后沿Z轴旋转Plane03模型-30°，再配合Shift键沿Z轴旋转60°，在弹出的Clone Options(复制选项)对话框中单击OK按钮，复制出Plane04模型，如图7-5所示。

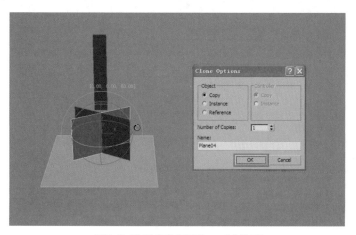

图7-5　旋转复制出Plane04模型

接着选择Plane01模型，单击鼠标右键，在弹出的快捷菜单中选择Clone命令，最后在弹出的Clone Options(复制选项)对话框中选中Copy单选按钮，单击OK按钮确定，复制出Plane05模型，再沿Z轴旋转45°，如图7-6所示。

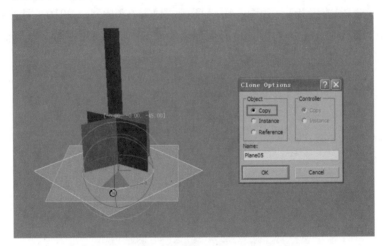

图7-6 旋转复制出Plane05模型

(6) 创建粒子系统。方法：首先选择Create(创建)面板下的Geometry(几何体)，并在下拉列表框中选择Particle Systems(粒子系统)选项，再单击PCloud(粒子云)按钮，然后在Top视图中创建一个粒子云，接着选中Cylinder Emitter(圆柱发射器)单选按钮，再设置Rad/Len(半径/长度)的参数为50、Height(高度)的参数为5，如图7-7所示。

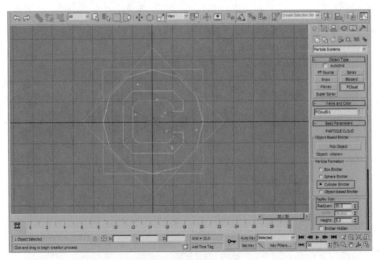

图7-7 创建粒子云

(7) 调整模型的位置。方法：首先切换至Front视图中并使用Select and Move(选择并移动)工具沿Y轴向上移动，如图7-8所示。

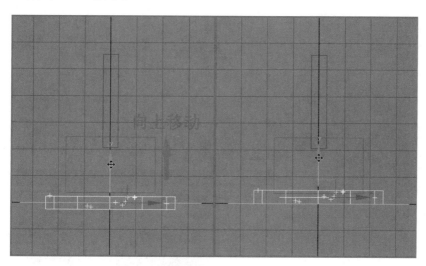

图7-8 调整平面的位置

然后框选Plane03和Plane04模型并使用Select and Uniform Scale(选择并缩放)工具进行整体稍微放大，再沿Y轴进行压缩，接着使用Select and Move(选择并移动)工具对模型进行调整位置，如图7-9所示。

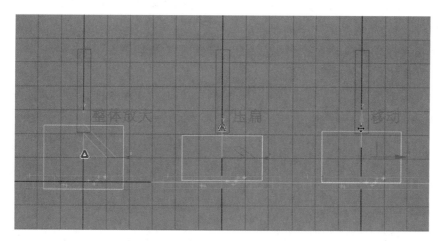

图7-9 调整平面的位置和造型

(8) 调整环境色。方法：首先在键盘上按8键，在弹出的Environment and Effects(环境和效果)对话框中单击Ambient(周围环境)下的颜色框，如图7-10所示。接着在弹出的Color Selector：

Ambient Light(颜色选择器：环境光)对话框中设置为全白色，单击OK按钮确定，如图7-11所示。最后关闭Environment and Effects(环境和效果)对话框。

图7-10　点击环境色

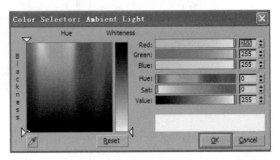

图7-11　设置环境色

(9) 指定材质。方法：首先选择Plane02模型，按M键调出材质球面板，再把第一个材质球指定给Plane02模型，然后单击Diffuse右侧灰色方框，再选择Bitmap(位图)，接着找到已经准备好的图片，单击【打开】按钮指定漫反射贴图，再返回材质球层级，单击Show Standard Map in Viewport(显示贴图)按钮，如图7-12所示。

同理，为Opacity(透明贴图)后面也贴上同样的图片，同时选中Alpha单选按钮，如图7-13所示。

图7-12　把材质球指定给Plane02模型

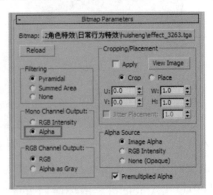

图7-13　设置透明通道

(10) 分别指定Plane01、Plane03、Plane04、Plane05的材质，方法和操作步骤同上(步骤9)，具体步骤就不再详细介绍了。

(11) 制作Plane02模型的动画。方法：首先选择Plane02模型，把时间滑块拖动到第8帧，再单击Auto Key(自动记录关键帧)按钮进入动画创建模式，然后单击3ds Max 2010右下方设置曲线方式并改为直线方式，如图7-14所示。

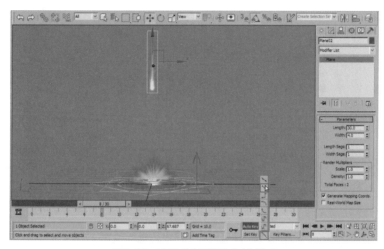

图7-14　设置关键帧的曲线模式

再使用Select and Move(选择并移动)工具把Plane02沿Z轴向下移动，从而创建出关键帧，接着用鼠标拖动时间滑块，观看动画的节奏，如图7-15所示，再单击Auto Key(自动记录关键帧)按钮退出动画创建模式。

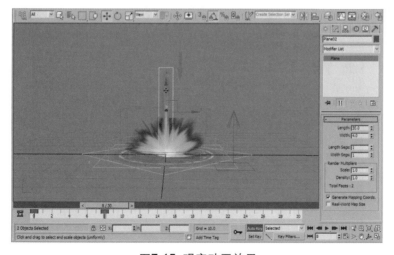

图7-15　观察动画效果

(12) 设置Plane03、Plane04模型中心轴的位置。方法：首先选择Plane03模型，切换至Front视图，再单击Hierarchy(层级)面板，并且确定是在Pivot(轴)项目下，然后单击Affect Pivot Only(唯一影响轴向)按钮，接着使用Select and Move(选择并移动)工具在Front视图中沿Y轴向下移动，确定后再单击Affect Pivot Only(唯一影响轴向)按钮使其失效，如图7-16所示。同理，设置好Plane04模型的中心轴位置。

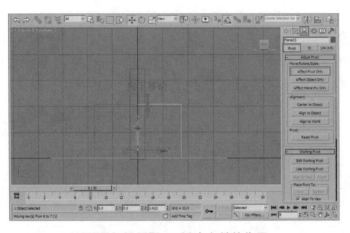

图7-16 设置Plane03中心轴的位置

(13) 调整Plane03、Plane04模型的位置和制作动画。方法：首先框选Plane03和Plane04模型并使用Select and Move(选择并移动)工具向下移动，然后单击Auto Key(自动记录关键帧)按钮进入动画创建模式，再把时间滑块拖动到第6帧，接着使用Select and Uniform Scale(选择并缩放)工具对模型进行缩小，如图7-17所示。最后把第0帧的关键帧拖动到第9帧，再把第6帧的关键帧拖动到第7帧。再次单击Auto Key(自动记录关键帧)按钮退出动画创建模式。

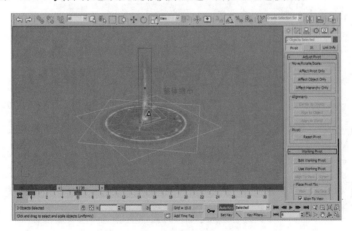

图7-17 制作Plane03、Plane04的动画

(14) 调整粒子的参数。方法：首先选择PCloud01(粒子云)，再进入Modify(修改)面板，在Viewpoint Display(视图显示)选项组中选中Mesh(网格)单选按钮，并且把Percentage of Particular(粒子的百分比)参数改为100%，然后在粒子系统的Particle Generation(粒子生成)卷展栏下选中Use Total单选按钮并将参数设为100，如图7-18所示。

再在Particle Timing(粒子的时间)选项组下分别设置Emit Start(开始发射)的参数为10、Emit Stop(结束发射)的参数为22和Life的参数为6，接着在Particle Size(粒子大小)选项组下，分别设置Size(大小)参数为0.5，Variation(变化值)参数为60%，如图7-19所示。

最后进入Particle Type(粒子类型)卷展栏，确定选中Standard Particles(标准粒子)单选按钮，再选中Facing(面)单选按钮。如图7-20所示。

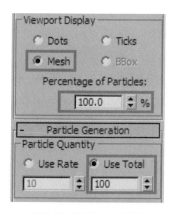
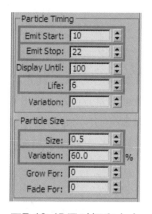
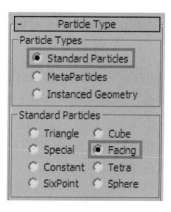

图7-18 设置显示模式　　　　图7-19 设置时间和大小　　　　图7-20 设置粒子类型

(15) 为粒子系统指定材质。方法：首先按M键调出材质球面板，再把第六个材质球指定给粒子系统，然后单击Diffuse右侧灰色方框，再选择Bitmap(位图)，接着找到已经准备好的图片，单击【打开】按钮指定漫反射贴图，再返回材质球层级，单击Show Standard Map in Viewport(显示贴图)按钮，同时选中Face Map(面显示贴图)复选框，如图7-21所示。同理，为Opacity(透明贴图)后面也贴上同样的图片，同时选中Alpha单选按钮，如图7-22所示。关闭材质球面板。

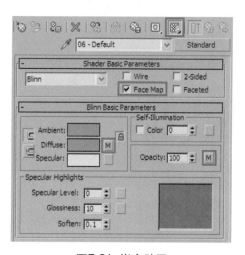

图7-21 指定贴图

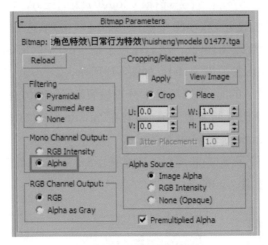

图7-22 设置透明通道

(16) 创建空间扭曲物体(风力)并且链接。方法：首先选择Create(创建)面板下Space Warps(空间扭曲)，并在下拉列表框中选择Forces(力量)选项，单击Wind(风力)并在Perspective视图中创建出一个风力，如图7-23所示。然后选择粒子云，再点击工具面板上的Bind to Space Warp(链接到空间扭曲)按钮，接着把粒子云链接到风力上，如图7-24所示。

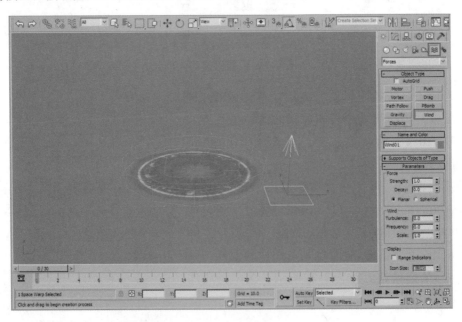

图7-23 创建风力

　　然后选择粒子云，再单击工具面板上的Bind to Space Warp(链接到空间扭曲)按钮，接着把粒子云链接到风力上，如图7-24所示。

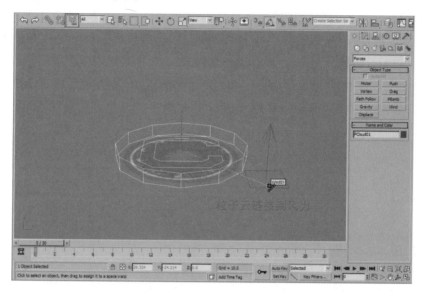

图7-24　链接粒子到风力扭曲

　　(17) 制作Plane01和Plane05模型的动画。方法：首先选择Plane05模型，切换至Top视图，再单击Auto Key(自动记录关键帧)按钮进入动画创建模式，然后把时间滑块拖到第28帧，使用Select and Rotate(旋转)工具旋转-180°，再选择Plane01模型，旋转180°，如图7-25所示。接着框选Plane01和Plane05模型，再把第0帧的关键帧拖动到第9帧，最后单击Auto Key(自动记录关键帧)按钮退出动画创建模式。

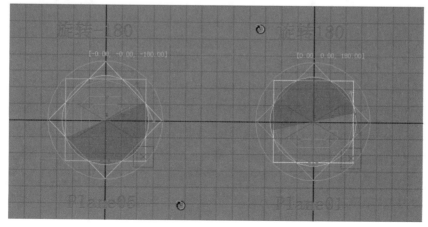

图7-25　制作Plane01和Plane05的动画

(18) 设置Plane02模型的可见性。方法：首先切换至Perspective视图选择Plane02模型，单击Auto Key(自动记录关键帧)按钮进入动画创建模式，再把时间滑块拖到第7帧，然后在视图中单击鼠标右键，在弹出的快捷菜单中选择Object Properties(物体属性)命令，接着在Object Properties(物体属性)对话框中设置Visibility(可见性)参数值为0.9，单击OK按钮关闭Object Properties(物体属性)对话框，再拖动时间滑块到第10帧，单击鼠标右键在弹出的快捷菜单中选择Object Properties(物体属性)命令，最后在Object Properties(物体属性)对话框中设置Visibility(可见性)参数值为0，单击OK按钮关闭Object Properties(物体属性)对话框，如图7-26所示。

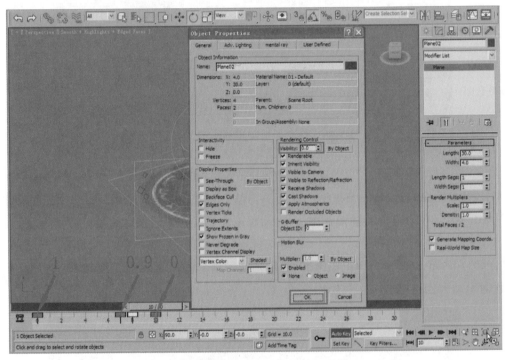

图7-26 设置Plane02模型的可见性

(19) 设置Plane03、Plane04模型的可见性。方法：首先框选Plane03、Plane04模型，拖动时间滑块到第6帧，单击鼠标右键选择Object Properties(物体属性)，在Object Properties(物体属性)对话框中设置Visibility(可见性)参数值为0，单击OK按钮关闭Object Properties(物体属性)对话框，然后拖动时间滑块到第0帧，设置Visibility(可见性)参数值为0，接着拖动时间滑块到第8帧，设置Visibility(可见性)参数值为1，最后拖动时间滑块到第11帧，设置Visibility(可见性)参数值为0，单击OK按钮关闭Object Properties(物体属性)对话框，如图7-27所示。

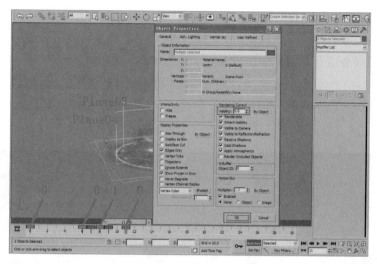

图7-27　设置Plane03、Plane04模型的可见性

(20) 设置Plane01、Plane05模型的可见性。方法：首先框选Plane01、Plane05模型，拖动时间滑块到第8帧，单击鼠标右键并在弹出的快捷菜单中选择Object Properties(物体属性)命令，在Object Properties(物体属性)对话框中设置Visibility(可见性)参数值为0，单击OK按钮关闭Object Properties(物体属性)对话框，然后拖动时间滑块到第0帧，设置Visibility(可见性)参数值为0，接着拖动时间滑块到第11帧，在Object Properties(物体属性)对话框中设置Visibility(可见性)参数值为1，最后框选第11帧的关键帧配合Shift键复制到第25帧，再框选第8帧的关键帧配合Shift键复制到第29帧，如图7-28所示。单击Auto Key(自动记录关键帧)按钮退出动画创建模式。

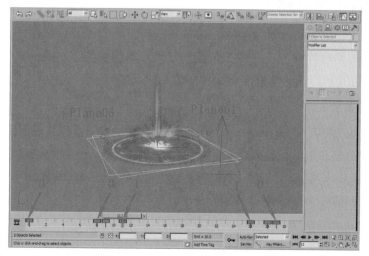

图7-28　设置Plane01、Plane05模型的可见性

(21) 完成角色"回生"特效的制作。单击Play Animation(播放动画)按钮，观看效果，可以根据各种不同的游戏引擎进行输出。这里为了更加直观地观察效果所以进行渲染输出，首先按F10键，然后在弹出的渲染设置对话框中设置Active Time Segment为0 To 30，并在Render Output(渲染输出)选项组中单击Files(文件)，在弹出的渲染输出文件对话框中，选择好要存储的路径，输入文件名，类型为32位的tga格式，单击【保存】按钮。最后单击Render(渲染)按钮，效果如图7-29所示。

图7-29 渲染特效的动画效果

> 提示：角色日常行为特效的制作操作演示详见"光盘\第7章：3D游戏中角色特效的制作\素材\回生特效.avi"视频文件。

7.2.2 角色职业属性的特效

在各种游戏中角色职业属性特效是我们经常看到的，比方说战士、法师、守护、医疗、弓箭手、剑士等职业的角色特效，不同职业光晕的效果是不相同的，本小节主要讲解"战士"和"医疗"职业光晕特效制作的具体操作步骤和方法。

1．战士职业光晕特效的制作

(1) 启动3ds Max 2010。选择Create(创建)面板下的Geometry(几何体)，并在下拉列表框中选择Standard Primitive(标准物体)选项，再单击Plane(平面)按钮，然后在Front视图中创建一个平面，把平面物体Length(长度)值设为50，Width(宽度)值设为50，Length Segs(长度分段)值设为1，Width Segs(宽度分段)值设为1，如图7-30所示。

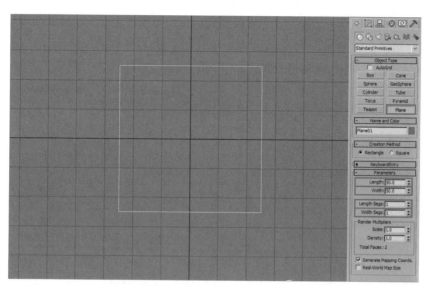

图7-30 创建平面

(2) 把坐标归零和调整环境色为白色。方法：首先在3ds Max 2010工具面板上的Select and Move(选择并移动)工具上单击鼠标右键，然后在弹出的Move Transform Type-In(改变移动类型)面板上，把X轴、Y轴、Z轴都归零，关闭面板。接着按8键，在弹出的Environment and Effects(环境和效果)对话框中单击Ambient(周围环境)下方方框，最后在弹出的Color Selector(调整颜色)对话框中把颜色调整为白色，单击OK按钮确定，关闭环境对话框，如图7-31所示。

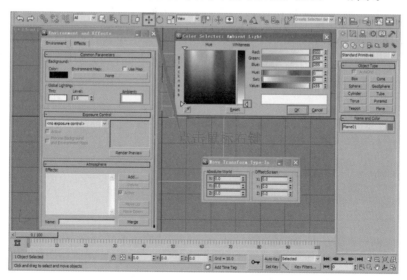

图7-31 调整平面坐标和环境色

(3) 调整动画时间长度。方法：首先切换至Perspective视图中在3ds Max 2010面板的右下角单击鼠标右键，接着在弹出的Time Configuration(时间配置)对话框的Animation(动画)选项组下的End Time(结束时间)微调框中输入40，最后单击OK按钮确定，如图7-32所示。

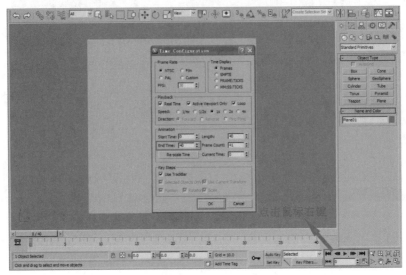

图7-32 设置动画时间

(4) 为模型指定材质。方法：首先在键盘上按M键调出材质编辑器，在弹出的材质球面板中把第一个材质球指定给平面模型，然后单击Diffuse右侧灰色方框，在弹出的材料面板中选择Bitmap(位图)，接着在弹出的选择位图面板中找到准备好的图片，单击【打开】按钮为平面物体指定漫反射贴图，最后返回材质层级单击Show Standard Map in Viewpoint(在视图显示贴图)按钮，如图7-33所示。同理，为Opacity(透明贴图)后面也贴上同样的图片，同时选中Alpha单选按钮，如图7-34所示。关闭材质球面板。

图7-33 指定平面材质

图7-34 设置透明通道

(5) 制作动画。方法：首先单击Auto Key(自动记录关键帧)按钮进入动画创建模式，再把时间滑块拖动到第10帧，使用Select and Uniform Scale(选择并缩放)工具对模型进行整体稍微放大，然后拖动时间滑块到第20帧，对模型进行整体稍微缩小，接着把时间滑块拖动到第30帧，对模型进行整体稍微放大，最后框选第0帧的关键帧，配合Shift键拖动到第40帧，如图7-35所示。再单击Auto Key(自动记录关键帧)按钮退出动画创建模式。

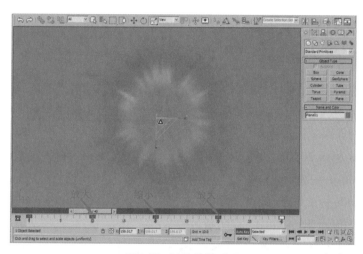

图7-35　制作缩放动画

(6) 完成"战士"职业光晕特效的制作，单击Play Animation(播放动画)按钮，观看效果，可以根据各种不同的游戏引擎进行输出。这里为了更加直观地看到效果，所以进行渲染输出，首先按F10键，然后在弹出的渲染设置面板中设置Active Time Segment为：0 To 40，并在Render Output(渲染输出)选项组下单击Files(文件)按钮，在弹出的渲染输出文件对话框中，选择好要存储的路径，输入文件名，类型为32位的tga格式，单击【保存】按钮。最后单击Render(渲染)按钮，效果如图7-36所示。

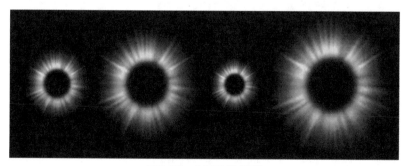

图7-36　动画渲染效果

> **提示：**角色职业属性特效的制作操作演示详见"光盘\第7章：3D游戏中角色特效的制作\素材\战士光晕特效.avi"视频文件。

2．治疗职业光晕特效的制作

具体的操作步骤请参考战士职业光晕特效的制作步骤，主要就是更换贴图，一般战士系的光晕以黄红色为主，治疗的光晕以绿青色为主，法师系的光晕以蓝紫色为主。

7.2.3 角色附加属性的特效

在各种游戏中也会看到角色附加属性的特效，也就是因为获得道具，而获得的对力量的增益，或者法师获得冰封属性而产生的冰霜环绕等效果，本小节主要讲解法师获得冰封属性后产生的冰霜环绕效果的具体制作步骤和方法。

(1) 首先启动3ds Max 2010，选择Create(创建)面板下的Geometry(几何体)，并在下拉列表框中选择Standard Primitive(标准物体)选项，再单击Plane(平面)按钮，然后在Front视图中创建一个平面，把平面物体Length(长度)值设为50，Width(宽度)值设为50，Length Segs(长度分段)值设为1，Width Segs(宽度分段)值设为1，如图7-37所示。

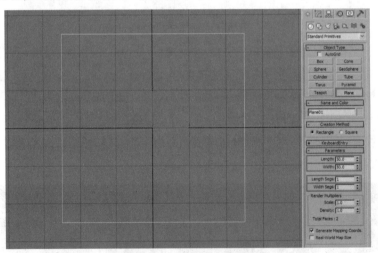

图7-37 创建平面模型

(2) 把坐标归零和调整环境色为白色。方法：首先在3ds Max 2010工具面板上的Select and Move(选择并移动)工具上单击鼠标右键，然后在弹出的Move Transform Type-In(改变移动类型)面板上，把X轴、Y轴、Z轴都归零，关闭面板。接着按8键，在弹出的Environment and Effects(环境和效果)对话框中单击Ambient(周围环境)下方方框，最后在弹出的Color Selector(调整颜色)对话框中把颜色调整为白色，单击OK按钮确定，关闭环境对话框，如图7-38所示。

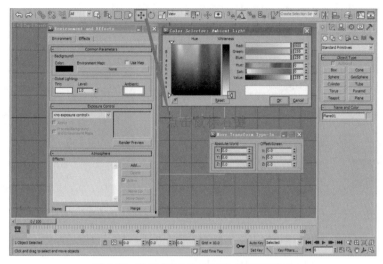

图7-38　设置平面的坐标和调整环境色

(3) 设置动画时间长度。方法：首先切换至Perspective视图中，然后在3ds Max 2010面板的右下角单击鼠标右键，接着在弹出的Time Configuration(时间配置)对话框中，把Animation(动画)选项组下的End Time(结束时间)微调框中的参数修改为30，最后单击OK按钮确定，如图7-39所示。

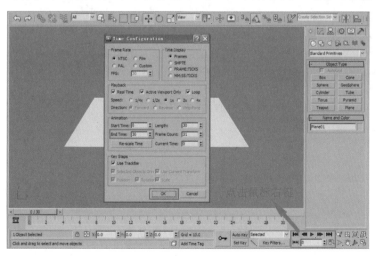

图7-39　设置动画时间

(4) 为模型指定材质。方法：首先按M键调出材质编辑器，在弹出的材质球面板中把第一个材质球指定给平面模型，然后单击Diffuse右侧灰色方框，在弹出的材料面板中选择Bitmap(位图)，接着在弹出的选择位图面板中找到准备好的图片，单击【打开】按钮为平面物体指定漫反射贴图，最后返回材质层级单击Show Standard Map in Viewpoint(在视图显示贴图)按钮，如图7-40所示。同理，为Opacity(透明贴图)后面也贴上同样的图片，同时选中Alpha单选按钮，如图7-41所示。关闭材质球面板，显示效果如图7-42所示。

图7-40 指定材质　　　　图7-41 设置透明通道　　　图7-42 设置透明通道后的材质显示

(5) 制作动画。方法：首先把时间滑块拖动到第20帧，再单击Auto Key(自动记录关键帧)按钮进入动画创建模式，切换至Front视图中，然后使用Select and Move(选择并移动)工具沿Y轴向上移动，如图7-43中A和B所示。

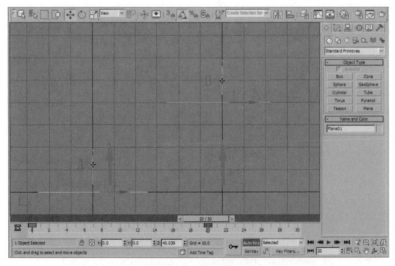

图7-43 第20帧移动动画

接着切换至Front视图中，再使用Select and Rotate(旋转)工具沿Z轴旋转-180°，如图7-44所示。再单击Auto Key(自动记录关键帧)按钮退出动画创建模式。

(6) 复制模型并调整复制模型的关键帧。方法：首先确定Plane01模型在被选状态，切换至Perspective视图，再单击鼠标右键并在弹出的快捷菜单中选择Clone(复制)命令，并在弹出的

Clone Options(复制选项)对话框中选中Copy(复制)单选按钮，然后单击OK按钮复制出Plane02模型，再框选第0帧和第20帧关键帧，拖动至第2帧到第22帧。同理，复制出Plane03模型，再框选第2帧和第22帧关键帧，拖动至第4帧到第24帧。接着复制出Plane04模型，再框选第4帧和第24帧关键帧，拖动至第6帧到第26帧。最后复制出Plane05模型，再框选第6帧和第26帧关键帧，拖动至第8帧到第28帧，如图7-45所示。

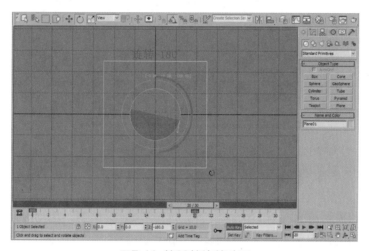

图7-44　第20帧旋转动画

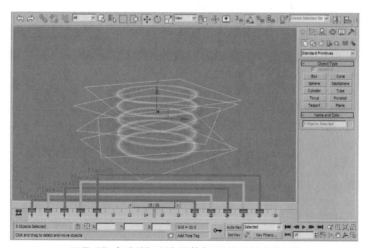

图7-45　复制模型并调整复制模型的关键帧

　　(7) 设置Plane01模型的可见性。方法：首先选择Plane01模型，单击Auto Key(自动记录关键帧)按钮进入动画创建模式，拖动时间滑块到第22帧，再单击鼠标右键在弹出的快捷菜单中选择Object Properties(物体属性)命令，然后在弹出的Object Properties(物体属性)对话框中把Visibility(可见性)参数值改为0，单击OK按钮确定，再拖动时间滑块到第20帧，单击鼠标右键在弹出的快捷菜单中选择Object Properties(物体属性)命令，接着在弹出的Object Properties(物体属性)对话框中把Visibility(可见性)参数值改为1，单击OK按钮确定，如图7-46所示。

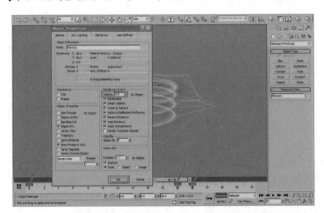

图7-46 设置Plane01模型的可见性

(8) 设置Plane02模型的可见性。方法：首先选择Plane02模型，拖动时间滑块到第0帧，再单击鼠标右键在弹出的快捷菜单中选择Object Properties(物体属性)命令，在Object Properties(物体属性)对话框中把Visibility(可见性)参数值改为0，单击OK按钮确定，然后拖动时间滑块到第2帧，在Object Properties(物体属性)对话框中把Visibility(可见性)参数值改为1，接着拖动时间滑块到第24帧，在Object Properties(物体属性)对话框中把Visibility(可见性)参数值改为0，最后拖动时间滑块到第22帧，在Object Properties(物体属性)对话框中把Visibility(可见性)参数值改为1，单击OK按钮确定，如图7-47所示。

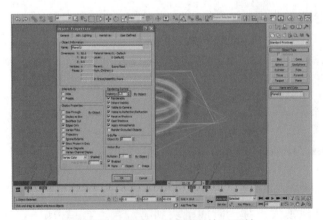

图7-47 设置Plane02模型的可见性

(9) 设置Plane03模型的可见性。方法：首先选择Plane03模型，拖动时间滑块到第2帧，再单击鼠标右键在弹出的快捷菜单中选择Object Properties(物体属性)命令，在Object Properties(物体属性)对话框中把Visibility(可见性)参数值改为0，单击OK按钮确定，然后框选第0帧的关键帧拖动到第4帧，接着拖动时间滑块到第26帧，在Object Properties(物体属性)对话框中把Visibility(可见性)参数值改为0，最后拖动时间滑块到第24帧，在Object Properties(物体属性)对话框中把Visibility(可见性)参数值改为1，单击OK按钮确定，如图7-48所示。

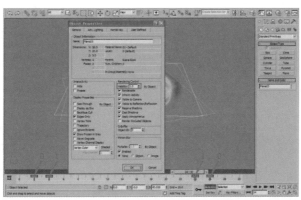

图7-48　设置Plane03模型的可见性

(10) 设置Plane04模型的可见性。方法：首先选择Plane04模型，拖动时间滑块到第4帧，再单击鼠标右键在弹出的快捷菜单中选择Object Properties(物体属性)命令，在Object Properties(物体属性)对话框中把Visibility(可见性)参数值改为0，单击OK按钮确定，然后框选第0帧的关键帧拖动到第6帧，拖动时间滑块到第28帧，在Object Properties(物体属性)对话框中把Visibility(可见性)参数值改为0，最后拖动时间滑块到第26帧，在Object Properties(物体属性)对话框中把Visibility(可见性)参值数改为1，单击OK按钮确定，如图7-49所示。

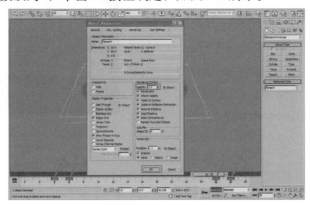

图7-49　设置Plane04模型的可见性

(11) 设置Plane05模型的可见性。方法：首先选择Plane05模型，拖动时间滑块到第6帧，再单击鼠标右键在弹出的快捷菜单中选择Object Properties(物体属性)命令，在Object Properties(物体属性)对话框中把Visibility(可见性)参数值改为0，单击OK按钮确定，然后框选第0帧的关键帧拖动到第8帧，再拖动时间滑块到第30帧，在物体属性对话框中把Visibility(可见性)参数值改为0，单击OK按钮确定，最后拖动时间滑块到第28帧，在物体属性对话框中把Visibility(可见性)参数值改为1，单击OK按钮确定，如图7-50所示。

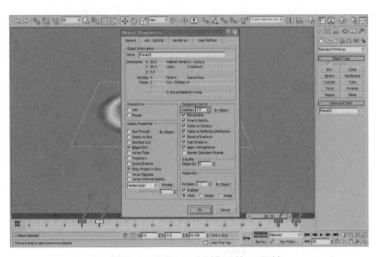

图7-50 设置Plane05模型的可见性

(12) 完成"法师"职业获得冰封属性后产生的冰霜环绕效果的制作。单击Play Animation(播放动画)按钮，观看效果，可以根据各种不同的游戏引擎进行输出。这里为了更加直观地看到效果，所以进行渲染输出，首先按F10键，然后在弹出的渲染设置面板中设置Active Time Segment为0 To 30，并在Render Output(渲染输出)选项组下单击Files(文件)按钮，在弹出的渲染输出文件面板中，选择好要存储的路径，输入文件名，类型为32位的tga格式，单击【保存】按钮。最后单击Render(渲染)按钮，效果如图7-51所示。

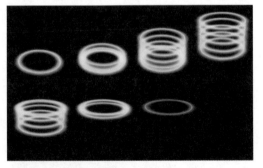

图7-51 渲染动画观察效果

提示：角色附加属性特效的制作操作演示详见"光盘\第7章：3D游戏中角色特效的制作\素材\法师附加属性特效.avi"视频文件。

7.2.4　角色装备的特效

在各种3D游戏中我们也会看到角色装备的特效，也就一些特殊的装备或者是顶级装备所带的特效，本小节主要讲解角色特殊装备特效制作的具体操作步骤和方法。

(1) 启动3ds Max 2010，再单击3ds Max 2010左上角的Open File(打开文件)按钮，然后找到已准备好的装备Max文件，单击【打开】按钮，如图7-52所示。

图7-52　打开模型文件

(2) 创建粒子系统。方法：首先选择Create(创建)面板下Geometry(几何体)的Particle Systems(粒子系统)子面板，再单击PArray(粒子阵列)按钮，然后在Front视图中创建一个粒子，并且选中At All Vertical(在全部顶点)单选按钮，接着在Viewport Display(视图显示)中选中Mesh(网格)单选按钮，在Percentage of Particles(粒子的百分比)微调框中输入100%，最后单击Pick Object(选择物体)按钮，在视图中选择装备模型，如图7-53所示。

(3) 调整粒子的参数。方法：首先切换至Perspective视图，进入Modify(修改)面板，在粒子系统的Particle Generation(粒子生成)卷展栏下面选中Particle Quantity(粒子量)选项组下的Use Total单选按钮，并且修改参数为200，然后把Particle Motion(粒子运动)选项组下的Speed(速度)参数改为0，再把Particle Timing(粒子时间)选项组下的Emit Stop(停止发射)参数改为0，Life(生命)参数改为101，如图7-54所示。

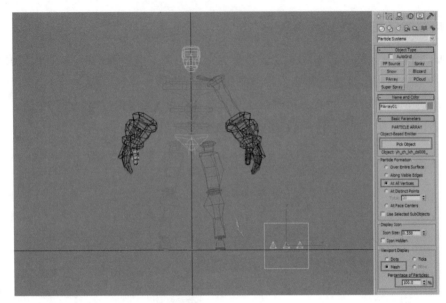

图7-53 创建粒子

接着把Particle Size(粒子大小)选项组下的Size(大小)参数改为0.06，Grow For(生长)参数改为0，Fade For(衰减)参数改为0，如图7-55所示。

最后在Particle Type(粒子类型)卷展栏，并且确定选中的是Standard Particle(标准粒子)单选按钮，再选中Facing单选按钮，如图7-56所示。

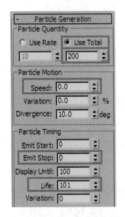
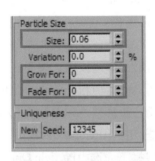
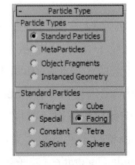

图7-54 设置粒子参数　　　　图7-55 设置粒子大小参数　　　　图7-56 设置粒子类型参数

(4) 为粒子指定材质。方法：首先按M键调出材质编辑器，在弹出的材质球面板中把第三个材质球指定给平面模型，然后单击Diffuse右侧灰色方框，在弹出的材料面板中选择Bitmap(位图)，接着在弹出的选择位图对话框中找到准备好的图片，单击【打开】按钮为平面物体指定漫反射贴图，最后返回材质层级单击Show Standard Map in Viewpoint(在视图显示贴图)按钮，再选中Face Map复选框，如图7-57所示。

　　同理，为Opacity(透明贴图)后面也贴上同样的图片，同时选中Alpha单选按钮，如图7-58所示。

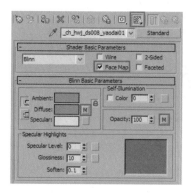

图7-57　设置粒子参数

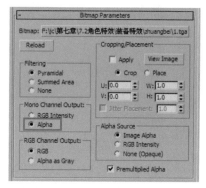

图7-58　设置粒子参数

关闭材质球面板，透视图显示效果，如图7-59所示。

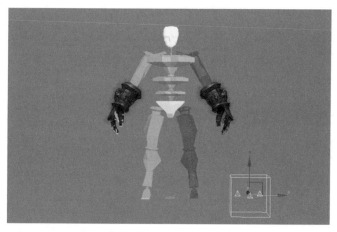

图7-59　设置粒子参数的效果

　　(5) 设置粒子的可见性。方法：首先确定PArray01在被选状态，拖动时间滑块到第20帧，单击Auto Key(自动记录关键帧)按钮进入动画创建模式，在视图中单击鼠标右键在弹出的快捷菜单中选择Object Properties(物体属性)命令，然后在弹出的Object Properties(物体属性)对话框中把Visibility(可见性)参数值改为0.3，单击OK按钮确定。同理，把第40帧的粒子Visibility(可见性)参数改为0.8，把第60帧的粒子Visibility(可见性)参数改为0.4，把第80帧的粒子Visibility(可见性)参数改为1，如图7-60所示。最后单击Auto Key(自动记录关键帧)按钮退出动画创建模式。

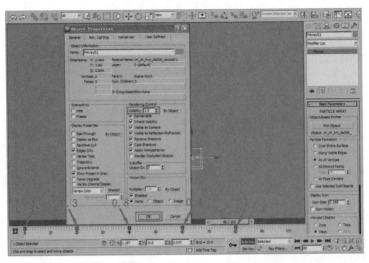

图7-60 设置粒子可见性

(6) 调整动画时间长度。方法：首先在3ds Max 2010面板的右下角单击鼠标右键，然后在弹出的Time Configuration(时间配置)对话框中设置Animation(动画)选项组下的End Time(结束时间)参数为80，最后单击OK按钮确定，如图7-61所示。

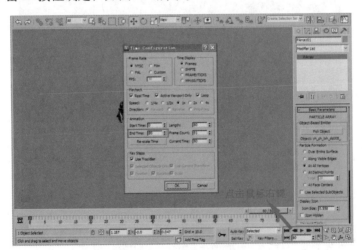

图7-61 设置动画时间

(7) 完成角色装备特效的制作。单击Play Animation(播放动画)按钮，观看效果，可以根据各种不同的游戏引擎进行输出。这里为了更加直观地看到效果所以进行渲染输出，首先按F10键，然后在弹出的渲染设置面板中设置Active Time Segment为0 To 80，并在Render Output(渲染输出)选项组中单击Files(文件)按钮，在弹出的渲染输出文件面板中，选择好要存储的路径，输入文件名，类型为32位的tga格式，单击【保存】按钮。最后单击Render(渲染)按钮，最终效果如图7-62所示。

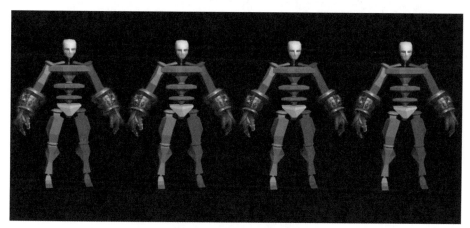

图7-62　最终渲染效果

> 提示：角色装备特效的制作操作演示详见"光盘\第7章：3D游戏中角色特效的制作\素材\角色装备特效.avi"视频文件。

7.2.5　角色物理攻击的特效

严格来说，物理攻击属于角色行为特效范畴，因为物理攻击是角色在没有掌握技能或魔法之前所具有的基本攻击技能。因此在各种3D游戏中，角色物理攻击特效是最常见的，也就是角色攻击后产生的特效，本小节主要讲解角色物理攻击特效制作的具体操作步骤和方法。

(1) 首先启动3ds Max 2010，选择Create(创建)面板下的Geometry(几何体)，在下拉列表框中选择Standard Primitive(标准物体)选项，再单击Plane(平面)按钮，然后在Top视图中创建一个平面，把平面物体Length(长度)值设为50，Width(宽度)值设为50，Length Segs(长度分段)值设为1，Width Segs(宽度分段)值设为1，如图7-63所示。

(2) 把坐标归零并且调整环境色为白色。方法：首先切换至Perspective视图中在3ds Max 2010工具面板上的Select and Move(选择并移动)工具上单击鼠标右键，然后在弹出的Move Transform Type-In(改变移动类型)面板上，把X轴、Y轴、Z轴都归零，关闭面板。接着按8键，在弹出的Environment and Effects(环境和效果)对话框中单击Ambient(周围环境)下方方框，最后在弹出的Color Selector(调整颜色)对话框中把颜色调整为白色，单击OK按钮确定，关闭环境对话框，如图7-64所示。

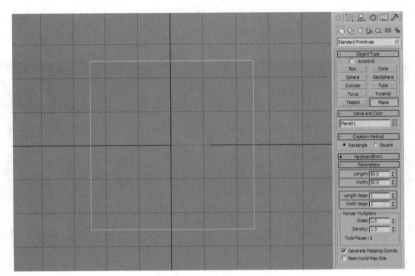

图7-63 创建平面

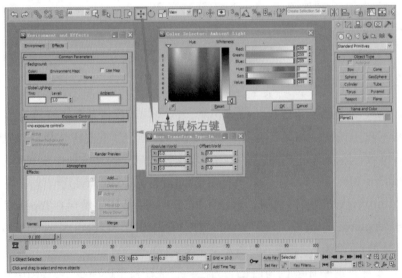

点击鼠标右键

图7-64 设置平面坐标和调整环境色

(3) 调整动画时间长度。方法：首先在3ds Max 2010面板的右下角单击鼠标右键，然后在弹出的Time Configuration(时间配置)对话框中设置Animation(动画)选项组下的End Time(结束时间)参数为30，最后单击OK按钮确定，如图7-65所示。

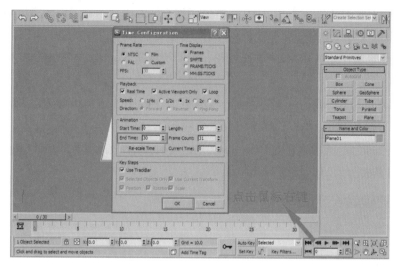

图7-65　设置动画时间

（4）创建超级喷射粒子。方法：首先切换至Front视图，并选择Create(创建)面板下Geometry(几何体)的Particle Systems(粒子系统)子面板，再单击Super Spray(超级喷射)按钮，然后在Front视图中创建一个超级喷射粒子，接着在3ds Max 2010工具面板上的Select and Move(选择并移动)工具上单击鼠标右键，最后在弹出的Move Transform Type-In(改变移动类型)面板上，把X轴、Y轴、Z轴都归零，关闭面板，如图7-66所示。

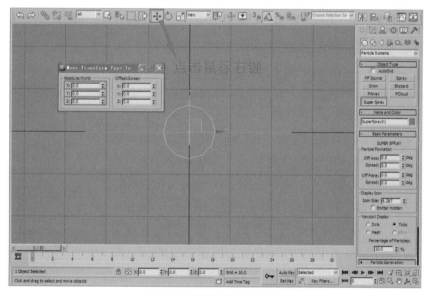

图7-66　创建超级喷射粒子

(5) 调整超级喷射粒子的参数。方法：首先切换至Perspective视图进入Modify(修改)面板，在粒子系统的Basic Parameters(基本参数)卷展栏下将Spread(扩张)参数改为180，再在Viewport Display(视图显示)卷展栏下选中Mesh单选按钮，同时设置Percentage of Particles 的参数为100%，如图7-67所示。

然后展开Particle Generation(粒子生成)卷展栏，在Particle Quantity(粒子量)选项组中选取Use Total并设置参数为100，再在Particle Motion(粒子运动)选项组下把Speed参数改为2，接着在Particle Timing(粒子时间)选项组下把Emit Start(开始发射)的参数改为5，Emit Stop(停止发射)的参数改为8，Life的参数改为23，如图7-68所示。

图7-67 设置粒子基本参数

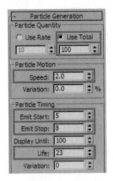

图7-68 设置粒子数量、运动、时间参数

再在Particle Size(粒子大小)选项组下把Size(大小)的参数改为6，Variation(百分比)的参数设为40%，Grow For(生长值)的参数改为0，Fade For(衰减值)的参数改为0。最后展开 Particle Type(粒子类型)卷展栏，并且确定选中的是Standard Particle(标准粒子)，在Standard Particles选项组下面选中Facing单选按钮，如图7-69所示。

(6) 为模型指定材质。方法：首先选择Plane01模型按M键调出材质编辑器，在弹出的材质球面板中把第一个材质球指定给平面模型，然后单击Diffuse右侧灰色方框，在弹出的材料面板中选择Bitmap(位图)，接着在弹出的选择位图面板中找到准备好的图片，单击【打开】按钮为平面物体指定漫反射贴图，最后返回材质层级单击Show Standard Map in Viewpoint(在视图显示贴图)按钮，如图7-70所示。

同理，为Opacity(透明贴图)后面也贴上同样的图片，同时选

图7-69 设置粒子大小类型参数

中Alpha单选按钮，如图7-71所示。

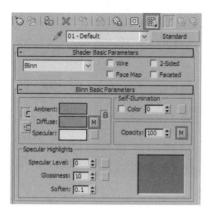

图7-70　为模型指定材质

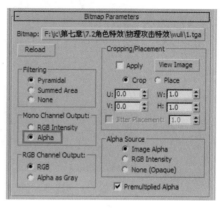

图7-71　设置透明通道

（7）为粒子系统指定材质。方法：首先选择SuperSpray01(超级喷射)粒子，再把第二个材质球指定给粒子系统，然后单击Diffuse右侧灰色方框，在弹出的材料面板中选择Bitmap(位图)，接着在弹出的选择位图面板中找到准备好的图片，单击【打开】按钮为平面物体指定漫反射贴图，最后返回材质层级单击Show Standard Map in Viewpoint(在视图显示贴图)按钮，同时选中Face Map(面显示贴图)复选框，如图7-72所示。

同理，为Opacity(透明贴图)后面也贴上同样的图片，同时选中Alpha单选按钮，如图7-73所示。

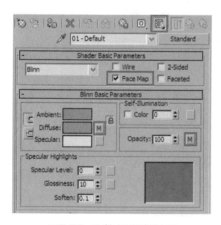

图7-72　为粒子指定材质

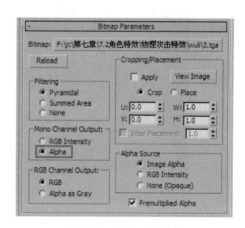

图7-73　设置透明通道

最后关闭材质球面板。在透视图显示效果，如图7-74所示。

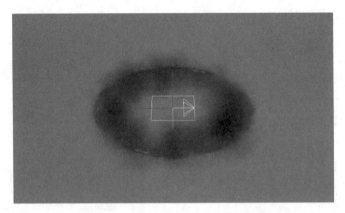

图7-74 设置透明通道后的模型显示

(8) 制作平面物体的动画。方法：首先选择Plane01模型，拖动时间滑块至第15帧，单击Auto Key(自动记录关键帧)按钮进入动画创建模式，然后在第15帧的时间滑块上单击鼠标右键，在弹出的Create Key(产生关键帧)面板中单击OK按钮确定，接着拖动时间滑块至第5帧，再使用Select and Uniform Scale(选择并缩放)工具对模型进行整体缩小，最后拖动时间滑块至第29帧，再使用Select and Uniform Scale(选择并缩放)工具对模型进行整体放大，如图7-75所示。

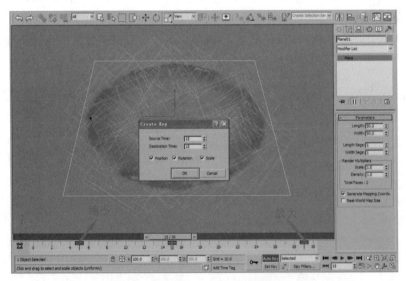

图7-75 制作平面物体的动画

(9) 设置Plane01模型的可见性。方法：首先拖动时间滑块到第4帧，再单击鼠标右键，在弹出的快捷菜单中选择Object Properties(物体属性)命令，然后在弹出的Object Properties(物体属性)对话框中把Visibility(可见性)参数值改为0，单击OK按钮确定，再框选第0帧的关键帧拖动到第8

帧，接着配合Shift键，把第8帧的关键帧复制到第22帧，最后拖动时间滑块到第29帧，单击鼠标右键，在弹出的快捷菜单中选择Object Properties(物体属性)命令，在弹出的Object Properties(物体属性)对话框中把Visibility(可见性)参数值改为0，单击OK按钮确定，如图7-76所示。

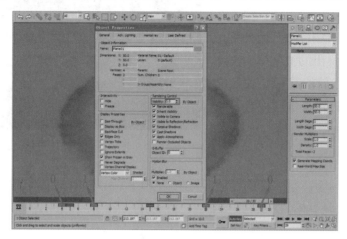

图7-76　设置Plane01模型的可见性

（10）设置超级喷射粒子的可见性。方法：首先选择SuperSpray01超级喷射粒子，拖动时间滑块到第4帧，再单击鼠标右键在弹出的快捷菜单中选择Object Properties(物体属性)命令，然后在弹出的Object Properties(物体属性)对话框中把Visibility(可见性)参数值改为0，单击OK按钮确定，再框选第0帧的关键帧拖动到第8帧，接着配合Shift键，把第8帧的关键帧复制到第22帧，最后框选第4帧的关键帧，再配合Shift键，把第4帧的关键帧复制到第29帧，如图7-77所示。再单击Auto Key(自动记录关键帧)按钮退出动画创建模式。

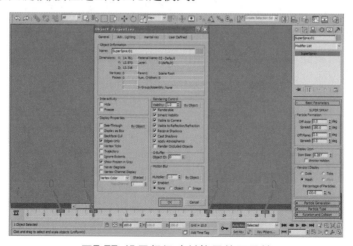

图7-77　设置超级喷射粒子的可见性

(11) 完成物理攻击特效的制作。单击Play Animation(播放动画)按钮，观看效果，可以根据各种不同的游戏引擎进行输出。这里为了更加直观地看到效果所以进行渲染输出，首先按F10键，然后在弹出的渲染设置面板中选择Active Time Segment为0 To 30，接着在Render Output(渲染输出)选项组中单击Files(文件)按钮，在弹出的渲染输出文件面板中，选择好要存储的路径，输入文件名，类型为tga格式，单击【保存】按钮。最后单击Render(渲染)按钮，效果如图7-78所示。

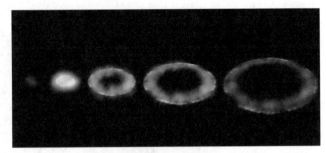

图7-78 物理攻击特效动画效果

> 提示：角色物理攻击特效的制作操作演示详见"光盘\第7章：3D游戏中角色特效的制作\素材\物理攻击特效.avi"视频文件。

7.3 魔法特效

许多人喜欢上游戏的原因，就是受到其中各种魔法效果的吸引，气势滔天的火焰魔法、绚烂夺目的冰霜魔法、诡异神秘的召唤魔法、变化无穷的自然魔法等，为了学会和掌握这些级别由低到高，威力越来越大，画面效果也越来越炫的魔法技能，许多玩家不得不"刻苦练功、升级赚钱"，以便能不断学习新的魔法技能。因此，魔法特效的制作也更加的重要和复杂。希望读者能够在学习中认真体会和总结，达到举一反三的学习目的。

7.3.1 攻击类魔法效果

在各种游戏中攻击类魔法特效我们是经常看到的，比方说法系的角色攻击出现的火焰、冰霜、雷电、毒素等都属于攻击类魔法特效，本小节主要讲解魔法攻击冰霜特效制作的具体操作步骤和方法。

(1) 首先启动3ds Max 2010，选择Create(创建)面板下的Geometry(几何体)，并在下拉列表框中选择Standard Primitive(标准物体)选项，再单击Plane(平面)按钮，然后在Top视图中创建一个平面，把平面物体的Length(长度)值设为80，Width(宽度)值设为80，Length Segs(长度分段)值设为1，Width Segs(宽度分段)值设为1，如图7-79所示。

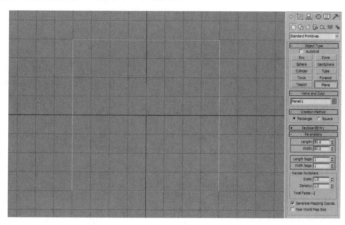

图7-79 创建平面

(2) 把坐标归零和调整环境色为白色。方法：首先切换至Perspective视图，并在3ds Max 2010工具面板上的Select and Move(选择并移动)工具上单击鼠标右键，然后在弹出的Move Transform Type-In(改变移动类型)面板上，把X轴、Y轴、Z轴都归零，关闭面板。接着按8键，在弹出的Environment and Effects(环境和效果)对话框中单击Ambient(周围环境)下方方框，最后在弹出的Color Selector(调整颜色)对话框中把颜色调整为白色，单击OK按钮确定，关闭环境对话框，如图7-80所示。

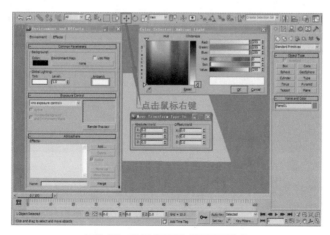

图7-80 坐标归零和调整环境色

(3) 为平面模型指定材质。方法：首先在键盘上按M键调出材质编辑器，在弹出的材质球面板中把第一个材质球指定给平面模型，然后单击Diffuse右侧灰色方框，在弹出的材料面板中选择Bitmap(位图)，接着在弹出的选择位图面板中找到准备好的图片，单击【打开】按钮为平面物体指定漫反射贴图，最后返回材质层级单击Show Standard Map in Viewpoint(在视图显示贴图)按钮，如图7-81所示。

同理，为Opacity(透明贴图)后面也贴上同样的图片，同时选中Alpha单选按钮，如图7-82所示。

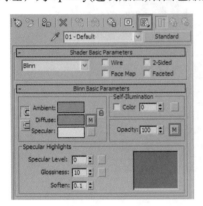

图7-81 指定材质

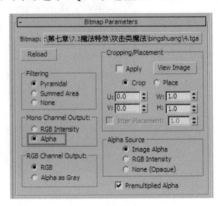

图7-82 设置透明通道

最后关闭材质球面板，透视图显示效果，如图7-83所示。

图7-83 透明通道的显示效果

(4) 复制出Plane02并且指定材质。方法：首先在视图中单击鼠标右键，在弹出的快捷菜单中选择Clone(复制)命令，然后在弹出的Clone Options(复制选项)面板中选中Copy(复制)单选按钮，单击OK按钮确定，复制出Plane02模型，再按键盘上的M键调出材质编辑器，在弹出的材质球面板中把第二个材质球指定给Plane02模型，接着单击Diffuse右侧灰色方框，在弹出的材料面板中选择Bitmap(位图)，最后在弹出的选择位图面板中找到准备好的图片，单击【打开】按钮为平面物体指定漫反射贴图，再返回材质层级点击Show Standard Map in Viewpoint(在视图显示贴图)按钮，同时把Self-Illumination(自发光)下面参数改为100，如图7-84所示。同理，为Opacity(透明贴图)后面也贴上同样的图片，同时选中Alpha单选按钮，如图7-85所示。

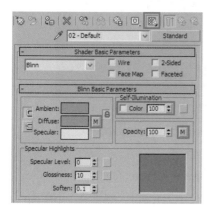

图7-84　为复制模型指定材质

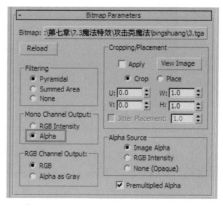

图7-85　设置透明通道

最后关闭材质球面板，透视图显示效果，如图7-86所示。

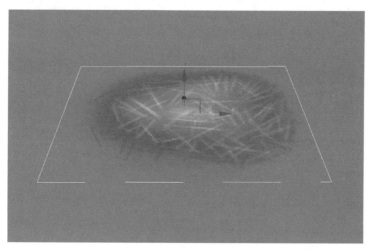

图7-86　材质显示效果

(5) 为了使效果更加合理，简单调整模型造型。方法：首先使用Select and Uniform Scale(选择并缩放)工具对Plane02模型沿X轴进行稍微拉伸放大，再选择Plane02模型也沿X轴进行稍微拉伸放大，效果如图7-87所示。

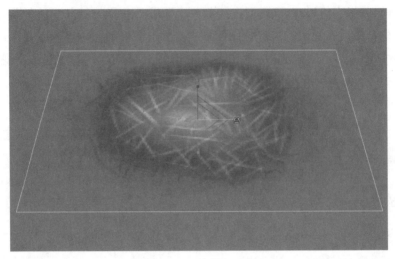

图7-87 调整模型造型

(6) 创建粒子云粒子。方法：首先切换至Top视图并选择Create(创建)面板下Geometry(几何体)的Particle Systems(粒子系统)子面板，再单击PCloud(粒子云)按钮，然后在Top视图中创建一个粒子云粒子，如图7-88所示。

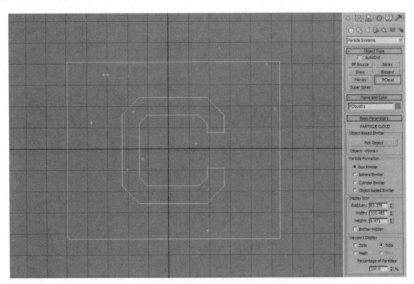

图7-88 创建粒子云

然后切换至Front视图并使用Select and Move(选择并移动)工具沿Y轴向下移动至世界坐标系的中心，如图7-89所示。

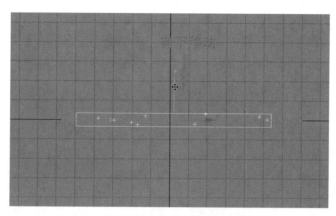

图7-89　移动粒子云位置

(7) 调整粒子云系统的参数。方法：首先切换至Perspective视图并进入Modify(修改)面板，在粒子系统的Basic Parameters(基本参数)下修改Rad/Len(半径/长度)的参数为70，Width(宽度)的参数为80，Height(高度)的参数为6。再在Viewport Display(视图显示)选项组下选中Mesh单选按钮，同时设置Percentage of Particles的参数为100%，然后展开Particle Generation(粒子生成)卷展栏，在Particle Quantity(粒子量)选项组下选中Use Total单选按钮并设置参数为80，如图7-90所示。

再在Particle Motion(粒子运动)选项组下把Speed参数改为2，接着在Particle Timing(粒子时间)选项组下把Emit Start(开始发射)的参数改为10，Emit Stop(停止发射)的参数改为65，Life(生命)的参数改为30，再在Particle Size(粒子大小)选项组下把Size(大小)的参数改为3，Variation(百分比)的参数设为20%，Grow For(生长值)的参数改为16，Fade For(衰减值)的参数改为0，如图7-91所示。最后展开Particle Type(粒子类型)卷展栏，并且确定选中的是Standard Particle(标准粒子)单选按钮，在Standard Particles选项组下面选中Facing单选按钮，如图7-92所示。

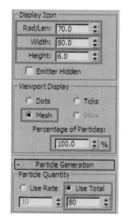

图7-90　设置粒子基本参数

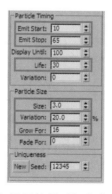

图7-91　设置粒子时间和大小参数

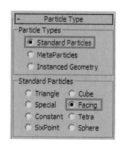

图7-92　设置粒子类型参数

(8) 复制出PCloud02并且调整参数。方法：首先切换至Front视图并使用Select and Move(移动)工具配合Shift键，沿X轴、Y轴拖动鼠标，在弹出的Clone Options(复制选项)对话框中单击OK按钮，如图7-93所示。然后继续使用Select and Move(选择并移动)工具沿X轴稍微调整。

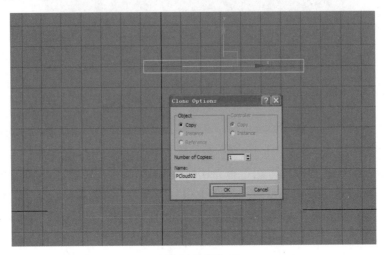

图7-93 复制粒子

接着切换至Perspective视图并进入Modify(修改)面板，展开Particle Generation(粒子生成)卷展栏，再在Particle Timing(粒子时间)选项组下把Emit Start(开始发射)的参数改为-30，Emit Stop(停止发射)的参数改为60，Life(生命)的参数改为40，如图7-94所示。

最后在Particle Size(粒子大小)选项组下把Size(大小)的参数改为0.6，Variation(百分比)的参数设为20%，Grow For(生长值)的参数改为0，Fade For(衰减值)的参数改为0，如图7-95所示。

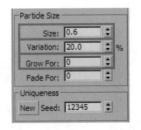

图7-94 设置复制粒子的生命　　图7-95 设置复制粒子参数

(9) 创建空间扭曲物体。方法：首先切换至Top视图并选择Create(创建)面板下的Space Warps(空间扭曲)，并在下拉列表框中选择Forces(力量)选项，再单击Wind(风)按钮，然后在Top视图中创建一个风力，如图7-96所示。

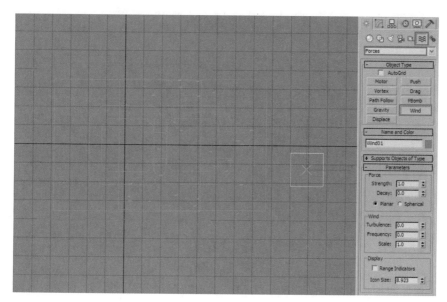

图7-96　创建风力

　　再切换至Front视图并使用Select and Rotate(旋转)工具沿Y轴旋转160°，如图7-97所示。

　　接着使用Select and Move(移动)工具稍微调整风力的位置。最后选择Create(创建)面板下的Space Warps(空间扭曲)，并在下拉列表框中选择Deflectors(导向板)选项，再单击Deflector(导向板)按钮，然后在Top视图中创建一个风力，如图7-98所示。

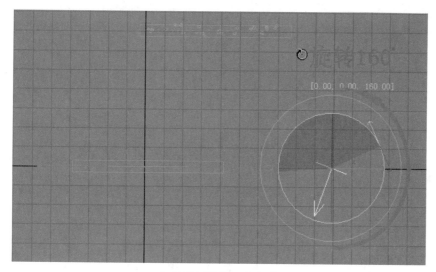

图7-97　调整风力角度

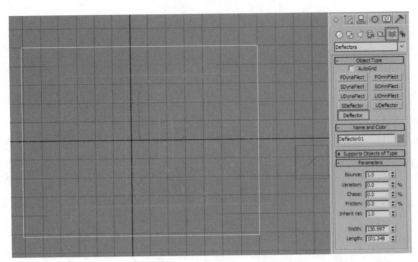

图7-98 创建导向板

(10) 链接并且调整空间扭曲的参数。方法：首先选择PCloud02粒子，切换至Front视图中，再单击3ds Max 2010工具面板上的Bind to Space Warp(绑定到空间扭曲)按钮，然后在视图中单击鼠标把粒子拖至风力上，如图7-99中A所示方向。再单击鼠标把粒子拖至导向板上，如图7-99中B所示方向。

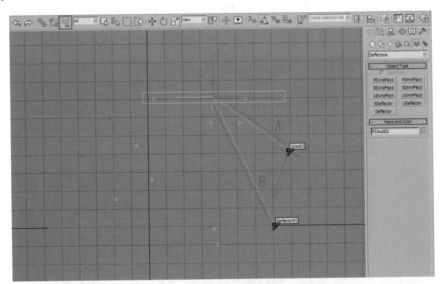

图7-99 链接粒子到风力和导向板

接着使用Select and Move(选择并移动)工具选取Deflector01，再进入Modify(修改)面板，把Parameters(参数)卷展栏下的Bounce(反弹力)参数改为0.1，如图7-100所示。

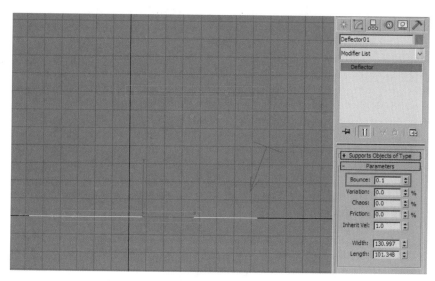

图7-100　修改导向板参数

最后选中Wind01，再在Modify(修改)面板，把Parameters(参数)卷展栏下的Strength(力量)参数改为0.06，如图7-101所示。

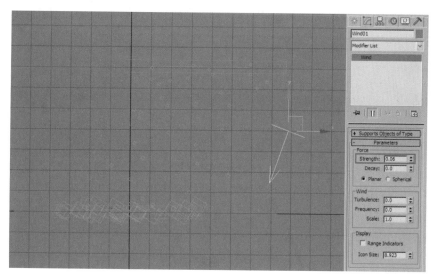

图7-101　修改风力参数

(11) 复制风力空间扭曲物体并且绑定到PCloud01模型上。方法：首先切换至Perspective视图中，并使用Select and Rotate(选择并旋转)工具配合Shift键沿Y轴旋转160°，在弹出的Clone Options(复制选项)对话框中单击OK按钮确定，如图7-102所示。

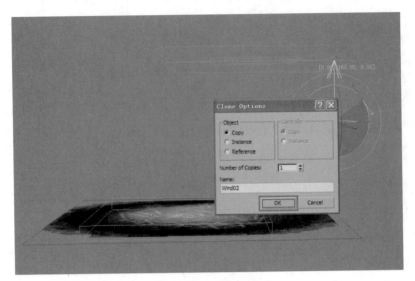

图7-102 旋转复制风力

　　然后使用Select and Move(选择并移动)工具稍微调整复制出来的风力位置，再单击3ds Max 2010工具面板上的Bind to Space Warp(绑定到空间扭曲)按钮，把粒子链接到复制的风力上，接着修改Wind02的Strength(力量)参数值改为0.01，Decay(衰减)参数值改为0.01，如图7-103所示。

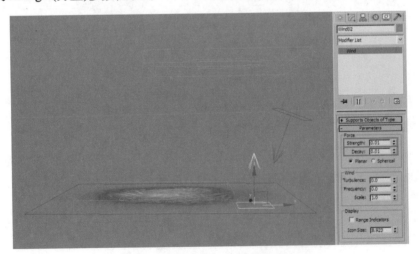

图7-103 修改复制的风力参数

　　(12) 为PCloud02指定材质。方法：首先选中PCloud02，按M键调出材质编辑器，在弹出的材质球面板中把第三个材质球指定给粒子系统，然后单击Diffuse右侧灰色方框，在弹出的材料面板中选择Bitmap(位图)，接着在弹出的选择位图对话框中找到准备好的图片，单击【打开】按钮为平面物体指定漫反射贴图，最后返回材质层级单击Show Standard Map in Viewpoint(在视图显示贴图)按钮，再选中Face Map(面显示贴图)复选框，如图7-104所示。

同理，为Opacity(透明贴图)后面也贴上同样的图片，同时选中Alpha单选按钮，如图7-105所示。

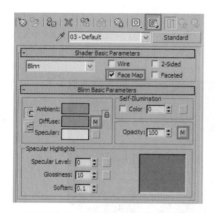

图7-104　为PCloud02指定材质

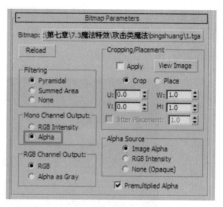

图7-105　设置透明通道

(13) 为PCloud01指定材质。方法：首先选中PCloud01，在材质球面板中把第四个材质球指定给粒子系统，然后单击Diffuse右侧灰色方框，在弹出的材料面板中选择Bitmap(位图)，接着在弹出的选择位图面板中找到准备好的图片，单击【打开】按钮为平面物体指定漫反射贴图，最后返回材质层级单击Show Standard Map in Viewpoint(在视图显示贴图)按钮，再选中Face Map(面显示贴图)复选框。同理，为Opacity(透明贴图)后面也贴上同样的图片，同时选中Alpha单选按钮，关闭材质球面板。显示效果如图7-106所示。

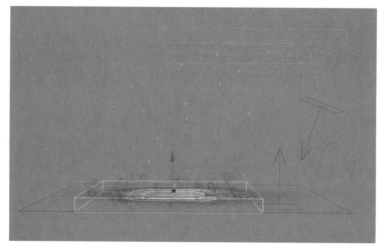

图7-106　为PCloud01指定材质

(14) 完成法师攻击类魔法特效的制作。单击Play Animation(播放动画)按钮，观看效果，可以根据各种不同的游戏引擎进行输出。这里为了更加直观地看到效果所以进行渲染输出，首先按F10键，然后在弹出的渲染设置面板中设置Active Time Segment为0 To 100，并在Render Output(渲染输出)选项组中单击Files(文件)按钮，在弹出的渲染输出文件对话框中，选择好要存储的路径，输入文件名，类型为32位的tga格式，单击【保存】按钮。最后单击Render(渲染)按钮，最终效果如图7-107所示。

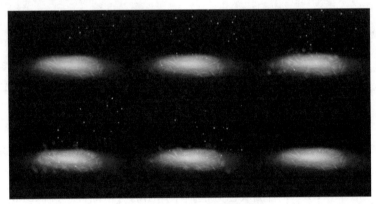

图7-107 特效的渲染效果

> 提示：攻击类魔法效果的制作操作演示详见"光盘\第7章：3D游戏中角色特效的制作\素材\魔法攻击特效.avi"视频文件。

7.3.2 治疗、守护类魔法效果

在各种游戏中治疗和守护的魔法效果是我们经常看到的，包括治疗恢复生命，解除异常状态、添加防御、速度状态等都属于魔法效果，本小节主要讲解守护治疗魔法特效制作的具体步骤和方法。

(1) 首先启动3ds Max 2010，选择Create(创建)面板下的Geometry(几何体)，在下拉列表框中选择Standard Primitive(标准物体)选项，再单击Plane(平面)按钮，然后在Front视图中创建一个平面，把平面物体Length(长度)值设为40，Width(宽度)值设为3，Length Segs(长度分段)值设为1，Width Segs(宽度分段)值设为1，如图7-108所示。

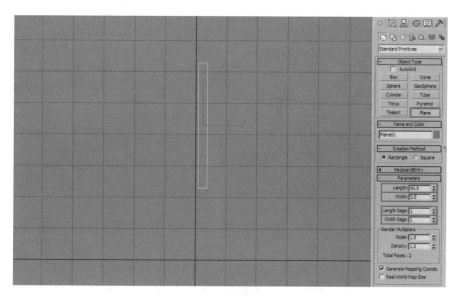

图7-108　创建平面

(2) 调整环境色和动画时间长度。方法：首先按8键，在弹出的Environment and Effects(环境和效果)对话框中单击Ambient(周围环境)下方方框，然后在弹出的Color Selector(调整颜色)对话框中把颜色调整为白色，单击OK按钮确定，关闭环境对话框，如图7-109所示。

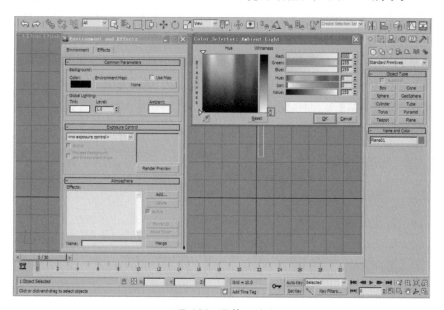

图7-109　调整环境色

接着切换至Perspective视图中在3ds Max 2010面板的右下角单击鼠标右键，在弹出的Time Configuration(时间配置)对话框中的Animation(动画)选项组下的End Time(结束时间)微调框中输入30，最后单击OK按钮确定，如图7-110所示。

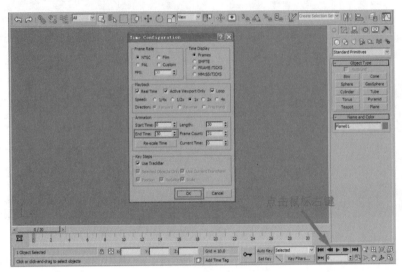

图7-110 设置动画时间

(3) 为平面模型指定材质。方法：首先在键盘上按M键调出材质编辑器，在弹出的材质球面板中把第一个材质球指定给平面模型，然后单击Diffuse右侧灰色方框，在弹出的材料面板中选择Bitmap(位图)，接着在弹出的选择位图面板中找到准备好的图片，单击【打开】按钮为平面物体指定漫反射贴图，最后返回材质层级单击Show Standard Map in Viewpoint(在视图显示贴图)按钮，再把Self-Illumination(自发光)选项组下面的参数设置为100，如图7-111所示。

同理，为Opacity(透明贴图)后面也贴上同样的图片，同时选中Alpha单选按钮，如图7-112所示。

图7-111 为平面模型指定材质

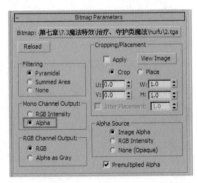

图7-112 设置透明通道

最后关闭材质球面板，透视图显示效果，如图7-113所示。

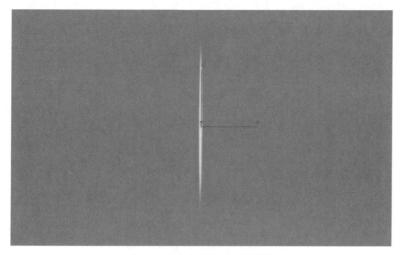

图7-113　治疗特效的材质效果

(4) 调整平面模型位置并且复制多个平面物体。方法：首先切换至Top视图中并使用Select and Move(移动)工具固定X轴、Y轴向右移动，再配合Shift键拖动鼠标，然后在弹出的Clone Options(复制选项)对话框中单击OK按钮确定，复制出Plane02，如图7-114所示。

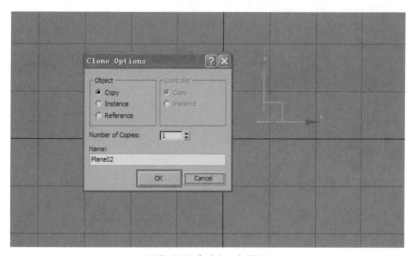

图7-114　复制一个平面

再使用同样的方法复制出总共14个平面模型。接着切换至Perspective视图中并使用Select and Move(选择并移动)工具和使用Select and Uniform Scale(选择并缩放)工具对复制出的14个平面模型分别调整位置和缩放。完成后的效果如图7-115所示。

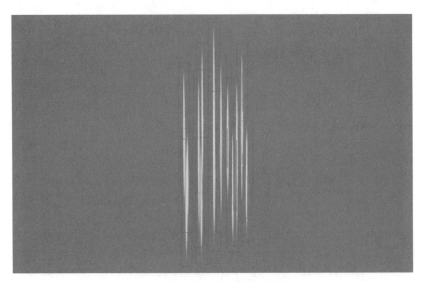

图7-115 复制出其他的平面

(5) 制作14个平面模型的动画。方法：切换至Front视图中并框选全部的平面模型，如图7-116中A所示，再使用Select and Move(选择并移动)工具沿Y轴向下移动，如图7-116中B所示。

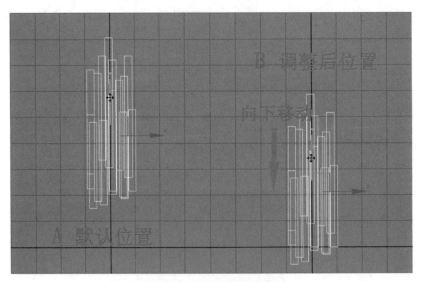

图7-116 移动平面位置

然后拖动时间滑块到第30帧，单击Auto Key(自动记录关键帧)按钮进入动画创建模式，再使用Select and Move(选择并移动)工具沿Y轴向上移动创建出关键帧，接着单击Auto Key(自动记录关键帧)按钮退出动画创建模式，如图7-117所示。

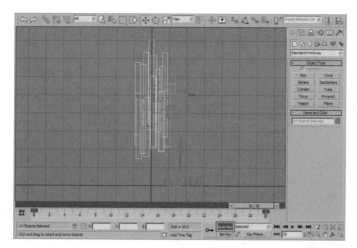

图7-117 制作平面的移动动画

(6) 复制出Plane15至Plane28模型并且修改动画。方法：首先确定全部平面模型在选中状态，再配合Shift键向下拖动鼠标，然后在弹出的Clone Options(复制选项)对话框中单击OK按钮复制出Plane15至Plane28模型，再切换至Top视图中并使用Select and Move(移动)工具分别调整Plane15至Plane28模型的位置，接着框选Plane15至Plane28模型，拖动时间滑块到第0帧，单击打开Auto Key(自动记录关键帧)按钮进入动画创建模式，如图7-118中A所示，再使用Select and Move(选择并移动)工具沿Y轴向上移动，如图7-118中B所示。最后拖动时间滑块到第30帧，再使用Select and Move(选择并移动)工具沿Y轴向下移动，把原来的动画弧度调整小一点。单击关闭Auto Key(自动记录关键帧)按钮退出动画创建模式。

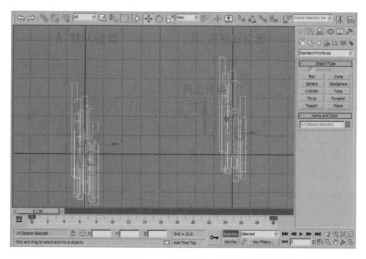

图7-118 复制出Plane15至Plane28模型并制作动画

(7) 创建粒子系统。方法：首先切换至Top视图选择Create(创建)面板下Geometry(几何体)的Particle Systems(粒子系统)子面板，再单击PCloud(粒子云)按钮，然后在Top视图中创建一个超粒子云，如图7-119所示。

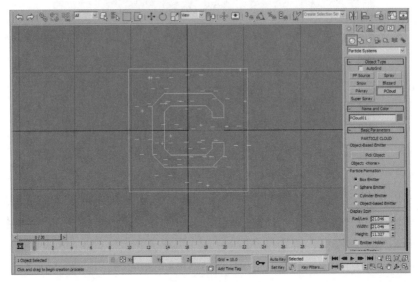

图7-119 创建粒子云

(8) 调整粒子云的参数。方法：首先进入Modify(修改)面板，在粒子系统的Basic Parameters(基本参数)卷展栏下修改Rad/Len(半径/长度)的参数为20、Width(宽度)的参数为20、Height(高度)的参数为5，再选中Cylinder Emitter(柱体发射)格式，并选中Viewport Display(视图显示)选项组下的Mesh单选按钮，同时设置Percentage of Particles 的参数为100%，如图7-120所示。

然后展开Particle Generation(粒子生成)卷展栏，在Particle Quantity(粒子量)选项组下修改Use Total参数为200，接着修改Particle Timing(粒子时间)选项组下面的Emit Stop(停止发射)参数为20，Life(生命)的参数为10，再修改Particle Size(粒子大小)选项组下面的Size(大小)参数为0.5，Variation(百分比)参数为50%，Grow For(生长值)参数为0，Fade For(衰减值)参数为0，如图7-121所示。

图7-120 设置粒子基本参数

最后在Particle Type(粒子类型)卷展栏，确认选中Standard Particle(标准粒子)单选按钮，并在Standard Particles选项组下面选中Facing单选按钮，如图7-122所示。

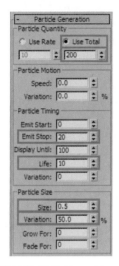

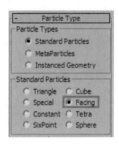

图7-121　设置粒子数量、时间、大小参数　　　　图7-122　设置粒子类型参数

(9) 创建空间扭曲物体并且绑定。方法：首先选择Create(创建)面板下的Space Warps(空间扭曲)的Forces(力量)子面板，再单击Wind(风)按钮，然后在Top视图中创建一个风力，如图7-123所示。

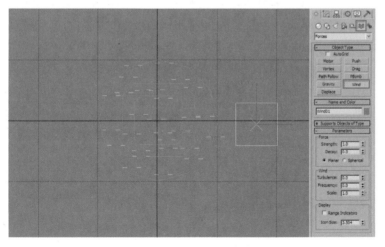

图7-123　创建风力

接着切换至Front视图中选择PCloud01(粒子云)，再单击3ds Max 2010工具面板上的Bind to Space Warp(链接到空间扭曲)按钮，最后把粒子云链接到风力上，如图7-124中A所示。接着选中Wind01(风力)并进入Modify(修改)面板，设置Parameters(参数)卷展栏下的Strength(力量)参数为

0.8，如图7-124中B所示。

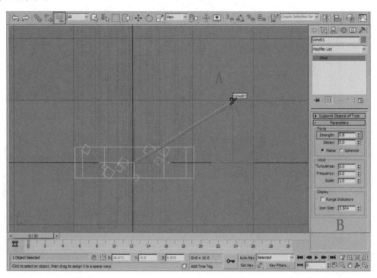

图7-124 把粒子云链接到风力

(10) 为粒子云指定材质。方法：首先切换至Perspective视图中并选择PCloud01(粒子云)在键盘上按M键调出材质编辑器，然后在弹出的材质球面板中把第二个材质球指定给粒子云，再单击Diffuse右侧灰色方框，在弹出的材料面板中选择Bitmap(位图)，接着在弹出的选择位图面板中找到准备好的图片，单击【打开】按钮为平面物体指定漫反射贴图，最后返回材质层级单击Show Standard Map in Viewpoint(在视图显示贴图)按钮，再把Self-Illumination(自发光)选项组下面的参数设置为100，并且选中Face Map(面贴图)复选框，如图7-125所示。

同理，为Opacity(透明贴图)后面也贴上同样的图片，同时选中Alpha单选按钮，如图7-126所示。

图7-125 指定材质

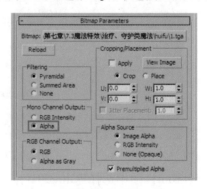

图7-126 设置透明通道

最后关闭材质球面板，透视图显示效果，如图7-127所示。

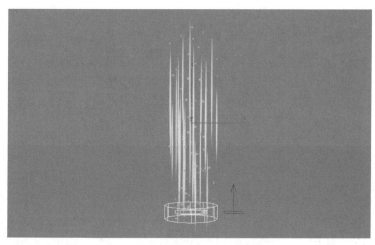

图7-127　特效材质的显示效果

(11) 设置全部平面模型的可见性。方法：首先框选全部的平面模型，单击Auto Key(自动记录关键帧)按钮进入动画创建模式，拖动时间滑块到第0帧，在视图中单击鼠标右键，并在弹出的快捷菜单中选择Object Properties(物体属性)命令，然后在弹出的Object Properties(物体属性)对话框中把Visibility(可见性)参数值改为0，再单击OK按钮确定，接着拖动时间滑块到第6帧，把Visibility(可见性)参数值改为0.8，再拖动时间滑块到第30帧，把Visibility(可见性)参数值改为0，最后拖动时间滑块到第24帧，把Visibility(可见性)参数值改为0.8，如图7-128所示，再单击Auto Key (自动记录关键帧)按钮退出动画创建模式。

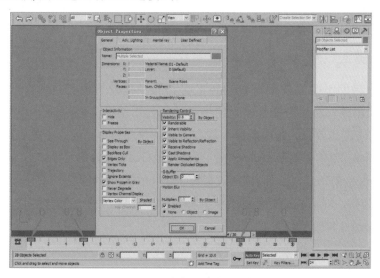

图7-128　设置全部平面模型的可见性

(12) 完成"守护"恢复状态特效的制作。单击Play Animation(播放动画)按钮，观看效果，可以根据各种不同的游戏引擎进行输出。这里为了更加直观地看到效果所以进行渲染输出，首先按F10键，然后在弹出的渲染设置面板中设置Active Time Segment为0 To 30，并在Render Output(渲染输出)选项组下单击Files(文件)按钮，在弹出的渲染输出文件面板中，选择好要存储的路径，输入文件名，类型为32位的tga格式，单击【保存】按钮。最后单击Render(渲染)按钮，效果如图7-129所示。

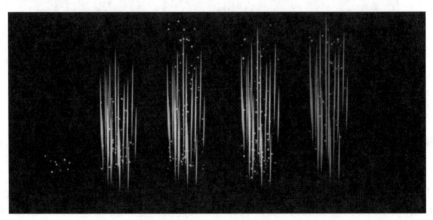

图7-129 治疗特效的渲染效果

> 提示：治疗、守护类魔法效果的制作操作演示详见"光盘\第7章：3D游戏中角色特效的制作\素材\守护恢复特效.avi"视频文件。

7.3.3 辅助类魔法效果

在各种游戏中辅助类魔法效果是我们经常看到的，也就是角色在增加状态，比如战斗加强、回复加强、攻击减弱、法力增加、速度增加等都属于辅助类魔法效果，本小节主要讲解增加角色攻击的辅助类魔法效果的具体制作步骤和方法。

(1) 启动3ds Max 2010，选择Create(创建)面板下的Geometry(几何体)的Standard Primitive(标准物体)子面板，再单击Plane(平面)按钮，然后在Front视图中创建一个平面，把平面物体的Length(长度)值设为40，Width(宽度)值设为40，Length Segs(长度分段)值设为1，Width Segs(宽度分段)值设为1，如图7-130所示。

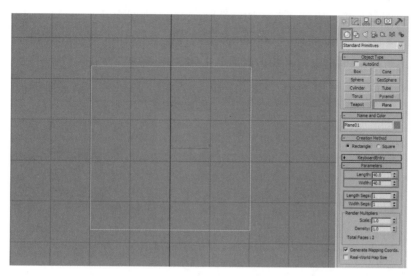

图7-130　创建平面

(2) 把坐标归零与调整环境色。方法：首先在3ds Max 2010工具面板上的Select and Move(选择并移动)工具上单击鼠标右键，然后在弹出的Move Transform Type-In(改变移动类型)面板上，把X轴、Y轴归零，关闭面板，如图7-131中A所示。接着按8键，在弹出的Environment and Effects(环境和效果)对话框中单击Ambient(周围环境)下方方框，最后在弹出的Color Selector(调整颜色)对话框中把颜色调整为白色，单击OK按钮确定，再关闭环境和效果对话框，如图7-131中B所示。

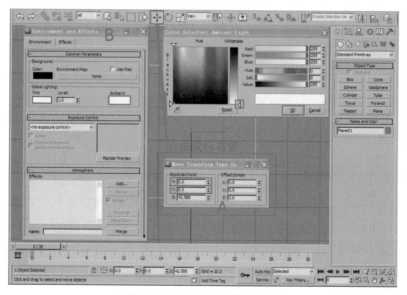

图7-131　归零坐标和调整环境色

(3) 调整动画时间长度。方法：首先切换至Perspective视图中并在3ds Max 2010面板的右下角单击鼠标右键，接着在弹出的Time Configuration(时间配置)对话框中的Animation(动画)选项组下的End Time(结束时间)微调框中输入40，最后单击OK按钮确定，如图7-132所示。

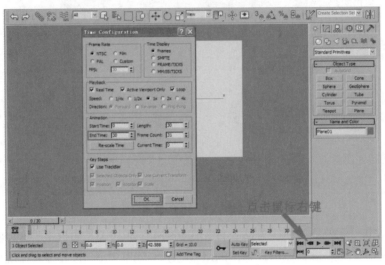

图7-132 设置动画时间

(4) 为模型指定材质。方法：首先按M键调出材质编辑器，在弹出的材质球面板中把第一个材质球指定给平面模型，然后单击Diffuse右侧灰色方框，在弹出的材料面板中选择Bitmap(位图)，接着在弹出的选择位图面板中找到准备好的图片，单击【打开】按钮为平面物体指定漫反射贴图，最后返回材质层级单击Show Standard Map in Viewpoint(在视图显示贴图)按钮，如图7-133所示。

同理，为Opacity(透明贴图)后面也贴上同样的图片，同时选中Alpha单选按钮，如图7-134所示。

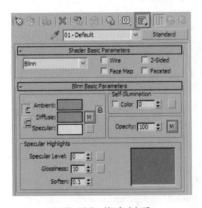

图7-133 指定材质

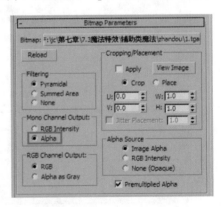

图7-134 设置透明通道

最后关闭材质球面板。透视图显示效果，如图7-135所示。

图7-135　特效的材质显示效果

(5) 制作动画。方法：首先确定Plane01模型在选择状态，单击Auto Key(自动记录关键帧)按钮进入动画创建模式，再把时间滑块拖动到第6帧，使用Select and Uniform Scale(缩放)工具对模型进行整体稍微缩小，如图7-136所示。再单击Auto Key(自动记录关键帧)按钮退出动画创建模式。

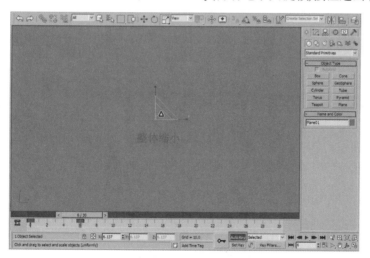

图7-136　制作缩放动画

(6) 复制出多个平面物体并调整复制模型的关键帧。方法：首先在视图中单击鼠标右键，在弹出的快捷菜单中选择Clone(复制)命令，如图7-137中A所示，然后在弹出Clone Options(复制选项)对话框中选中Copy(复制)单选按钮并单击OK按钮确定，如图7-137中B所示，复制出Plane02，再框选第0帧和第6帧的关键帧拖动到第2帧和第8帧，如图7-137中C所示。

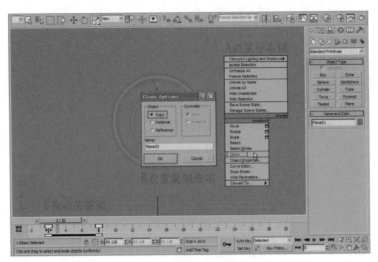

图7-137 复制一个平面并调整平面的关键帧

同理，复制出Plane03，再框选第2帧和第8帧的关键帧拖动到第4帧和第10帧；复制出Plane04，再框选第4帧和第10帧的关键帧拖动到第6帧和第12帧；复制出Plane05，再框选第6帧和第12帧的关键帧拖动到第8帧和第14帧；复制出Plane06，再框选第8帧和第14帧的关键帧拖动到第10帧和第16帧，如图7-138所示。

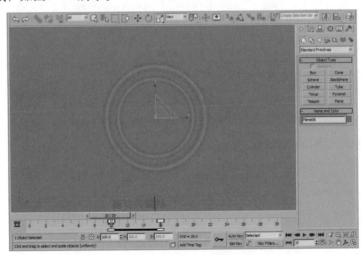

图7-138 复制其他的平面并调整平面的关键帧

(7) 分别设置Plane01至Plane06模型的可见性。方法：首先选择Plane01模型，单击打开Auto Key(自动记录关键帧)按钮，把时间滑块拖动到第8帧，再单击鼠标右键，在弹出的快捷菜单中选择Object Properties(物体属性)命令，然后在弹出的Object Properties(物体属性)对话框中设置

Visibility(可见性)的参数为0，单击OK按钮确定，接着拖动时间滑块到第6帧，再单击鼠标右键在弹出的快捷菜单中选择Object Properties(物体属性)命令，最后在弹出的Object Properties(物体属性)对话框中设置Visibility(可见性)的参数值为1，单击OK按钮确定，如图7-139所示。

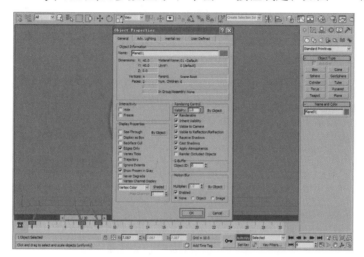

图7-139　设置Plane01的可见性

　　同理，选择Plane02模型，分别设置第0帧的Visibility(可见性)的参数值为0，第2帧的Visibility(可见性)的参数值为1，第8帧的Visibility(可见性)的参数值为1，第10帧的Visibility(可见性)的参数值为0。

　　同理，选择Plane03模型，分别设置第2帧的Visibility(可见性)的参数值为0，第4帧的Visibility(可见性)的参数值为1，第10帧的Visibility(可见性)的参数值为1，第12帧的Visibility(可见性)的参数值为0。

　　同理，选择Plane04模型，分别设置第4帧的Visibility(可见性)的参数值为0，第6帧的Visibility(可见性)的参数值为1，第12帧的Visibility(可见性)的参数值为1，第14帧的Visibility(可见性)的参数值为0。

　　同理，选择Plane05模型，分别设置第6帧的Visibility(可见性)的参数值为0，第8帧的Visibility(可见性)的参数值为1，第14帧的Visibility(可见性)的参数值为1，第16帧的Visibility(可见性)的参数值为0。

　　同理，选择Plane06模型，分别设置第8帧的Visibility(可见性)的参数值为0，第10帧的Visibility(可见性)的参数值为1，第16帧的Visibility(可见性)的参数值为1，第18帧的Visibility(可见性)的参数值为0。单击Auto Key(自动记录关键帧)按钮退出动画创建模式。

　　(8) 创建出Plane07模型。方法：首先选择Create(创建)面板下的Geometry(几何体)的Standard

Primitive(标准物体)子面板，再单击Plane(平面)按钮，然后在Front视图中创建一个平面，把平面物体的Length(长度)值设为40，Width(宽度)值设为40，Length Segs(长度分段)值设为1，Width Segs(宽度分段)值设为1，接着在3ds Max 2010工具面板上的Select and Move工具上单击鼠标右键，在弹出的Move Transform Type-In(改变移动类型)面板上，把X轴、Y轴归零，关闭面板。最后使用Select and Move(选择并移动)工具沿Y轴向下移动至世界坐标，如图7-140所示。

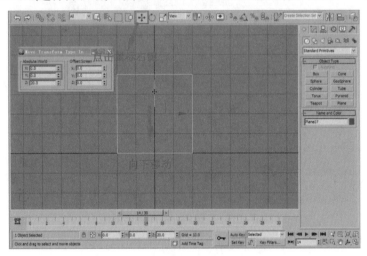

图7-140 创建平面Plane07

(9) 调整Plane07的坐标轴。方法：首先单击Hierarchy(层级)面板下的pivot(轴)按钮，再单击Adjust Pivot卷展栏下的Affect Pivot Only(唯一影响轴向)按钮，然后在Front视图中使用Select and Move(选择并移动)工具把平面的坐标轴沿Y轴向下移动到平面的底端，如图7-141所示，再单击Affect Pivot Only按钮使其失效。

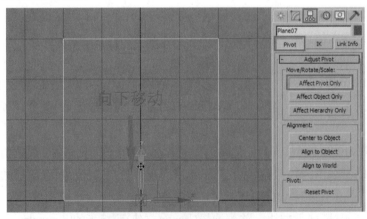

图7-141 调整Plane07的坐标轴

(10) 为Plane07指定材质。方法：首先按M键调出材质编辑器，在弹出的材质球面板中把第二个材质球指定给平面模型，然后单击Diffuse右侧灰色方框，在弹出的材料面板中选择Bitmap(位图)，接着在弹出的选择位图面板中找到准备好的图片，单击【打开】按钮为平面物体指定漫反射贴图，最后返回材质层级单击Show Standard Map in Viewpoint(在视图显示贴图)按钮，如图7-142所示。

同理，为Opacity(透明贴图)后面也贴上同样的图片，同时选中Alpha单项按钮，如图7-143所示。

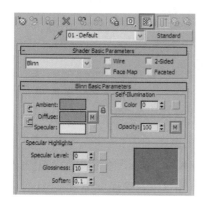

图7-142　为Plane07指定材质

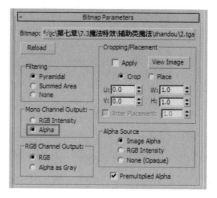

图7-143　设置透明通道

最后关闭材质球面板。透视图显示效果，如图7-144所示。

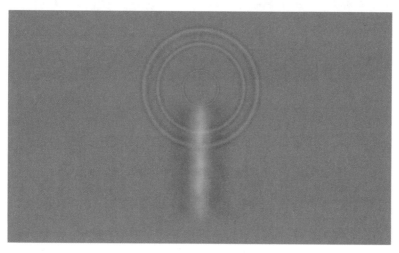

图7-144　特效的材质显示效果

(11) 修改Plane07模型的宽度。方法：首先进入Modify(修改)面板，在平面的Parameters(参数)卷展栏下修改Width(宽度)的参数值为20，如图7-145所示。

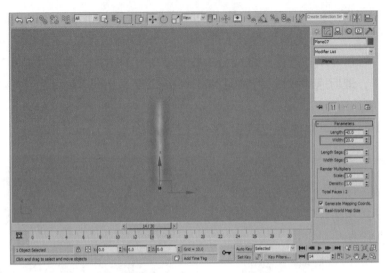

图7-145 修改Plane07的宽度

(12) 制作Plane07模型的动画。方法：首先单击Auto Key(自动记录关键帧)按钮进入动画创建模式，把时间滑块拖动到第14帧，使用Select and Uniform Scale(选择并缩放)工具对模型进行整体放大，如图7-146所示。

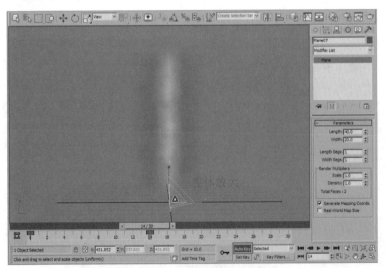

图7-146 制作缩放动画(1)

然后把第14帧的关键帧拖动到第21帧，再把第0帧的关键帧拖动到第14帧。接着拖动时间滑块到第21帧，使用Select and Uniform Scale(选择并缩放)工具沿Z轴压扁，再拖动时间滑块到第22帧，对模型进行整体的稍微缩小，效果如图7-147所示。

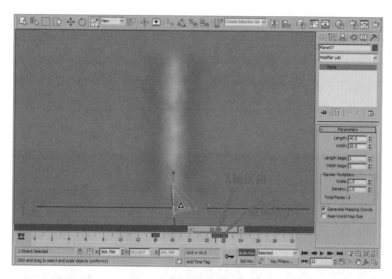

图7-147　制作缩放动画(2)

(13) 设置Plane07模型的可见性。方法：首先把时间滑块拖动到第14帧，再单击鼠标右键，在弹出的快捷菜单中选择Object Properties(物体属性)命令，然后在弹出的Object Properties(物体属性)对话框中设置Visibility(可见性)的参数为0，单击OK按钮确定，再框选第0帧的关键帧拖动第17帧，接着配合键盘上的Shift键把第17帧的关键帧复制到第24帧，再把时间滑块拖动到第27帧，设置Visibility(可见性)的参数为0，最后单击OK按钮确定，如图7-148所示。单击Auto Key(自动记录关键帧)按钮退出动画创建模式。

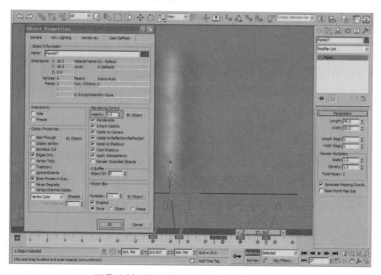

图7-148　设置Plane07模型的可见性

(14) 完成增加战斗辅助类魔法效果的制作。单击Play Animation(播放动画)按钮,观看效果,可以根据各种不同的游戏引擎进行输出。这里为了更加直观地看到效果进行渲染输出,首先按F10键,然后在弹出的渲染设置面板中设置Active Time Segment为0 To 30,接着在Render Output(渲染输出)选项组下单击Files(文件)按钮,在弹出的渲染输出文件对话框中,选择好要存储的路径,输入文件名,类型为tga格式,单击【保存】按钮。最后单击Render(渲染)按钮,最终效果如图7-149所示。

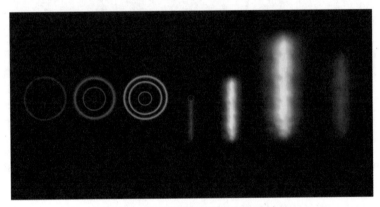

图7-149 辅助类魔法特效的渲染效果

提示:辅助类魔法效果的制作操作演示详见〝光盘\第7章:3D游戏中角色特效的制作\素材\辅助魔法特效.avi〞视频文件。

7.3.4 召唤类魔法效果

在各种游戏中,召唤类魔法效果是比较少见的,只有召唤师、精灵、巫师等少数职业的角色才能使用这类魔法。本小节主要讲解巫师使用召唤骷髅魔法时的特效的具体制作步骤和方法。

(1) 首先启动3ds Max 2010,选择Create(创建)面板下Geometry(几何体)的Particle Systems(粒子系统)子面板,再单击PCloud(粒子云)按钮,然后在Top视图中创建一个粒子云,接着选中Cylinder Emitter(圆柱发行)单选按钮,再设置Rad/Len(半径/长度)的参数为100、Height(高度)的参数为3,最后在Viewpoint Display(视图显示)选项组中选中Mesh(网格)单选按钮,并且把Percentage of Particular(粒子的百分比)参数改为100%,如图7-150所示。

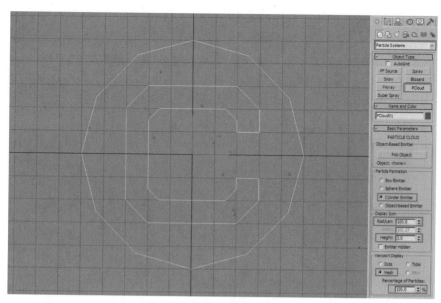

图7-150　创建粒子云

(2) 设置环境色。方法：首先按8键，在弹出的Environment and Effects(环境和效果)对话框中单击Ambient(周围环境)下的颜色，接着在弹出的选择颜色对话框中设置为全白色，单击OK按钮确定，如图7-151所示。最后关闭环境和效果对话框。

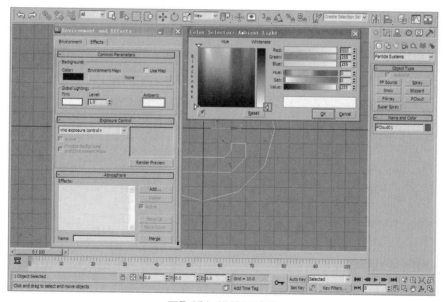

图7-151　设置环境色

(3) 调整动画时间长度。方法：首先切换至Perspective视图中，在3ds Max 2010面板的右下角单击鼠标右键，接着在弹出的Time Cnfiguration(时间配置)对话框中的Animation(动画)选项组下的End Time(结束时间)微调框中输入40，最后单击OK按钮确定，如图7-152所示。

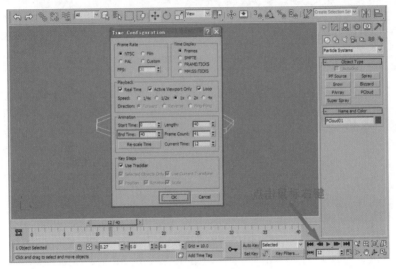

图7-152 设置动画时间

(4) 调整粒子的参数。方法：首先进入Modify(修改)面板，在粒子系统的Particle Generation(粒子生成)卷展栏下选中Use Total单选按钮并设置参数为200，如图7-153所示。

然后在Particle Timing(粒子的时间)选项组下分别设置Emit Start(开始发射)的参数为5、Emit Stop(结束发射)的参数为28和Life的参数为10，接着在Particle Size(粒子大小)选项组下，分别设置Size(大小)参数为10和Variation(变化值)参数为50%，如图7-154所示。

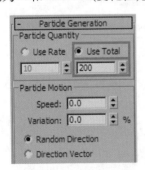

图7-153 调整粒子的数量参数

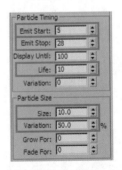

图7-154 调整粒子时间、大小参数

最后进入Particle Type(粒子类型)卷展栏，确定在选中Standard Particles(标准粒子)的情况下，再选中Facing(面)单选按钮，如图7-155所示。

(5) 创建空间扭曲物体并且链接。方法：首先选择Create(创建)面板下Space Warps(空间扭曲)的Forces(力量)子面板，再单击Wind(风力)并在Front视图中创建出一个风力，然后在Parameters(参数)卷展栏下选中Spherical(球形)，再设置Strength的参数为-1.5，如图7-156所示。

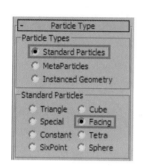

图7-155 调整粒子类型参数

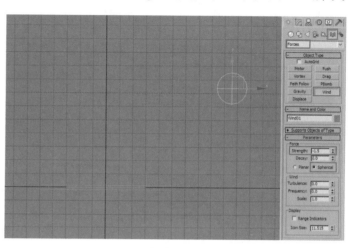

图7-156 创建空间扭曲(风力)

接着在perspective视图中选择粒子云，再单击工具面板上的Bind to Space Warp(链接到空间扭曲)按钮，最后把粒子云链接到风力上，如图7-157所示。

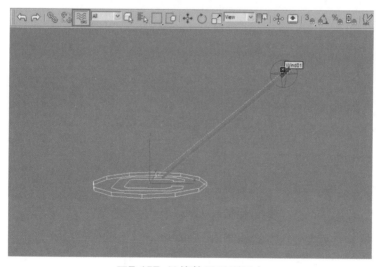

图7-157 链接粒子云到风力

(6) 为粒子指定材质。方法：首先在键盘上按M键调出材质编辑器，在弹出的材质球面板中把第一个材质球指定给平面模型，然后单击Diffuse右侧灰色方框，在弹出的材料面板中选择

Bitmap(位图)，接着在弹出的选择位图面板中找到准备好的图片，单击【打开】按钮为平面物体指定漫反射贴图，最后返回材质层级单击Show Standard Map in Viewpoint(在视图显示贴图)按钮，再选中Face Map复选框，如图7-158所示。

同理，为Opacity(透明贴图)后面也贴上同样的图片，同时选中Alpha单选按钮，如图7-159所示。

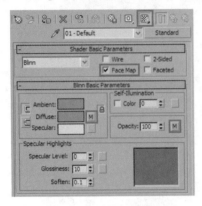

图7-158 为粒子指定材质

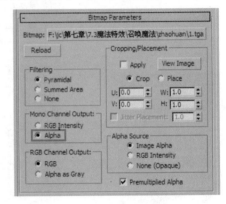

图7-159 设置透明通道

最后关闭材质球面板，透视图显示效果，如图7-160所示。

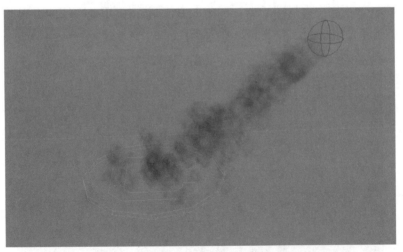

图7-160 粒子的材质显示效果

(7) 完成"巫师"召唤类魔法特效的制作。单击Play Animation(播放动画)按钮，观看效果，可以根据各种不同的游戏引擎并进行输出。这里为了更加直观地看到效果所以进行渲染输出，首先按F10键，然后在弹出的渲染设置面板中设置Active Time Segment为0 To 30，并在Render Output(渲染输出)选项组下单击Files(文件)按钮，在弹出的渲染输出文件面板中，选择好要存储的路径，输入文件名，类型为32位的tga格式，单击【保存】按钮。最后单击Render(渲染)按钮，效果如图7-161所示。

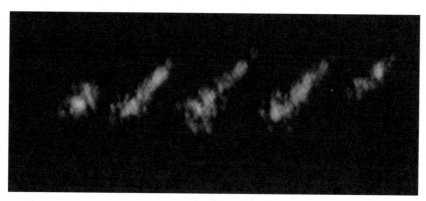

图7-161　召唤魔法的渲染效果

提示：巫师召唤类魔法效果的制作操作演示详见"光盘\第7章：3D游戏中角色特效的制作\素材\召唤魔法特效.avi"视频文件。

7.4　本章小结

本章主要以3D游戏中发生在角色身上的特效制作为主，包括角色自身的职业、属性、附加属性等效果，如武士效果如何表现(如红色；扭曲的周围空间；空气冲击波；步伐带起的尘土等均可以表现为武士的力量)；另外本章内容也包括了角色的职业技能(魔法)所产生的效果，如法师使用的雷电术如何表现及制作，等等。通过本章学习，读者应对以下问题有明确认识。

(1) 游戏中常见角色特效分类及设计的基本知识。

(2) 角色特效的设计及制作的基本知识。

(3) 魔法特效的设计及制作的基本知识。

7.5 本章习题

一、填空题

1．游戏中魔法特效类型包括_____、_____、_____、_____、_____等。

2．角色特效是游戏中角色自身出现的特效，主要用来表现角色的_____、_____、_____，多出现在较高级别的角色。

3．创建物体的关键帧动画时，需要先单击激活【自动关键帧】按钮，再调整物体的变化，然后在当前帧上的_____上单击鼠标右键，并在弹出_____对话框中单击OK按钮就可以完成创建。

二、简答题

1．简述角色效在游戏中的重要性。

2．简述角色特效的分类。

3．简述3ds Max 2010中把模型坐标归零的操作方法。

三、操作题

利用本章学习的内容，尝试为一个游戏角色制作装备的光晕特效。

第**8**章

3D游戏开发制作中粒子
编辑器的使用

章节描述

本章清晰而明了地介绍了游戏引擎的概念和基本原理，以及在游戏中发挥的重要作用，并比较详细地介绍了Bigworld这一著名游戏引擎的粒子编辑器的基本使用方法。通过本章的学习，读者应该能够掌握对游戏引擎粒子编辑器的基本使用方法。

教学目标

- 了解游戏引擎的概念和作用。
- 了解几款著名的游戏引擎。
- 掌握BigWorld游戏粒子编辑器的基础操作。
- 掌握BigWorld游戏粒子编辑器的应用实例。

教学重点

- BigWorld游戏粒子编辑器的基础操作。
- BigWorld游戏粒子编辑器的应用实例。

教学难点

- BigWorld游戏粒子编辑器的应用实例。

8.1 游戏引擎概述

我们常常会碰见"引擎"(Engine)这个单词,引擎在游戏中究竟起着什么样的作用呢?游戏引擎是电脑游戏或者一些交互式实时图像应用程序的核心组件。大部分都支持多种操作平台,如Linux、Mac OS X、微软Windows。游戏引擎包含以下系统:渲染引擎(即【渲染器】,含二维图像引擎和三维图像引擎)、物理引擎、碰撞检测系统、音效、脚本引擎、电脑动画、游戏人工智能、网络引擎以及场景管理。

8.1.1 认识游戏引擎

想想《反恐精英》、《雷神之锤》、《孤岛惊魂》这些风靡了一代人的游戏吧。流畅的动作、绚丽的场景加上无比真实的特效,完全突破了传统游戏古老而单调的平面视觉,让广大游戏玩家进入了全新体验的3D游戏时代,如图8-1所示。而这一切的发生,就是游戏引擎发生质变所带来的。所谓游戏引擎就是可以在现代硬件上创造游戏的一种技术。不管是最新的个人电脑游戏,或者是 Sony 和 Microsoft 的家用游戏机产品,游戏引擎都会帮你处理光影和场景数据渲染,控制环境物体间的物理互动,并确保动画可以在AI(人工智能)逻辑的控制下圆滑无缝地混合,以及在场景中实时地混合音效和视觉特效。

图8-1 使用Cry Engine 2引擎开发的游戏画面

　　引擎如同游戏的心脏，决定着游戏的性能和稳定性，玩家所体验到的剧情、关卡、美工、音乐、操作等内容都是由游戏的引擎直接控制的，它把游戏中的所有元素捆绑在一起，在后台指挥它们同时、有序地工作。简单地说，引擎就是"用于控制所有游戏功能的主程序，从计算碰撞、物理系统和物体的相对位置，到接受玩家的输入，以及按照正确的音量输出声音等"。

　　无论是2D游戏还是3D游戏，无论是角色扮演游戏、即时策略游戏、冒险解谜游戏还是动作射击游戏，哪怕是一个只有1兆的小游戏，都有这样一段起控制作用的程序代码。经过不断的进化，如今的游戏引擎已经发展为一套由多个子系统共同构成的复杂系统，从建模、动画到光影、粒子特效，从物理系统、碰撞检测到文件管理、网络特性，还有专业的编辑工具和插件，几乎涵盖了开发过程中的所有重要环节。下面对引擎的一些关键部件作一个简单的介绍。

　　首先是光影效果，即场景中的光源对处于其中的人和物的影响方式。游戏的光影效果完全是由引擎控制的，折射、反射等基本的光学原理以及动态光源、彩色光源等高级效果都是通过引擎的不同编程技术实现的，如图8-2所示。

图8-2　游戏中的光影折射效果

　　其次是动画，目前游戏所采用的动画系统可以分为两种：一种是骨骼动画系统，一种是模型动画系统，前者用内置的骨骼带动物体产生运动，比较常见，后者则是在模型的基础上直接进行变形。引擎把这两种动画系统预先植入游戏，方便动画师为角色设计丰富的动作造型。

　　引擎的另一个重要功能是提供物理系统，这可以使物体的运动遵循固定的规律，例如，当角色跳起的时候，系统内定的重力值将决定他能跳多高，以及他下落的速度有多快，子弹的飞行轨迹、车辆的颠簸方式等也都是由物理系统决定的。

低多边形角色实时光影效果碰撞探测是物理系统的核心部分，它可以探测游戏中各物体的物理边缘。当两个3D物体撞在一起的时候，这种技术可以防止它们相互穿过，这就确保了当你撞在墙上的时候，不会穿墙而过，也不会把墙撞倒，因为碰撞探测会根据你和墙之间的特性确定两者的位置和相互的作用关系。

渲染是引擎最重要的功能之一，当3D模型制作完毕之后，美工会按照不同的面把材质贴图赋予模型，这相当于为骨骼蒙上皮肤，最后再通过渲染引擎把模型、动画、光影、特效等所有效果实时计算出来并展示在屏幕上，如图8-3所示。渲染引擎在引擎的所有部件当中是最复杂的，它的强大与否直接决定着最终的输出质量。

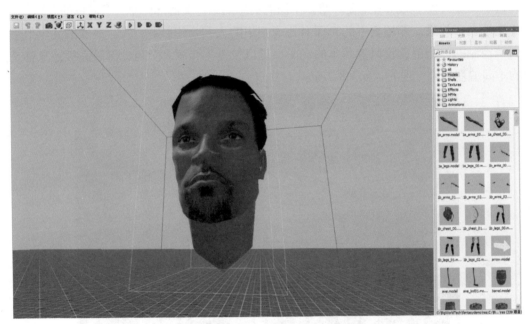

图8-3 模型在引擎中的显示效果

引擎还有一个重要的职责就是负责玩家与电脑之间的沟通，处理来自键盘、鼠标、摇杆和其他外设的信号。如果游戏支持联网特性的话，网络代码也会被集成在引擎中，用于管理客户端与服务器之间的通信。

8.1.2　常见游戏引擎的介绍

目前，世界范围内比较知名的引擎包括BigWorld，Unreal 3，Cry Engine 2，Gamebro等，还有很多免费的开源或半开源引擎。本节为大家介绍几款在当今主流游戏开发中应用比较广泛而且功能强大的引擎。

1．Cry Engine引擎

　　Cry Engine引擎来自德国的一家游戏制造商Crytek公司。众所周知，目前世界上质量最好的游戏截图就是CE2(Cry Engine升级版)引擎的精确晨昏模拟Mod测试截图，如图8-4所示。借助Cry Engine 2引擎编辑器，游戏开发者创建了一个11.5亿像素的截图。同时，一组来自德国的游戏/电影双重爱好者正在使用Cry Engine 2引擎制作一部名为《Raining Fire》(火雨)的电影，尽管这不是第一部利用游戏技术制作的电影，但Cry Engine引擎的截图画面还是让人期待不已。

图8-4　Cry Engine 2引擎精确晨昏PC模拟Mod测试截图

2．Unreal3引擎

　　虚幻引擎来自美国的游戏开发商Epic Games，在业内大名鼎鼎。其代表作有《细胞分裂》、《天堂2》、《战争机器》系列、《虚幻竞技场》等。Unreal3支持PC、Xbox、PS等平台，全平台的良好的支持性使它成为目前游戏开发中使用最多的引擎。世界上很多著名的游戏开发商，包括索尼PS3、威旺迪、BioWare、NCsoft、斐凡迪、Acro Games都在开发中使用了Epic Games推出的全新Unreal3的引擎技术，如图8-5所示。中国的网龙、久游、趣味第一等公司也获得了Unreal3引擎的商业使用授权。

图8-5 使用Unreal3引擎开发的游戏画面

3. BigWorld引擎

BigWorld这个名字在国内业界并不陌生，这款来自澳洲的网络游戏引擎对自己的标准称呼是"BigWorld Technology Suite中间件平台"，提供网络游戏研发需要的各种工具。BigWorld是一个网络游戏引擎，相对于Unreal等高端引擎，其更加注重对网络支持的专业性，价格也相对低廉，因此在网络游戏开发领域应用非常广泛，其演示画面如图8-6所示。

图8-6 BigWorld引擎演示画面

日本GungHo的《北斗神拳online》、网易的《天下贰》、金酷的《魔界》、天联世纪的《十面埋伏》和光宇天成的《创世online》等都采用了BigWorld引擎技术。

8.2 BigWorld游戏引擎粒子编辑器概述

BigWorld 粒子编辑器可让您轻松模拟出多种环境特效，例如下雨、下雪、沙尘暴、烟雾和火花等。此外设计人员也常用这个系统制作武器特效，例如炮口火焰、爆炸、跳弹和弹匣弹出等，如图8-7所示。

图8-7 3D网游《坦克世界》武器特效

BigWorld还提供多重粒子源，这些粒子可采用3D网格物体或2D平面图形物件，单个发射器可以同时发射两种粒子类型。粒子受多种不同环境因素的影响，例如风和场景冲突，以及如障碍物、作用力、河流、色彩、闪光和抖动等自订因素。

BigWorld引擎的粒子系统拥有强大的表现力、可塑性和扩展性。美术人员可以方便地使用3ds Max和Maya设计制作粒子效果并导出到xml文件中。引擎既提供传统的由面片构成的粒子，也提供了可以由任意可渲染对象构成的粒子系统，引擎在更新粒子时更新添加了可渲染对象，因此可以将诸如骨骼动画之类的模型对象加入到粒子系统中，动画将会自动地正确播放。在粒子效果的模拟上，引擎提供了多种的力与碰撞的模拟器，它们将使粒子的运动更符合物理模型，从而表现出更逼真的效果。

从BigWorld1.9.2版本开始，粒子系统有了很大的改进，主要表现在粒子的运算加入到了Floodgate系统中。Floodgate是一个多线程任务管理系统，通过它，粒子的模拟与生成的计算都在多线程中进行，这将充分发挥多核硬件的能力。粒子系统像引擎中的其他可渲染对象一样，既可以使用引擎标准渲染管线，也可以使用自定义的材质，粒子的渲染数据比如网格物体与粒子的模拟数据是分开的，所以不必担心模拟的计算量过大而导致粒子渲染的等待。同时，自定义的力与碰撞器也可以方便地加入到系统中来达到想要的效果。BigWorld引擎的粒子系统结构如图8-8所示。

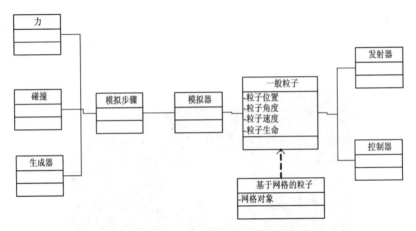

图8-8 BigWorld引擎的粒子系统结构

8.2.1 粒子主要属性

引擎中每一个粒子的属性有位置、颜色、线速度、角速度、大小、旋转角度、生命值、纹理坐标等，如图8-9所示。这些数据存放在particles对象中，每一个particles代表了一组一定数量的粒子，这个粒子的数据在particles对象创建时即被指定，并且创建后不能更改，同时particles对象中所保存粒子数据的缓冲在创建后也不会重新分配。

值得注意的是，粒子的位置属性可以分为世界坐标系或模型坐标系。当指定为世界坐标系时，particles的位移(translation)与旋转(rotation)属性将不起作用，但是缩放(scale)值除外。注意这并不意味着粒子不用乘以世界矩阵，只是世界矩阵为单位矩阵而已，原来的世界矩阵被存放在particles:m_kUnmodifiedWorld成员中。缩放值的作用通过粒子生成器(particlesGenerator)实现而不是世界矩阵。

当使用模型坐标系时，粒子的位置属性与普通的网格物体一样，比如场景中有相同的10个火把，它们的更新过程是相同

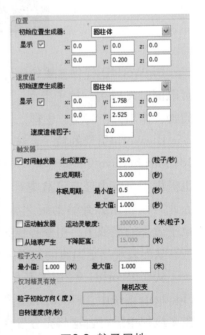

图8-9 粒子属性

的，使用模型坐标系时需要一个particles对象就够了，可以通过改变位移、旋转和缩放值使火把看起来有些区别。

8.2.2　粒子受力模拟

BigWorld引擎的粒子系统可以加入多个"力"对象以进行模拟，每个"力"将作用于所有的粒子。引擎中提供了以下几种受力。

(1) 气流力场：用于模拟空气的运动，例如风、飘动的物体和尾迹等。这个力的参数设置如表8-1所示。

表8-1　气流力场的参数设置

参　数	注　释
空间对象	场景中的一个节点，可以是任何对象。该对象的位置表示力场的位置
力的大小	力的作用大小
衰减系数	衰减值=pow((1.0–当前位移/最大位移), 衰减系数)， 当前速度=空气速度×空气阻力×衰减值， 可见衰减值越小，速度衰减越快
是否有最大位移	"最大位移"一值是否有效
最大位移	粒子与空间对象的最大位移，如果超出该值，粒子运动将返回
方向	气流的方向
空气阻力	见衰减系数公式
速度传递系数	空间对象的速度对气流速度的影响，此值越大，空间对象的速度影响越大
方向是否传递	当空间对象的方向改变时，气流的方向是否发生改变
是否扩散	是否允许气流沿锥形扩散
扩散系数	扩散圆锥的张角

参数中速度传递与方向传递非常有用，游戏中常常需要粒子跟随物体运动，比如魔法师燃烧的魔杖冒出的烟雾，战士挥动兵刃时的尾迹等。

(2) 爆炸力：模拟多种爆炸效果，有球状爆炸、圆柱/圆锥爆炸、平面爆炸。其参数设置如表8-2所示。

表8-2　爆炸力的参数设置

参　数	注　释
空间对象	场景中的一个节点，可以是任何对象。该对象的中心表示爆炸的中心
爆炸方向	根据不同的爆炸对齐方式来作用

参　数	注　释
衰减程度	实际上就是粒子运动的最大位移，同时也参与速度变化的计算
加速度	粒子速度与时间的导数
衰减方式	有两种方式：(1) 线性衰减：衰减值 = (衰减程度−当前位移)/衰减程度 (2) 指数衰减：衰减值 = (−当前位移)/衰减程度 速度=当前速度+衰减值×加速度×经过的时间 不难发现指数衰减将使速度减慢的程度要低于线性衰减
对齐方式	爆炸后粒子的对齐方式有以下三种。 球状爆炸：每个粒子受力方向=粒子位置−爆炸中心。 圆柱爆炸：每个粒子受力方向=粒子到爆炸中心向量×粒子到爆炸中心向量与爆炸方向的夹角的正弦值。 平面爆炸：每个粒子受力方向=爆炸方向

(3) 拉力场：实际上就是一种阻力，用于减慢粒子的速度。它根据粒子与力场的位移、力场方向的点积计算出一个减小值来减慢粒子的速度快慢。注意它并不改变速度的方向，当减小值为0时，它会将粒子速度设为0。其参数设置如表8-3所示。

表8-3　拉力场的参数设置

参　数	注　释
空间对象	场景中的一个节点，可以是任何对象。该对象的位置表示力场的位置
力的大小	力的作用大小
衰减系数	拉力的衰减系数。 粒子速度的减小值=拉力大小×经过时间×粒子到力场中心方向与力场方向的余弦/(粒子到力场中心距离×衰减系数)
是否有最大距离	最大距离参数是否有效
最大距离	拉力作用的最大范围。如果粒子与力场中心的距离大过该值，将不受该力影响
是否用方向	拉力方向参数是否有效
拉力方向	粒子当前速度方向与拉力方向的夹角越小，所受拉力影响越大

(4) 拉力：在一定范围内作用的拉力，有一个衰减的范围。注意：外径必须大于内径。其参数设置如表8-4所示。

表8-4 拉力的参数设置

参 数	注 释
空间对象	场景中的一个节点，可以是任何对象。该对象的位置表示力场的位置
力的方向	一个规范化的向量表示拉力的方向
力作用大小	拉力作用的大小
内径	超过这个值，力的大小将根据粒子与中心的距离线性衰减
外径	超过这个值，粒子将不受该力作用

(5) 重力场：一定范围内使粒子沿一定方向运动。与重力不同的是，重力场有范围。其作用公式为：粒子的速度的增加量=力的大小×经过的时间×Pow(粒子到力场中心的距离，衰减系数)，其参数设置如表8-5所示。

表8-5 重力场的参数设置

参 数	注 释
空间对象	场景中的一个节点，可以是任何对象。该对象的位置表示力场的位置
力的大小	力的作用大小，直接影响到粒子速度变化的快慢
衰减系数	速度的增加量=力的大小×经过的时间×Pow(粒子到力场中心的距离，衰减系数)，其中衰减系数不能大于1.0
是否有最大距离	最大距离参数是否有效
最大距离	力场的作用范围，超过最大距离粒子将不受该力作用
力的方向	力的作用方向

(6) 重力：分为平面重力与球体重力。平面重力的方向为指定方向，球体重力方向为粒子到重力中心的方向。两种方式都可以有衰减与扰动效果。

运动公式为：

速度=原速度+扰动向量+力的方向×力的大小×衰减值×经过的时间

其参数设置如表8-6所示。

表8-6 重力的参数设置

参 数	注 释
空间对象	场景中的一个节点，可以是任何对象。该对象的位置将用于力的计算
力的方向	仅在平面重力模式起作用
衰减系数	衰减值=exp(衰减系数×相似度) 平面模式下相似度为粒子到空间对象中心的向量与力方向的点积；球体模式下为粒子到空间对象的距离

参　　数	注　　释
力的大小	力的大小，实际上为粒子运动的加速度
力的类型	分为平面模式和球体模式
扰动系数	扰动向量 = (x:rand，y:rand，z:rand)×扰动值，其中rand产生[-1,1]区间的随机数。扰动值 = 扰动系数×扰动缩放系数
扰动缩放系数	对扰动系数的简单缩放

(7) 散射力：球体重力下粒子都朝着重力的中心点运动，而散射力正好相反，粒子会朝着粒子到中心的反方向运动。它的计算公式与重力场类似，只是方向相反同时还多了一个放射系数。

粒子速度增量=力的大小×经过的时间/max(1.0,pow(距离的平方,衰减系数的一半) ×放射系数)

其参数设置如表8-7所示。

表8-7　散射力的参数设置

参　　数	注　　释
空间对象	场景中的一个节点，可以是任何对象。该对象的位置将用于力的计算
力的大小	力的作用大小，也可理解为加速度
衰减系数	影响力的大小与距离的变化系数，实际上作用的值是该值的一半
是否有最大距离	最大距离参数是否有效
最大距离	力的作用范围，在此之外的粒子不受力的作用。
放射系数	影响衰减值，见上面公式

(8) 扰动力场：这种力场没有固定的运动方向，它在一定范围(球状)和频率下对粒子的速度做随机的扰动。这种力场通常与其他力配合使用。

粒子的速度增量 = 随机方向 × 力的大小/(1.0+距离 × 衰减系数)

其参数设置如表8-8所示。

表8-8　扰动力场的参数设置

参　　数	注　　释
空间对象	场景中的一个节点，可以是任何对象。该对象的位置表示力的场景位置
力的大小	决定粒子速度变化的大小
衰减系数	见上面公式
是否有最大距离	最大距离参数是否有效

续表

参　　数	注　　释
最大距离	力的作用范围，在此之外的粒子不受力作用
频率	一秒内有多少次扰动

(9) 漩涡力场：粒子将以力的方向为中心轴旋转，可用于模拟类似龙卷风的效果。

粒子的速度增量 = 运动方向 × 力的大小 × 经过的时间/pow(距离，衰减系数)

其参数设置如表8-9所示。

表8-9　漩涡力场的参数设置

参　　数	注　　释
空间对象	场景中的一个节点，可以是任何对象。该对象的位置表示力的场景位置
力的大小	力的作用大小，其实就是加速度
衰减系数	决定力的大小如何根据距离的大小而变化
是否最大距离	最大距离参数是否有效
最大距离	力的作用范围，在此之外的粒子不受力作用。
力的方向	旋涡的中心轴

8.2.3　粒子碰撞模拟

BigWorld引擎的粒子系统允许指定碰撞体来影响粒子的行为，比如使粒子死亡或生成新的粒子。碰撞模拟发生在碰撞模拟步骤中，这一步骤保存了一系列的碰撞体，它们可以是粒子也可以是场景中的其他物体。

粒子发生碰撞后，其速度与位置等属性将发生改变。碰撞体(particlesCollide)对象可以决定发生碰撞后粒子的行为，比如粒子会发生反弹、死亡或者生成新的粒子。碰撞体的数据将会在Floodgate(碰撞盒)中被合并成大块缓存以用于碰撞检测和碰撞处理。

在模拟过程中，算法核心类创建了一个包含潜在碰撞体的列表。然后遍历整个列表，使用particlesCollideHelpers(粒子碰撞体辅助)所提供的助手函数来检测粒子与碰撞体是否发生碰撞，并计算碰撞的时间。一旦发现碰撞，同样使用particlesCollideHelpers的函数来改变粒子的速度与位置，同时将发生碰撞的碰撞体移出列表。这个过程会一直循环直到列表中没有碰撞体或检测不到碰撞的发生为止。

碰撞模拟实现代码在particlesmulatorColliderKernel类中，可以发现引擎中只能处理两种碰撞体：平面与球体。碰撞检测时，实际上把粒子当成一个运动的质点，也就是点与平面，点与球体的碰撞。处理碰撞时，也只是简单地计算出碰撞点的向量将粒子"反弹"，有时也会根据设置将粒子状态标志设为死亡或生成新粒子。

　　总的来看，引擎目前所提供的碰撞检测模拟还很薄弱。碰撞检测使用暴力循环检测而没有使用空间分割加速，效率上不大理想。碰撞检测时将粒子当做一个点，精确度是非常低的。因此不大建议使用。

8.2.4　粒子发射器

　　ParticleSystem对象中保存了一系列的粒子发射器，每一个粒子发射器都指向一个场景中的物体来指定在场景中的位置。这使得发射器的位置能够很容易地改变。你可以将任意数量的发射器加入到ParticlesParticleSystem对象中，但是当前发射粒子的只能有一个。

　　ParticlesEmitter类的EmitParticles方法用于粒子的发射。虽然可以在代码的任何地方调用该方法，但更好的做法是使用ParticlesEmitParticlesCtlr来控制粒子发射的频率。

　　粒子的发射器决定了粒子的初始状态，例如位置、速度、生命等。这些值可以使用继承至ParticlesEmitterCtlr粒子控制器动态的改变。有一部分属性初始值生成的算法是固定的。

- 速度的方向：发射粒子时有一条发射轴，默认为Z轴，每个粒子的发射轴不一样，发射轴可绕X轴旋转一个角度，这个角度在[平面转角–平面转角幅度，平面转角+平面转角幅度]区间内随机取值。粒子的初始速度方向与发射轴的夹角会从[发射角度–发射角度变化幅度，发射角度+发射角度变化幅度]区间中取随机值。以此获得初始速度方向，系统还将计算从0.0～1.0的随机值，如果该值小于速度取反概率，速度的方向将被取反。

- 速度的大小：新粒子速度大小将从[速率–速率变化幅度/2，速率+速率变化幅度/2]区间中随机取值。

- 粒子的大小：从[初始大小–初始大小变化幅度，初始大小+初始大小变化幅度]区间中随机取值。

- 存活时间：从[初始存活时间–初始存活时间变化幅度/2，初始存活时间+初始存活时间变化幅度/2]区间中随机取值。

- 旋转角度：从[初始旋转角度–初始旋转角度变化幅度，初始旋转角度+初始旋转角度变化幅度]区间中随机取值。

- 旋转速度：从[初始旋转速度–初始旋转角度变化速度，初始旋转速度+初始旋转速度变化速度]区间中随机取值。

　　虽然不同的粒子发射器都有许多参数，但是有一些参数对于每一种发射器都是相同的，如表8-10所示。

表8-10　粒子发射器的基本参数

参　数	注　释
场景节点	场景中的节点，指定发射器的中心位置
速率	新粒子速度的大小.
速率变化幅度	新粒子速度大小随机变化幅度，计算公式见上文
速度取反概率	有多少概率粒子的速度将被取反，该值应该在[0,1]区间
发射角度	新粒子速度的方向与发射轴的夹角，计算方法见上文。
发射角度变化幅度	新粒子速度的方向与发射轴的夹角的变化幅度，计算方法见上文
平面转角	发射轴绕X轴旋转的角度
平面转角变化幅度	计算方法见上文
初始大小	粒子初始大小
初始大小变化幅度	粒子大小相对于初始大小的变化幅度
初始存活时间	单位为秒
初始存活时间变化幅度	相对于初始存活时间的变化幅度
初始旋转角度	粒子初始旋转角度
初始旋转角度变化幅度	相对于初始旋转角度的变化幅度
初始旋转速度	计算方法见上文
初始旋转速度变化幅度	相对于初始旋转速度的变化幅度

BigWorld引擎的粒子系统还提供了8种力控制器。

- 空气阻力控制器。
- 速度传递系数控制器。
- 气流扩散系数。
- 力场衰减系数控制器。
- 力场强度控制器。
- 力场最大距离控制器。
- 力激活状态控制器。
- 重力加速度控制器。

总的来看，引擎提供的粒子控制器灵活多样。但是控制器也增加了复杂性与计算量。因此，除非要制作极为特殊的效果时，还是尽量不要使用。

8.3 BigWorld粒子编辑器的基础操作

BigWorld粒子编辑器与很多特效实现的基本功能一样，模块化功能分区进行编辑，具有灵活的菜单参数设置及直观的效果显示。编辑器的基本功能分区主要有以下几个模块：菜单栏、工具栏、编辑区、视窗显示区。

8.3.1 菜单栏

菜单栏主要包含了粒子编辑的基本功能，比如打开和保存文件，载入粒子的贴图纹理等命令，界面如图8-10所示。

文件（F） 编辑（E） 视图（V） 语言（L） 帮助（H）

图8-10 BigWorld粒子编辑器菜单栏

● 文件菜单主要包含打开及保存粒子的功能，同时可以在此处加载粒子的纹理贴图(粒子的通用纹理在BigWorld中主要是支持tga格式)，如图8-11所示。

● 编辑菜单主要是对生成的粒子的属性及效果进行撤销及恢复，如图8-12所示。

图8-11 文件菜单　　　　　　　　图8-12 编辑菜单

● 视图菜单主要是对操作面板和视窗进行显示和编辑，如图8-13所示。

● 语言菜单主要是根据需要进行语言选择，如图8-14所示。

● 帮助菜单主要是有助于用户在遇到问题的时候更好地获得在线服务帮助，如图8-15所示。

图8-13 视图菜单　　　　　　图8-14 语言菜单　　　　　　图8-15 帮助菜单

8.3.2　工具栏

BigWorld工具栏主要包含了粒子编辑的常用命令的功能按钮,设计者使用这些命令按钮能够非常方便地进行制作,界面如图8-16所示。

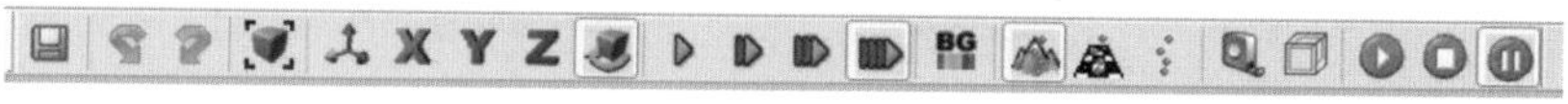

图8-16　工具栏

💾：保存选定的粒子系统,快捷键为Ctrl+S。

↺↻：撤销或恢复最近一次的操作,快捷键为Ctrl+Z或Ctrl+Y。

：移动相机使粒子系统位于屏幕中心,快捷键为鼠标中键。

：相机可以自由移动,快捷键为Ctrl+M循环。

X Y Z：使相机移动分别在X、Y、Z轴,快捷键为Ctrl+M循环。

：使相机绕粒子系统盘旋,快捷键为Ctrl+M循环。

▷：相机以较慢速度移动,快捷键为Ctrl+1或Ctrl+I循环。

▷：相机以中速度移动,快捷键为Ctrl+2或Ctrl+1循环。

▷：相机以较快速度移动,快捷键为Ctrl+3或Ctrl+I循环。

▷：相机以极快速度移动,快捷键为Ctrl+4或Ctrl+I循环。

BG：更改视图的背景颜色。

：以指定的地形做背景。

：以地板图像做背景。

：不使用任何背景。

🔍：显示或隐藏粒子系统的栅格。

🔲：显示或隐藏粒子系统的包围盒。

▶：播放当前粒子系统。

⏹：停止当前粒子系统。

⏸：暂停或继续播放当前粒子系统。

8.3.3　粒子系统管理器

粒子系统管理器是BigWorld粒子编辑器的服务功能,通过它可以对模型、材质和粒子进行统一的查看和管理。

All：是对制作完成的所有模型、材质效果的图片显示。这里集中了所有在编辑器里的美术资源,如图8-17所示。

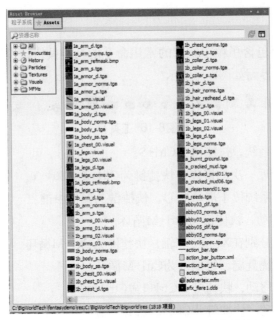

图8-17 粒子系统管理器——显示所有资源

History：主要是查看使用过的模型、材质及粒子的文件。

Particles：主要是查看编辑完成的粒子效果，便于对资源进行统一管理，如图8-18所示。

图8-18 粒子系统管理器——查看粒子效果

Textures：主要对贴图纹理资源进行统一管理，同时以图片的方式直观显示。

Visuals：主要对所有角色、场景及道具的所有资源进行统一管理，如图8-19所示。

MFMS：主要对角色、场景及道具物件的带动画数据的资源信息进行统一查看和管理。

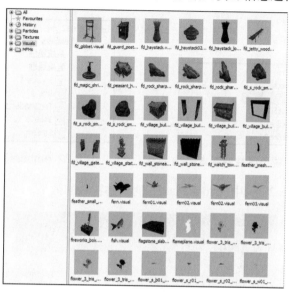

图8-19　粒子系统管理器——管理角色、场景及道具的所有资源

8.3.4　粒子系统结构

粒子系统结构包含了粒子名称以及各种构成属性的基本组件，如图8-20所示。

图8-20　粒子系统结构

火焰粒子属性的基本结构由5个部分组成，用来调节火焰的发射方向，如图8-21所示。

调节内焰、外焰的强度大小中的任何一个参数的数值都会产生一些效果的变化，其中embers的属性如图8-22所示。

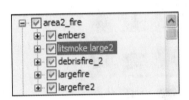

图8-21 火焰粒子属性的基本结构

图8-22 embers属性构成

图8-23所示为选中area2_fire中litsmoke large2的火焰特效的效果。

图8-23 选中area2_fire中litsmoke large2的火焰特效

图8-24所示为取消area2_fire中litsmoke large2之后的效果。

图8-24 取消area2_fire中litsmoke large2之后的效果

同时还可以进入粒子渲染属性内部的参数进行最终粒子效果的微调，以获得更精确的效果表现。这样也就丰富了粒子的表现力。其中source1中Barrier的参数属性如图8-25所示。

图8-25 source1中Barrier参数的属性

以上每一个参数的细节调节都会产生不同的变化。效果的实现可以根据项目的实际需求来进行细节的调整。当然在调整这些粒子编辑器内置的效果之外，还可以根据需要给当前的效果添加一些额外的动力效果，也可以对粒子的某个属性粒子进行复制和清除。

▫：新添一个粒子系统或粒子子系统。

▫：复制当前选中项。

✕：删除当前选中项。

同时还可以向已经编辑好的效果里添加组件中的特殊粒子特效，从而与编辑好的效果进行融合，而且融合的种类变化非常的丰富，如图8-26所示。

图8-26 添加组件里面特殊的粒子特效

在粒子编辑器中表现粒子的效果要根据每个项目的需求来进行调整，在不同的环境放置合适的粒子来烘托气氛。例如，area2_fire与beast_room_fire、tree_fire、mega_fire的整体效果差异如图8-27～图8-30所示。

图8-27 应用area2_fire的效果

图8-28 应用beast room_fire的效果

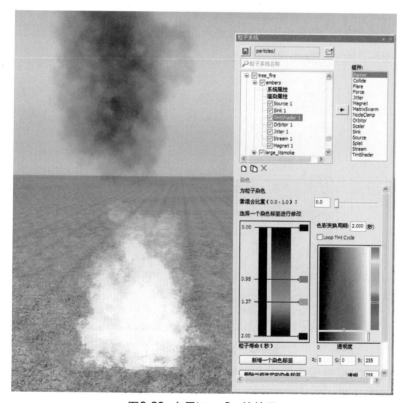

图8-29 应用tree_fire的效果

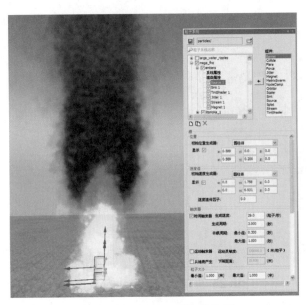

图8-30 应用mega_fire的效果

除了以上几种通用的火焰的表现之外，还可以通过参数设置制作出应用于不同节日的烟火气氛效果，例如图8-31所示的fireworks效果。

图8-31 应用fireworks的效果

除此之外，还可以根据编辑器对各种特效的实现，来逐步模拟各种自然界的环境效果，比如云彩、水流、下雨、落叶等一系列的特殊效果。

8.4　BigWorld游戏编辑器的应用实例

BigWorld的粒子编辑器有比较完善的粒子分解和编辑功能，表现形式也是丰富多样，并非所有的特效都只依赖于粒子系统。很多时候，可以使用模型动画和粒子系统组合来实现特效。本实例效果如图8-32所示。

图8-32　模型和粒子系统组合

8.4.1　创建粒子系统

本节我们将创建名为"pollen"的粒子系统，放在游戏世界中的植物和花卉附近，实现为它们提供传授花粉的功能。该粒子系统将包括两个子粒子系统：glows和colouredglows。

(1) 打开 ParticleEditor(粒子编辑器)，如图8-33所示。

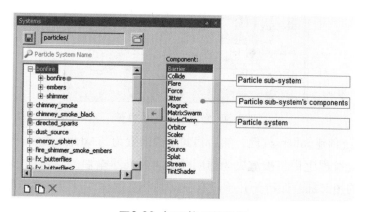

图8-33　打开粒子编辑器

(2) 单击 ▢(create new particle or sub particle system，创建新粒子或子粒子系统)按钮创建新的粒子系统。然后键入新粒子系统的名称"pollen"。这时可以看到已自动添加默认的子组件系统，接着通过单击子组件将此子组件重命名为"glows"，如图8-34所示。

(3) 展开glows子系统显示子组件。默认情况下，每个新粒子系统都将拥有一个System Properties(系统属性)和 Render Properties(渲染属性)子组件系统，如图8-35所示。

图8-34 修改组件名称

图8-35 新粒子的默认属性

(4) 在 System Properties 中，将Capacity参数设置为30，如图8-36所示。读参数用来控制"子粒子系统"将繁殖的粒子数量。

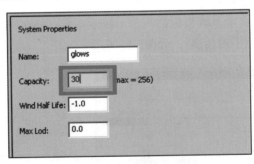

图8-36 修改粒子繁殖数量

(5) 为子粒子系统创建pollen 纹理，然后将其属性设置为"Additive"。将周围的基础纹理设置为纯黑色，因为此纹理之后将被渲染为透明色，再将几乎全白的花粉图形放在此图像的中心位置。将花粉形状的图形部分保持为几乎没有任何颜色，这样，可以使用TintShader赋予纹理颜色，如图8-37所示。

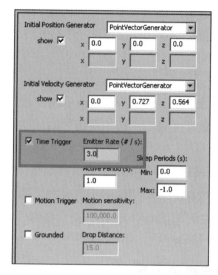

图8-37　使用TintShader赋予纹理颜色

(6) 在glows下，选择Render Properties选项，显示glows子粒子的所有渲染属性。然后选中Sprite单选按钮，在Sprite下拉列表框右侧文本框的右边Folder(打开文件夹)选项，打开存储"花粉"纹理的文件夹，将其选中。最后在Blend Mode下拉列表框中选择Additive选项，如图8-38所示。

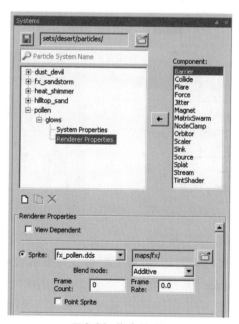

图8-38　指定纹理

使用设置为Additive的纹理通常渲染效果不够强，因此，可以在单一场景中使用更多的粒子效果，而无须增加渲染成本。然而，Additive设置可能不会始终适合您的情况。

8.4.2　创建粒子源

(1) 若要将Source 子组件添加到系统，请从Component列表框中选择 Source组件，然后单击add component按钮。此组件将负责生成"子粒子系统"的"初始位置"和"初始速度"以及其他设置，如图8-39所示。

(2) 单击Save/Save as System按钮保存目前的工作。然后可以键入您希望显示的设置，也可以手动调整Initial Position Generator和Initial Velocity Generator参数(使用xyz箭头工具来影响子粒子系统的源)。接着单击顶部工具栏的 ▷ (Spawn)按钮，查看根据"初始速度"在所选方向的粒子繁殖情况。此时该粒子应缓慢向上移动穿越，如图8-40所示。

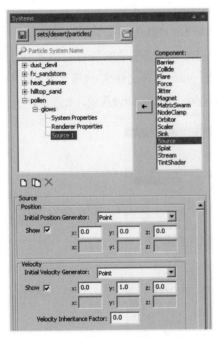

图8-39　将 Source 子组件添加到系统

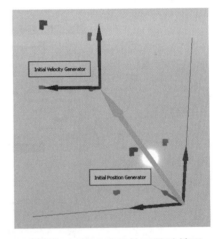

图8-40　初始速度的粒子繁殖情况

(3) 如果希望在不需要每次都单击Spawn按钮的情况下查看粒子的繁殖情况，那么，请选中Time Trigger复选框，并将Emitter Rate参数设置为每秒钟应生成的粒子数量，如图8-41所示，对应效果如图8-42所示。

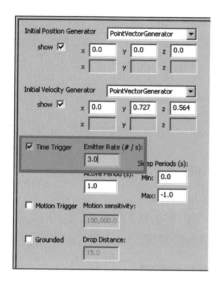

图8-41 设置每秒钟应生成的粒子数量

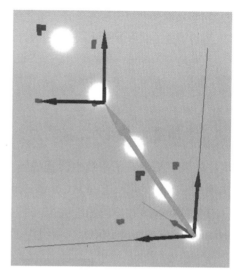

图8-42 设置发射率的粒子繁殖情况

(4) 最后,这些粒子将不再出现。可以出现的最大粒子数量为256个,这时还不能删除任何一个粒子。必须通过添加一个汇点来删除粒子。

8.4.3 添加汇点来删除粒子

在本节中,将使用与上面添加Source组件的相同方式添加一个新的组件。

(1) 从Component列表框中选择Sink组件。Sink组件将告知您的子图形的寿命。此例中将设置花粉子图形的显示时间大约为2秒钟。

(2) 将Maximum Age字段设置为2.0。之前设置的连续发射子图形循环意味着现在将会出现新的粒子,并在这两秒的时间间隔后消失。如果您希望子图形持续显示无限长的时间,则应将Maximum Age参数设置为-1,如图8-43所示,此设置将确保这些子图形始终保持"活动"或被渲染状态。

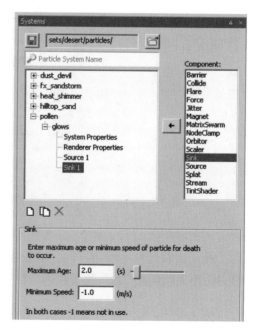

图8-43 设置粒子的显示时间

提示：使用无限期时间要非常小心，因为使用不当可能会消耗掉很多资源。有时，您的粒子快速发射，消失，然后再发射。这是因为已达到每个子系统可以渲染的最大粒子数量(256)。如果发生这种情况，应当：降低发射率(在Source中)，缩短Maximum Age值(在Sink选项组中)，或增加Capacity值(在System Properties选项组中)。

8.4.4 添加重力或风力之类的力

现在，我们看看粒子系统中比直线模式更自然或更无序的模式的运动情况。

实现这一效果的第一步是从Component列表框中添加其他组件。

(1) 选择Force组件。此组件将以一种类似风或重力的方式影响我们的子图形。然后在Apply a directional force to the particles选项组中，将y设置为1.0，将z设置为2.0，如图8-44所示。

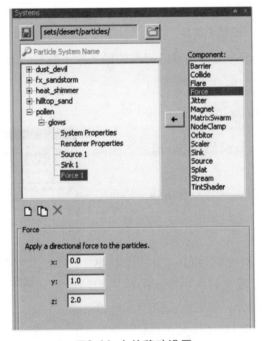

图8-44 力的移动设置

现在将看到粒子移动方向立即发生了变化。这时可以使用X、Y、Z箭头工具来回移动此力，力距离原点或"源"位置越远，粒子速度增加得就越快。效果如图8-45所示。

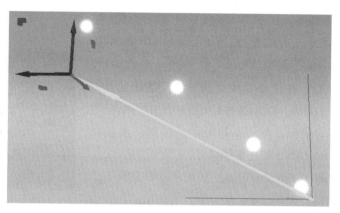

图8-45　粒子的移动速度变化效果

(2) 现在，让粒子的发射更加分散。返回到子系统组件列表找到Source组件。然后从列表中选择Source 1，将会看到此组件的所有选项，接着更改Initial Position Generator下拉列表框的设置，在该下拉列表框中选择Sphere选项。同理，对Initial Velocity Generator下拉列表框进行相同操作，如图8-46所示。

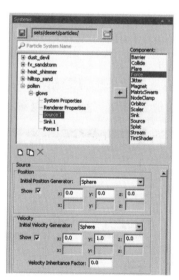

图8-46　设置粒子的参数

> 提示：子系统组件是ParticleEditor及其工作流程的一个组成部分，必须习惯于编辑并返回到这些项目，以便对设置进行试验，因为一个设置更改可能始终会对下一个设置更改产生"后续"影响。通过此系统，可以获得生动的效果。

(3) 此时视图中出现两个小球体。需要放大这些球体才能从新Source获取某些效果。方法：按住Ctrl键，ParticleEditor会显示一组圆形工具，允许您缩放Initial Velocity Generator和Initial Position Generator。如果不出现这些工具，请在视图中单击，以确保此视图被激活。然后按住Ctrl键，单击其中一个圆形工具，并上下移动鼠标，如图8-47所示。注意，系统将会显示Min radius或Max Radius以及半径值(以米为单位)。

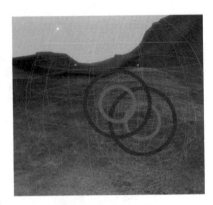

图8-47 缩放球体

(4) 在Initial Position Generator下部的Max Radius工具上，将此工具拖出，直到其读数约为 4.0 米为止。对于Min Radius工具，也将此工具拖出，直到读数约为1.7米为止。对Initial Velocity Generator球体，重复此相同的读数过程。这些更改结果表示粒子将从此"源"球体内不太集中的区域出现，并且还应以不同的速度出现或"繁殖"。可以通过调节源球体的最小和最大半径之间的差异来改变系统的显示效果。

如果粒子在两秒钟的生命周期之后并不只是简单地闪烁消失，效果会更好。实现此效果的一种方法是从Add Component下拉列表框中添加名为Scaler的新组件。方法如下：

添加Scaler组件。然后分别将Final Particle Size和Rate Change参数设置为0.01和0.02，如图8-48所示。

如果想要尝试使用不同的设置并观察效果。需要确保在粒子不再被渲染之前将该粒子自身缩小成几乎看不到的对象，使其平缓过渡到消失。这时，可以看到粒子在消失之前其尺寸在缩小。

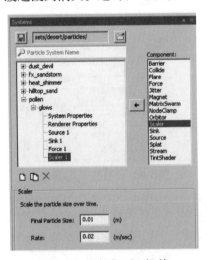

图8-48 添加Scaler组件

8.4.5　添加新的粒子子系统

我们建立了第一个Sub Particle System后，可以非常快地添加另一个Sub Particle System。方法如下。

(1) 单击 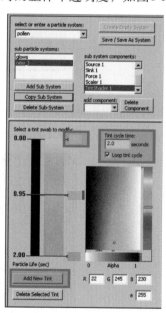(Copy Sub System，复制子系统)按钮，为刚刚创建的Sub Particle System创建一个完全相同的副本，并命名为Copy of glows，如图8-49所示。然后单击Copy of glows为其重命名。这将为我们提供一个不错的模板，只需为每个Sub System Component更改某些值即可快速添加到系统。

(2) 更改新sub particle systems的颜色。此例中，我们将使粒子从黄色变成蓝色，然后再变成绿色。方法为：选择Component列表框中的Tint Shader选项，然后在Tint Shader选项中，单击较小的方形，可以更改Sub Particle System的颜色。

(3) 接着通过为粒子"着色"使粒子在生命周期内循环显示不同的颜色。方法为：单击Add a New Tint按钮，再选择新色彩在颜色渐层中的位置，然后选择Loop tint cycle复选框，确保在这些颜色之间连续循环变化，接着在Tint cycle time文本框中，输入颜色变化周期的秒数。再使用Alpha滑块来确定粒子处于颜色变化周期中特定颜色阶段时的整体不透明度，如图8-50所示。

图8-49　复制粒子系统

图8-50　为粒子着色

(4) 对这些设置进行测试。方法：单击Add New Tint按钮，然后单击着色栏上的某个位置，将更多的颜色添加到该生命周期的循环中。

Tint Shader还可以用于赋予网格粒子系统颜色及更改其不透明度。如果希望更改网格对象的不透明度，则必须使用已融合的融合模式，如图8-51所示。

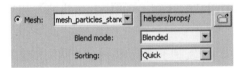

图8-51 使用融合模式

8.4.6　更改繁殖粒子的数量

要更改繁殖粒子的数量，可以参考以下方法。

(1) 在sub system components列表框中选择System Properties选项，然后在Capacity文本框中输入200，如图8-52所示。

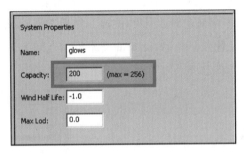

图8-52 更改繁殖粒子的数量

(2) 在sub system components列表框中选择Source 1选项，然后在Time Trigger部分将Emitter rate更改为60。结果立即可以看到，如图8-53所示。接着单击Save/Save As System按钮，保存文件。

图8-53 更改粒子的发射率

8.5 子系统组件

使用不同组件构成的粒子系统可以创造出许多漂亮的效果，本节将简单介绍每个子系统组件。

1. System属性

Name：编辑子系统组件名称。

Capacity：屏幕上显示的特定子系统捕获的粒子数量。

Wind Half Life：控制Initial velocity generator的半衰期，可在 Source 中找到。对于无限半衰期，将此值设置为-1。它还会影响主要风力对每个粒子的影响程度。它使用半衰期概念，因此，该值是粒子速度向风速移动，移至一半时的秒数。无穷大(即不受风影响)由负数表示。风对粒子的影响可以通过调试控制台进行测试。按下键盘CAPS-LOCK 和p，设置client settings为1，设置weather为1，设置Wind velocity X为4，设置Wind velocity Y为5。

Max Lod：设置子系统组件不再被渲染的距离。这有益于增强系统性能。

2. Renderer属性

View Dependent：设置粒子系统，以便使用相机视图矩阵而不是游戏世界矩阵。 因此，如果相机移动，粒子将随之移动。

3. 子图形

子图形是转向面对相机透视图的位图。

Blending Modes(混合模式)下拉列表框中的选项说明如下。

Additive：将粒子颜色添加到背景。这是为粒子系统创建假Alpha 通道最经济的方法。位图的全黑区域(RGB (0,0,0))将被渲染为透明色，不需要Alpha通道。

Additive Alpha：使用alpha遮罩来确定粒子之间累加融合的强度。

Blended：使用alpha通道的全部256个值来融合粒子。

Blended Colour：使用颜色值来融合粒子。

Blended Inverse：使用反转颜色值来融合粒子。

Solid：将粒子渲染为实体子图形，未执行融合。

Shimmer：使用Alpha通道遮罩微光，使背景发出微光。

Frame Count：请参阅下面的Frame Rate。

Frame Rate：有两种方法可将动画位图用作粒子系统子图形。第一种方法已在前文中讲述，此方法使用了*.texanim 文件和多个位图。用于粒子系统中时，此方法会降低系统性能，还可能导致动画同步与粒子寿命无关。因此在粒子系统中执行动画位图的较好方法是使用包含多帧的单一位图。这将减少图形卡需要访问的位图数量，并使此帧与粒子寿命相关，如图8-54所示。

图8-54 包含多帧的单一位图

对于此示例位图，已将Frame Count设置为4，并将Frame Rate设置为2.0。

> **注意**：使用拥有两帧的位图非常重要(此图像为64像素×256像素)。如果您要使用5帧，应将它们挤到相同尺寸的纹理中，或最多64像素×512像素的纹理中，如图8-55所示。

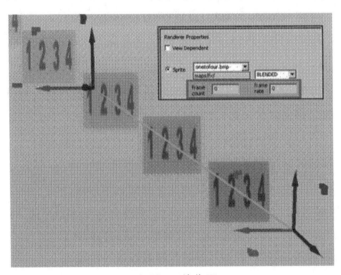

图8-55 压缩位图

Point Sprite：点子图形是渲染子图形的极其有效的方法。对于点子图形有以下若干限制。

● 无法使用旋转 UV 坐标。

● 在某些图形卡上，可以对图形的尺寸进行限制。

● 可能无法旋转点子图形。

点子图形如何工作？基于常规子图形的粒子系统需要将一个方形结构从图形引擎发送到图形卡。使用点子图形时，只需将一个点发送到图形卡，之后，图形卡会在硬件中创建一个方形结构，这是渲染子图形的较快速方法。

4．网格

网格粒子渲染器能够渲染两种类型的可视文件。

Standard visual：将任何网格(.visual)用作粒子。可以为任何其他网格更改standin visual。当前，不支持将动画网格用作粒子。

Mesh particles visual：BigWorld 导出器中的Mesh Particles 选项允许BigWorld 引擎调用单个绘图渲染多个对象(非常高效)，如图8-56所示。BigWorld 导出器最多可将15个独立的对象作为一个对象导出。只需将少于或等于15个对象放在场景中，并选中Mesh Particles单选按钮将它们作为单一对象导出即可。

用于导出网格粒子的导出器设置如图8-57所示。

图8-56 一次导出多个对象

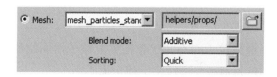

图8-57 导出网格粒子的导出器设置界面

从 Particle Editor 中选择 Mesh Renderer模型实体渲染状态。

通过调用单一绘图渲染多个粒子网格，构成网格粒子系统的所有对象都必须使用相同的材质类型和单一纹理，如图8-58所示。

5．Amp

将一系列子图形从粒子源添加到该粒子目标点，这是模拟电场效应的非常好的工具。

Width：控制每个子图形的宽度。

Steps：确定每个粒子画的线数，如图8-59中的1、2、3所示。

Height：确定沿弧线的长度平铺位图的次数。

图8-58 调用单一绘图渲染多个粒子网格

Variation：控制每个弧线跳离此线返回源点位置的距离。

Circular：在粒子之间画一系列子图形(不是像默认设置那样到达源位置)，用于创建Amp效果，如图8-59所示。

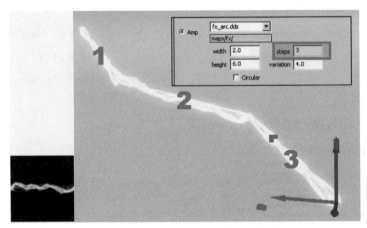

图8-59 创建Amp效果

6．轨迹

根据粒子的不同状态在每个粒子后面绘制粒子的轨迹。轨迹会记住粒子的前一位置，能够像Orbitor那样在该粒子上使用离心力。

Width：确定每个子图形的宽度。

Steps：控制在初始粒子后面绘制子图形的次数，将有效地改变轨迹的长度。

7．模糊

是根据粒子状态在每个粒子后面创建一条粒子动态轨迹。

Width：确定每个子图形的宽度。

Time：控制插入粒子模糊的时间。

模糊不会记住粒子的前一位置。相反，它通过沿一个向量绘制多个粒子来工作。因此，如果您要使用模糊，并且使用离心力来控制粒子，那么此方法可能无效。但可以用轨迹尝试一下。

如图8-60所示的数值说明了模糊和轨迹之间的主要差异。

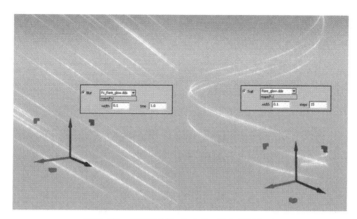

图8-60　模糊和轨迹之间的主要差异

8．源

源组件的属性设置界面如图8-61所示。

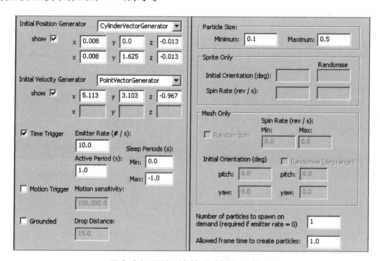

图8-61　源组件的属性设置界面

Initial Position Generator：使用多种工具控制粒子的繁殖位置。

Initial Velocity Generator：使用多种工具控制粒子的繁殖速度。

Time Trigger：确定粒子每秒钟发射的速率。

Active Period：控制粒子系统在进入Sleep Period之前(在此期间，将不繁殖粒子)发射粒子的时间。

Motion Trigger：导致在每经过一段距离都发射粒子。这对于创建火箭后面的烟雾轨迹非常有用。

Grounded：如果粒子在地面的Drop Distance之内，则使所有粒子都从地面繁殖。

Particle Size：控制最小和最大的粒子尺寸。

Spin Rate：允许用户使粒子偏转。

Initial Orientation：允许用户使粒子旋转。

Allowed Frame Time to Create Particles：限制计算粒子的时间。如果未在此时间内创建粒子，则将不繁殖粒子。这对于地面生成的粒子最有用，此时，系统性能会受到繁殖过多粒子的影响。

9．汇点

设置汇点是根据粒子的寿命或速度将粒子从游戏世界中删除，设置界面如图8-62所示。

10．屏障

创建屏障既可创建选择形状，还可选择屏障的效果是反弹、删除还是允许粒子通过，设置界面如图8-63所示。

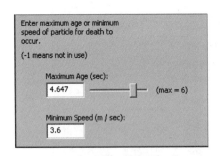

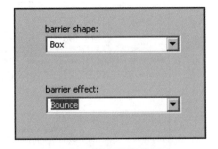

图8-62 设置汇点的界面　　　　　　　图8-63 创建屏障的界面

11．力

应用第二个力(与初始力生成器分开)，参数设置界面如图8-64所示。

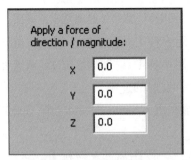

图8-64 设置力的界面

12．流

流的设置与力相似，不过它允许使用半衰期输入值来控制每次对每个粒子施力的大小。半衰期值较大将缓慢地施力，而半衰期值较小将快速施力。设置界面如图8-65所示。

13．抖动

允许用户对粒子位置或速度创建抖动/颤动效果，设置参数如图8-66所示。

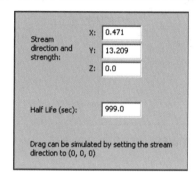

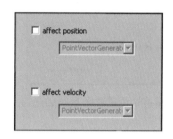

图8-65 控制对粒子的施力大小　　　图8-66 设置粒子位置或速度的效果

14．定标器

定标器可以随时间缩放粒子大小，设置界面如图8-67所示。

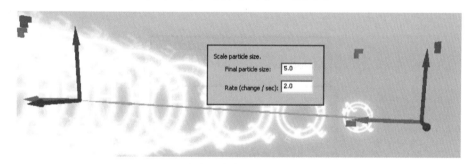

图8-67 定标器设置界面

15．节点锁定

节点锁定可以将粒子锁定到粒子系统的节点/原点。

16．轨道器

轨道器可以使粒子沿Y轴绕垂直线运行。如果您希望粒子系统放到游戏世界中时沿不同轴进行轨道运行，只需在 WorldEditor中旋转此粒子系统即可，设置界面如图8-68所示。

17. 闪光

通过粒子繁殖功能生成闪光的特效，设置界面如图8-69所示。

Flare Step参数控制生成粒子的闪光数量。如果设置为1，则每个粒子都将闪光，如果设置为2，则每隔一个粒子都将闪光，以此类推。

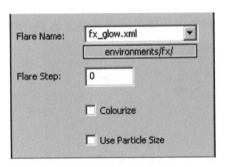

图8-68 设置粒子运行轴向　　　　图8-69 闪光参数设置界面

18. 碰撞

与屏障类似，不过碰撞是使用地面和其他对象的BSP(Binary Space Partioning，二叉空间分割)来计算的。elasticity 将影响对象反弹的程度，如图8-70所示。碰撞的成本可能较高，因此，最好是将其与不使用碰撞的子系统配合使用。这样，将有一半的粒子通过地面，但其效果仍将非常生动，因为另一半粒子将会反弹。

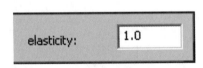

图8-70 设置elasticity参数界面

19. 矩阵群集

为粒子系统指定一组节点矩阵(由程序员指定)后，矩阵群集选项允许将粒子连接到那些节点。

20. 磁铁

在磁铁周围区域，将磁力限制减少至零，设置界面如图8-71所示。这使当粒子到达磁铁原点时，磁力变大。

21. 泼溅

泼溅的工作方式与碰撞相似，只不过当对象撞击地形或游戏世界的碰撞空间后，这些对象会消失。

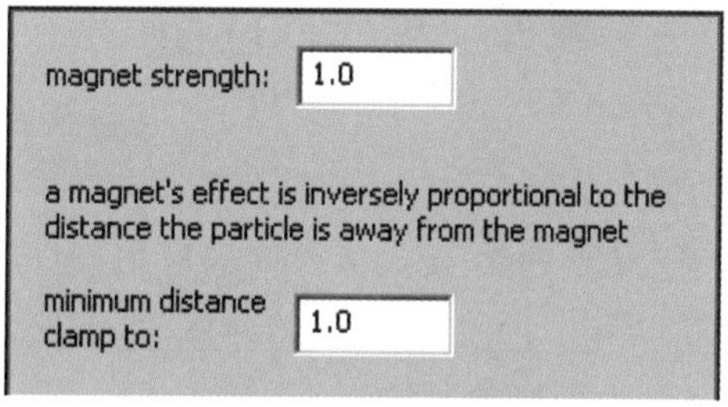

图8-71　设置磁力参数

22．限制

使用粒子系统可以创造出绚丽的游戏效果，但同时自身复杂的结构也会导致系统计算过于庞大，这就很容易对游戏的性能产生不利影响。因此使用时请仔细考虑以下问题。

● 使用融合的较大粒子可能会阻碍游戏性能(由于填充率问题)。

● 每个粒子都会消耗内存，即使在不使用的情况下(内存使用情况显示在状态栏中)。

● 将粒子的 Capacity 字段(Particle System面板中)设置为刚好能够包含所使用的粒子数量(看状态栏)。

● Amp和Trail ParticleSystemRenderer 需要缓存每个粒子的历史记录，因此会消耗更多的内存。

8.6　本章小结

本章清晰而明了地介绍了游戏引擎的概念和基本原理，以及在游戏中发挥的重要作用，并且比较详细地介绍BigWorld这一著名游戏引擎的粒子编辑器的基本使用方法。通过本章学习，读者应该对以下问题有明确的认识：

(1) 游戏引擎的概念和作用。

(2) 几款著名的游戏引擎。

(3) BigWorld游戏粒子编辑器的基础操作。

(4) BigWorld游戏粒子编辑器的应用实例。

8.7 本章习题

一、填空题

1．游戏引擎是电脑游戏或者一些互交式实时图像应用程序的核心组件。大部分都支持多种操作平台，如_____、_____、_____。

2．游戏的光影效果完全是由引擎控制的，_____、_____等基本的光学原理以及_____、_____等高级效果都是通过引擎的不同编程技术实现的。

3．BigWorld 粒子编辑器可让您轻松模拟出_____，例如下雨、下雪、沙尘暴、烟雾和火花。此外设计人员也常用这个系统制作武器特效，例如_____、_____、_____和_____。

4．BigWorld粒子编辑器的基本功能分区主要有以下几个模块：_____、_____、_____和_____。

二、简答题

1．简述"引擎如同游戏的心脏"这句话的含义。

2．简述几款常见的游戏引擎的特点。

3．简述BigWorld引擎粒子编辑器的基本功能和特点。